《水务世界》论文选编

中国建筑金属结构协会给水排水设备分会
中国建筑金属结构协会国防系统机电设计分会 主编

中国建筑工业出版社

图书在版编目（CIP）数据

《水务世界》论文选编/中国建筑金属结构协会给水排水设备分
会，中国建筑金属结构协会国防系统机电设计分会主编. —北京：
中国建筑工业出版社，2019.7
ISBN 978-7-112-23844-6

Ⅰ.①水… Ⅱ.①中…②中… Ⅲ.①建筑工程-给水工程-文集
②建筑工程-排水工程-文集 Ⅳ.①TU82-53

中国版本图书馆 CIP 数据核字（2019）第 113888 号

本书优选收录了《水务世界》近两年发表的论文 52 篇，分为设计、
排水、阀门、管道、给水热水、喷泉水景 6 个专题。既有理论研究，也有
工程实践和产品应用，颇具实用性，可供给水排水专业人员参考。

责任编辑：刘爱灵
责任校对：王　瑞

《水务世界》论文选编

中国建筑金属结构协会给水排水设备分会
中国建筑金属结构协会国防系统机电设计分会　主编

*

中国建筑工业出版社出版、发行（北京海淀三里河路 9 号）
各地新华书店、建筑书店经销
北京科地亚盟排版公司制版
北京京华铭诚工贸有限公司印刷

*

开本：787×1092 毫米　1/16　印张：18¼　字数：443 千字
2019 年 9 月第一版　2019 年 9 月第一次印刷
定价：76.00 元
ISBN 978-7-112-23844-6
（34104）

《水务世界》编委会

（排名不分先后）

前　　言

　　《水务世界》创刊于1993年，是由中国建筑金属结构协会给水排水设备分会和全国建筑给水排水青年工程师协会联合主办的面向给水排水行业的专业性刊物，前身是《给水排水技术与产品信息》，于2005年更名。自2010年开始由给水排水设备分会和国防系统机电设计分会联合办刊，并得到了世界水务协会的支持。办刊宗旨是宣传政府政策、法律法规，及时反映给水排水行业发展动态，介绍新标准，跟踪市场最新动态，宣传企业新技术、新产品，为行业搭建合作交流平台，给企业宣传提供良好的展示窗口。《水务世界》以独特的视角、缜密的文字、严谨的态度，面向行业，忠实为读者服务；充分利用自身的优势从多方位、多角度为广大企业服务。

　　为了更好地为撰稿人服务，给水排水设备分会提出，将2018年度刊登在《水务世界》上的论文择优出版2018《水务世界》专刊，由中国建筑工业出版社正式出版发行，并希望将其作为一项年度工作持续下去。

　　《水务世界》自办刊以来，传播国内外给水排水行业的先进技术，总结推广先进的科技成果，弘扬悠久的水文化。作为世界水务协会的执委，给水排水设备分会代表中国参加世界水务协会组织的各项活动，同时，作为2022年世界水务大会的承办单位，利用这一平台积极宣传和推广世界建筑给水排水日的相关活动，交流行业经验，探索行业发展的新路子，介绍重要活动信息和国内外的考察情况，为成功举办2022年世界水务大会做好铺垫，夯实基础。《水务世界》内容详实、求真务实、图文并茂、融合性强，集学术、实用、可读为一体，对广大的行业工作者、技术人员和管理人员具有一定的借鉴和资料收存价值。让我们携手奋进，《水务世界》必将为行业的发展做出自己的贡献。

中国建筑金属结构协会给水排水设备分会会长　秦永新

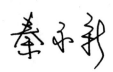

目　　录

设　计　篇

排 水 篇

阀 门 篇

管 道 篇

给水热水篇

喷泉水景篇

设 计 篇

基于小波分析的海绵试点城市未来降雨变化预测分析研究

赵卉[1] 张明顺[1] 潘润泽[2]

北京建筑大学，北京应对气候变化研究和人才培养基地[1] 北京市城市规划设计研究院[2]

摘 要： 为有效预测海绵试点城市未来降雨变化特征，以及为海绵城市建设过程中如何应对未来降雨变化提出建议，采用 Morlet 小波函数对 30 个海绵试点城市 1983～2012 年的年际降雨变化时间序列进行了小波分析，探究试点城市降雨变化的多时间尺度的周期性变化规律，并根据主周期对未来降雨变化进行了预测。结果表明，30 个海绵试点城市中，大连、福州等城市应在基于近几年降雨量实际变化的基础上，增强雨水控制利用设施的规模与能力；北京、常德等城市，虽然未来降雨变化可能处于减少趋势，但在未来存在高于现阶段降雨量的可能，考虑到变化的周期性，应长远规划，适当延长海绵城市建设的验收时间。同时，未来降雨变化体现出地区性特点，按照变化规律 30 个试点城市可分为 10 类。从 2018 年开始，环渤海地区东北部、东南部沿海地区试点城市的降雨量会在未来 5a 内出现明显上升，这两个区域应加强城市雨水系统的建设，以满足未来降雨变化情景下的年径流总量控制率，并根据实际情况加强超标雨水排放设施建设，有效应对未来可能出现的极端降雨事件；其他大部分地区未来 5～8a 内降雨量变化表现出微弱下降的持平状态或明显下降状态，在这些区域内，尤其是西北部干旱区及华北平原与华北平原中南部地区的城市，应加强源头雨水控制利用设施与雨水资源利用设施建设，充分收集利用非传统水源。

关键词： 小波分析；海绵试点城市；降雨变化；未来降雨变化预测

　　近年来，气候变化所引的降雨变化，导致很多地区降雨量出现显著变化且伴随很多极端降雨事件，对城市市政基础设施带来了很大的挑战；故在海绵城市建设的进程中充分考虑应对气候变化，成为城市有效应对未来气候变化的一项重要任务。美国、英国、德国等国家，均先后于 2007～2010 年间，对未来 30 年气候变化可能对市政基础设施所造成的影响进行了预测与评估，并且要求在规划时要对未来降雨变化引发的下水道溢出事件、洪水引发的破坏、与气候相关的停电等进行预测统计，并进行风险评估[1~4]。并且在计划中提出把城市内将受到海平面升高而影响的现有基础建设设施评估，从而使市政基础设施可以有效应对未来降雨变化所带来的影响。

　　针对未来降雨变化预测的方式有多种，其中小波分析是一种有效分析降雨序列时频变化特征，并对未来降雨进行多时间尺度变化特征与预测的有效途径。我国诸多学者先后利用小波分析对我国大部分地区降雨变化进行了时频变化与未来变化趋势预测，如：长江中下游地区、华北地区、东北地区及东南沿海地区等，认为预测得到的"丰-枯"变化周期准确度在 85％～90％以上[5,6]。

故本文选取我国正在全力进行城市雨水系统建设的 30 个海绵城市建设试点城市，对这些城市的未来降雨变化趋势进行预测，并且根据未来变化特征对 30 个试点城市进行分类，从而对我国地区化的城市雨水系统建设，与城市雨水系统应对、适应未来降雨变化提供一定的参考。

1　数据资料

我国 30 个海绵城市建设试点城市遍布全国 24 个省，涵盖华北平原地区、环渤海地区、东北部地区、西北部地区、长江中下游平原地区、东南沿海地区以及西南部地区等区域的代表性城市，故本文选取由国家气候中心所提供，30 个海绵城市建设试点城市 1983～2012 年日降雨数据作为降雨资料数据，对 30 年内的年降雨量进行统计，基于小波分析，分析试点城市的降雨"丰-枯"变化周期，及未来 10 年左右的降雨变化进行分析预测，从而为海绵试点城市应对未来降雨变化的城市雨水系统建设提供一定的建议。

2　分析与预测方法

在进行时间序列小波变换分析时的基本思想是用一簇小波函数系来表示或逼近某一信号或函数[7]。因此，小波函数是 Morlet 小波分析的关键，它是指具有震荡性、能够迅速衰减到零的一类函数，即小波函数 $\Psi(t) \in L^2(R)$ 且满足：

$$\int_{-\infty}^{+\infty} \Psi(t) \mathrm{d}t = 0$$

式中，$\Psi(t)$ 为基小波函数，它可通过尺度的伸缩和时间轴上的平移构成一簇函数系：

$$\Psi_{a,b}(t) = |a|^{-0.5} \Psi\left(\frac{t-b}{a}\right) \text{其中}, a, b \in R, a \neq 0$$

式中，$\Psi_{a,b}(t)$ 为子小波；a 为尺度因子，反映小波的周期长度；b 为平移因子，反应时间上的平移。

气候预测中的时间序列数据大多是离散的，设函数 $f(k\Delta t), (k=1,2,\cdots n) \Delta t$ 为取样间隔，则离散小波变换式为：

$$W_f(a,b) = |a|^{-0.5} \Delta t \sum_{k=1}^{n} f(\Delta t) \overline{\Psi}\left(\frac{k\Delta t - b}{a}\right)$$

通过增加或减小伸缩尺度 a 来得到信号的低频或高频信息，然后分析信号的概貌或细节，实现对信号不同时间尺度和空间局部特征的分析[8]。

利用小波对历史降雨或水文资料进行延展的同时，也可利用其变化周期的特征对未来降雨变化或水文变化进行一定的预测：李淼、夏军等人[9]利用小波分析对北京地区近 300 年降雨变化进行周期变化分析的同时，利用小波实部等值线对北京未来 20 年内的降雨变化进行了分析，认为未来北京降雨量可能出现下降情况；诸多学者[10,11]先后利用小波分析对华北地区的降雨量变化周期与未来降雨变化进行了分析与预测，均认为未来华北地区降雨可能出现减少趋势。所以，小波分析在可以将隐含在序列中的随时间变化的周期震荡拆分出来、并确定降雨突变点位置的同时，还可以对时间序列的演变趋势进行定性的预测，是气候多时间尺度变化特征及气候预测的一条新途径[12]。

3 降雨序列变化的小波分析与未来降雨变化预测

3.1 周期变化分析

将 30 个试点城市的 1983～2012 年降雨数据经过 Morlet 小波变换后，可得到体现时间序列内所有变化周期的小波等值线图，再经过模平方变化后，则可根据模的大小表征时间尺度上周期的强弱情况。但由于 30 个试点城市较多，所有时频变化周期图全部展示篇幅过大，故选取北京作为代表，进行展示，对其他城市的时频变化周期特性进行总结，以表格展示。

从北京 Morlet 小波变换系数实部时频分布图（图 1）中可以看到，北京历史主要存在 4～8a 与 8～15a 两种"丰—枯"变化周期，从 2018 年以后 8～15a 周期演变为 14～16a 的周期，主导北京的未来降雨变化，为进一步判定未来的 4～8a 与 14～16a 周期的具体变化周期与哪一种主导性更强，则需要通过模平方变换时频分布，确定具体周期与主导性，见图 2。

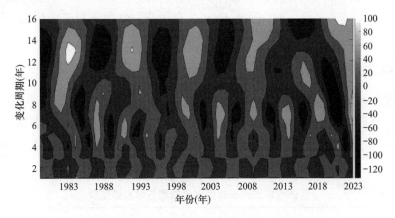

图 1 北京 Morlet 小波变换系数实部时频分布图

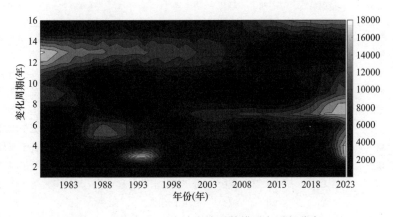

图 2 北京 Morlet 小波变换系数模平方时频分布

小波变换系数模方时频分布图中可以看出，2012 年以后，北京一直存在 7a 与 16a 的变化周期，之后通过小波变换方差图判定具体的主导周期，见图 3。

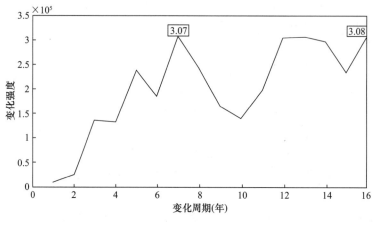

图3 小波变换方差

从图3中可以得到，16a的变化周期比7a的变化周期变化强度更高，所以北京地区从2012年以后，主导"丰—枯"变化周期为16a。故以此方法继续对其他29个试点城市的降雨序列进行小波时频变换分析，从而确定主变周期，以用于对未来降雨趋势变化的预测，其他城市均采用此方法对时频变化周期进行统计分析，并用于未来降雨变化预测。

3.2 未来降雨变化预测

根据小波变换分析结果，对30个试点城市2018年之后的年降雨量"丰—枯"变化周期进行总结与分析，其中大部分城市均具有两种2种明显的变化周期，嘉兴、济南只拥有一种显著地变化周期、白城和三亚拥有三种变化周期，具体周期时长与该周期增减类型可见表1。

各试点城市未来降雨变化周期与增减类型表　　　　　　　　　　　表1

城市	10a以上周期	增减趋势	增减类型	8～10a周期	增减趋势	增减类型	8a以下周期	增减趋势	增减类型	年均降雨量（mm）
白城	16	减少	接近峰/谷	7	减少	处于峰/谷	5	减少	处于平均水平	424.4
北京	16	减少	接近峰/谷	无	无	无	7	减少	处于峰/谷	549.3
常德	16	减少	接近峰/谷	无	无	无	5	增加	处于峰/谷	1354.8
池州	15	减少	处于平均水平	8	减少	接近峰/谷	5	增加	处于峰/谷	1424.5
大连	12	增加	处于平均水平	无	无	无	无	无	无	980.1
福州	无	无	无	10	增加	处于平均水平	5	增加	处于峰/谷	1412.1
固原	16	减少	接近峰/谷	无	无	无	7	减少	处于峰/谷	291.2
贵阳新区	14	减少	处于峰/谷	无	无	无	7	减少	处于峰/谷	1078.7
鹤壁	无	无	无	8	减少	处于平均水平	4	增加	处于峰/谷	561.1
济南	无	无	无	8	减少	处于平均水平	无	无	无	723.6
嘉兴	13	减少	处于峰/谷	无	无	无	无	无	无	1449.2
南宁	13	减少	处于峰/谷	无	无	无	4	减少	处于峰/谷	1273.5
宁波	13	减少	处于峰/谷	无	无	无	6	减少	接近峰/谷	1416.2
萍乡	13	减少	处于峰/谷	无	无	无	6	增加	处于峰/谷	1526.9

城市	10a以上周期	增减趋势	增减类型	8~10a周期	增减趋势	增减类型	8a以下周期	增减趋势	增减类型	年均降雨量（mm）
迁安	12	增加	处于峰/谷	无	无	无	6	减少	处于峰/谷	550.3
青岛	16	减少	接近峰/谷	无	无	无	5	减少	处于峰/谷	723.6
庆阳	16	减少	接近峰/谷	无	无	无	8	减少	处于峰/谷	391.6
三亚	16	减少	接近峰/谷	10	增加	处于平均水平	5	减少	处于平均水平	1347.5
厦门	无	无	无	10	增加	处于平均水平	6	增加	处于峰/谷	1333.2
上海	16	增加	接近峰/谷	无	无	无	无	无	无	1156.1
深圳	13	减少	处于峰/谷	无	无	无	6	增加	处于峰/谷	1789.8
遂宁	16	减少	接近峰/谷	无	无	无	7	减少	处于峰/谷	1007.8
天津	16	减少	接近峰/谷	无	无	无	6	减少	处于平均水平	523
武汉	16	减少	接近峰/谷	8	减少	处于平均水平	无	无	无	1303.2
西宁	15	减少	处于平均水平	无	无	无	7	减少	处于峰/谷	403.7
西咸新区	无	无	无	10	增加	处于平均水平	5	减少	处于峰/谷	595.5
玉溪	14	减少	处于峰/谷	10	增加	处于平均水平	无	无	无	965
镇江	无	无	无	9	减少	处于平均水平	5	增加	处于峰/谷	1085.1
重庆	14	减少	处于峰/谷	无	无	无	7	减少	处于峰/谷	1094.2
珠海	13	减少	处于峰/谷	无	无	无	7	增加	处于峰/谷	1699.9

注：增减趋势增加为相对于现阶段年降雨量会上升、减少则为下降；增减类型接近峰/谷则为在现状增减趋势的基础上，即将发生增减趋势变化、处于平均水平则为在现状增减趋势的基础上，相对于历史平均状态会发生变化、处于峰/谷则为增减趋势开始发生变化。

　　30个试点城市中，24个城市均具有10a以上的变化周期；24个城市具有8a以下的变化周期，11个城市具有8~10a变化周期，每个城市的主导"丰-枯"变化周期见表2。

各城市主导"丰-枯"变化周期情况表格　　　　　　　　　　表2

城市	主导变化周期（年）	增减趋势	增减类型	城市	主导变化周期（年）	增减趋势	增减类型
白城	7	减少	处于峰/谷	青岛	16	减少	接近峰/谷
北京	16	减少	接近峰/谷	庆阳	16	减少	接近峰/谷
常德	16	减少	接近峰/谷	三亚	16	减少	接近峰/谷
池州	15	减少	处于平均水平	厦门	10	增加	处于平均水平
大连	12	增加	处于平均水平	上海	16	增加	接近峰/谷
福州	10	增加	处于平均水平	深圳	13	减少	处于峰/谷
固原	16	减少	接近峰/谷	遂宁	7	减少	处于峰/谷
贵阳新区	14	减少	处于峰/谷	天津	16	减少	接近峰/谷
鹤壁	8	减少	处于平均水平	武汉	8	减少	处于平均水平
济南	8	减少	处于平均水平	西宁	7	减少	处于峰/谷
嘉兴	13	减少	处于峰/谷	西咸新区	10	增加	处于平均水平
南宁	13	减少	处于峰/谷	玉溪	10	增加	处于平均水平
宁波	13	减少	处于峰/谷	镇江	9	减少	处于平均水平
萍乡	13	减少	处于峰/谷	重庆	14	减少	处于峰/谷
迁安	12	增加	处于峰/谷	珠海	13	减少	处于峰/谷

从表 2 中可以看出，30 个城市中，大连、福州、迁安、厦门、上海、西咸新区、玉溪这 7 个城市的未来降雨变化主导周期会出现增加趋势，除迁安为从波谷处开始增加，意味着迁安在未来 10a 左右的时间内，会一直出现降雨量不断上升的情况，其他 6 个出现降雨量增加的城市，降雨量在未来 5～10a 内均为相对于历史平均水平的增加，无论是从波谷出开始增加还是从历史平均水平的增加，都会对城市年径流总量控制率造成很大的影响，导致现阶段设计的源头雨水控制利用设施规模与能力不足，在未来降雨发生变化时，无法实现规划的年径流总量控制率。

其他 23 个城市中，未来降雨量均会出现减少的趋势，北京、常德、固原、青岛、庆阳、三亚、天津这 7 个城市的降雨量在未来 2～5a 内很快会达到波谷区域，之后会出现 10a 左右的上升趋势，其他 16 个城市的降雨量在 7～10a 内会出现下降趋势。

所以 30 个试点城市中，大连、福州、迁安、厦门、上海、西咸新区和玉溪应当在基于近几年降雨量实际变化的基础上，加强雨水控制利用设施的规模与能力，从而有效适应未来降雨变化可能对城市雨水系统所带来的影响，达到年径流总量控制率的要求；北京、常德、固原、青岛、庆阳、三亚与天津，虽然现阶段未来降雨变化可能一直处于减少趋势，但很快会出现降雨量变化趋势的改变，在未来均可能出现高于现阶段降雨量的可能，但考虑到变化的周期性，加强雨水控制利用设施没有其他 7 个城市那么紧迫，应长远规划，适当延长海绵城市建设的验收时间，长时间观察现状城市雨水系统是否能够有效适应未来降雨变化可能带来的影响。

4 未来降雨变化地区性分析

考虑到海绵试点城市对于周边情况相似城市的示范性、辐射性，故根据 Morlet 小波变换预测所得到的各城市未来降雨变化特征，结合该城市的地理位置与气候特征，对各试点城市的未来降雨变化特征进行分类，从而有效指导地区性的应对未来降雨变化海绵城市建设；根据预测未来降雨变化趋势与城市所处地理位置及气候特点，将 30 个试点城市的未来降雨变化特征分为 10 类，具体分类结果与依据可见表 3。

试点城市未来降雨变化趋势分区域分类表　　　　　　　　表 3

城市名称	所属类别	分类依据
甘肃庆阳、宁夏固原、青海西宁	1	地处西北干旱区，年降雨量很少，未来降雨量可能出现接近波谷的下降趋势
吉林白城	2	地处东北寒冷地区，年降雨量很少，未来降雨量可能出现接近波谷的下降趋势
北京、天津、山东青岛	3	地处华北平原地区，年降雨量较少，未来降雨量可能出现接近波谷的下降趋势
河南鹤壁、山东济南	4	地处华北平原中南部中原地区，年降雨量较少，未来降雨量可能出现相对于历史平均水平的下降趋势
河北迁安、辽宁大连	5	地处环渤海东北部地区，年降雨量较高，未来降雨量可能出现大幅上升的趋势
陕西西咸新区	6	地处西北干旱区，年降雨量较少，未来降雨量可能出现相对于历史水平的上升趋势

城市名称	所属类别	分类依据
贵州贵阳新区、四川遂宁、云南玉溪、重庆	7	地处西南部地区，年降雨量较高，未来降雨量可能出现大幅减少的趋势
安徽池州、湖北武汉、湖南常德、江苏镇江、江西萍乡、上海、浙江嘉兴、浙江宁波	8	地处长江中下游平原地区，年降雨量很高，大多数城市未来降雨量可能出现接近波谷的下降趋势
广东深圳、广东珠海、广西南宁、海南三亚	9	地处南部沿海地区，年降雨量很高，未来降雨量可能出现大幅减少的趋势
福建福州、福建厦门	10	地处东南部沿海地区，年降雨量很高，未来降雨量可能出现相对于历史水平的上升趋势

将 30 个试点城市分类为 10 类后，试点城市未来降雨变化趋势体现出很强的地区性，同一地区的试点城市未来降雨变化趋势大致相同，这与地理条件的影响有很大关系。环渤海东北部、东南沿海地区未来降雨量可能出现上升趋势，这将对这两个区域的城市年径流总量控制率达标造成很大影响，由于在计算年径流总量控制率时，是选取 30 年降雨数据进行计算，得到相对于历史平均水平的年径流总量控制率，但这两个区域在未来 10 年内，降雨量可能会出现持续 3～5a 以上高于历史平均水平情况，导致雨水控制利用设施规模不足情况、未来降雨变化情景下的年径流流总量控制率无法达标的情况。

对于东南沿海地区，应当根据实际情况加强超标雨水排放设施建设，从而有效应对未来可能出现的极端降雨事件，解决未来降雨量上升可能带来的城市内涝问题加剧；但西北部干旱区及华北平原与华北平原中南部地区，由于原有降雨量较低，雨水资源是补充自然水资源的重要途径，根据预测结果，未来均可能出现降雨量减少或大幅度减少的情况，所以对于这两个区域的城市进行海绵城市建设时，应当根据实际情况充分考虑雨水资源利用设施的建设，对非传统水源加强利用能力，解决水资源匮乏的问题，从而有效应对未来降雨减少的挑战。

对于其他区域，如长江中下游平原地区、南部沿海地区及西南部地区，降雨量在未来 4～8a 内可能会出减少的情况，但因原有降雨量水平较高或很高，雨水资源不是这些区域所依赖的重要水资源，所以不会对这些区域城市的海绵城市建设造成很大影响，故这些区域的城市在进行海绵城市建设时，应当充分考虑雨水控制利用设施建设的近远期结合，为应对未来可能出现的降雨变化提前做好准备，并且加强未来降雨变化预测分析，从而使城市雨水系统可以有效适应未来降雨变化所带来的问题。

5 结论与展望

（1）30 个海绵试点城市中，大连、福州、迁安、厦门、上海、西咸新区和玉溪应当在基于近几年降雨量实际变化的基础上，加强雨水控制利用设施的规模与能力，从而有效适应未来降雨变化可能对城市雨水系统所带来的影响，达到未来降雨变化情景下的年径流总量控制率的要求；北京、常德、固原、青岛、庆阳、三亚与天津，虽然现阶段未来降雨变化可能一直处于减少趋势，但在未来可能出现高于现阶段降雨量的可能，考虑到变化的周期性，应长远规划，适当延长海绵城市建设的验收时间，长时间观察现状城市雨水系统是否能够有效适应未来降雨变化可能带来的影响；

（2）将30个试点城市分类为10类后，试点城市未来降雨变化趋势体现出很强的地区性，同一地区的试点城市未来降雨变化趋势大致相同，这与地理条件的影响有很大关系。环渤海东北部、东南沿海地区未来3～5a内降雨量可能出现上升趋势，这将对这两个区域的城市年径流总量控制率达标造成很大影响，可能出现雨水控制利用设施规模不足，未来降雨变化情景下年径流流总量控制率无法达标的情况，尤其对于东南沿海地区，应当根据实际情况加强超标雨水排放设施建设，从而有效应对未来可能出现的极端降雨事件，解决可能加剧的城市内涝问题；西北部干旱区及华北平原与华北平原中南部地区，降雨量在未来3～5a内均可能出现减少或大幅度减少的情况，所以对于这两个区域的城市进行海绵城市建设时，应当根据实际情况充分考虑雨水资源利用设施的建设，对非传统水源加强利用能力；长江中下游平原地区、南部沿海地区及西南部地区，降雨量在未来4～8a内可能会出现在减少的情况，故这些区域的城市在进行海绵城市建设时，应当充分考虑近远期雨水控制利用设施建设搭配，为应对未来可能出现的降雨变化提前做好准备，从而使城市雨水系统可以有效适应未来降雨变化所带来的问题；

（3）虽然考虑到气候预测具有一定的不确定性，但在基于历史实测的基础进行分析预测，可以对城市雨水系统应对未来降雨变化的思路起到参考，所以在进行海绵城市建设时，无论是否为试点城市，都应当加强未来气候变化预测，预测未来气候变化对城市建设可能带来的影响，让城市雨水系统可以有效应对与适应未来降雨变化。

参考文献

[1] Groisman P Y, Karl T R, Easterling DR, et al. Changesin the probability of heavy precipitation：important indicatorsof climate change [J]. Climatic Change，1999，42（1）：243-283.

[2] 夏军，刘春蓁，任国玉. 气候变化对我国水资源影响研究面临的机遇与挑战 [J]. 地球科学进展，2011，01：1-12. 王萃萃，翟盘茂. 中国大城市极端强降水事件变化的初步分析 [J]. 气候与环境研究，2009，14（5）：553-560

[3] Bell J L, Sloan L C, Snyder M A. Regional changes in extreme climatic events：A future climate scenario [J]. Journal of Climate，2004，17（1）：81-87

[4] 张质明，潘润泽，李俊奇等. 气候变化对雨水控制设施年径流总量控制率的影响 [J]. 中国给水排水，2018，34（11）：126-131.

[5] 江志红，张霞，王冀. IPCC-AR4 模式对中国 21 世纪气候变化的情景预估 [J]. 地理研究，2008，27（4）：787-799.

[6] 许吟隆，黄晓莹，张勇，等. 中国 21 世纪气候变化情景的统计分析 [J]. 气候变化研究进展，2005，1（2）：80-97.

[7] CoumouD, RobinsonA, Rahmstorf S. Global Increase in Record-breaking Monthly-mean Temperatures [J]. Climatic Change，2013，118：771-782.

[8] Coumou D, Robinson A. Historic and future increase in the global land area affected by monthly heat extremes [J]. Environmental Research Letters，2013，8：1-6.

[9] 李淼，夏军，陈社明，等. 北京地区近 300 年降雨变化的小波分析 [J]. 自然资源学报，2011，06：1001-1011.

[10] 姜大膀，王会军，郎咸梅. 全球变暖背景下东亚气候变化的最新情景预测 [J]. 地球物理学报，2004，47（4）：590-596.

［11］ Yang P，RenG，HouW，et al. Spatial and Diurnal Characteristics of Summer Rainfall over Beijing Municipalitybased on a High-density AWS Dataset ［J］. International Journal of Climatology，2013，33：2769-2780.

［12］ 桑燕芳，王中根，刘昌明. 小波分析方法在水文学研究中的应用现状及展望 ［J］. 地理科学进展，2013，06：1001-1011.

BIM 技术在门诊楼给排水设计中的应用

张　谦　陈宝旭　刘晓冬　邓非凡

军事科学院国防工程研究院

摘　要： 在某部队门诊楼的建筑给水排水设计中，全程运用 BIM 技术，采用 Revit 软件完成给水、排水、消火栓、喷淋管道系统的系统原理图、平面图及卫生间放大的设计；BIM 技术含有的协同设计、管线综合和碰撞、检测、参数化设计等功能，在设计过程中得到全面应用。本工程运用 BIM 技术完成建筑给水排水设计实践，目的是从项目设计过程中找出具体存在的问题，并对 BIM 技术在建筑给水排水设计中的应用进行展望及总结。

关键词： 建筑给排水 BIM　Revit　管线综合　协同设计

1. 项目概况

本工程是北京某部队门诊楼项目，建筑面积 $4820.37m^2$，地上 6 层，地下 1 层，地下层高 4.5m，首层层高 4.25m，2 层至 6 层层高均为 3.8m。建筑高度 25.05m。为二类建筑，耐火极限为二级。框架结构。给水排水系统包括给水系统、污水系统、消火栓系统和自动喷水灭火系统。

2. BIM 技术的应用

BIM 是"建筑信息模型"的简称，Revit 是实现 BIM 较为完善的软件。BIM 技术在国内尚处于发展阶段，与二维的 CAD 设计相比，它具有协同设计、碰撞检查、管线综合、自动统计及施工模拟指导等优点，在国内很多建筑设计院已经开始尝试运用 BIM 技术[1]，但都处于学习研究阶段，极少建筑设计院达到全过程使用 Revit 设计制作施工图的程度。其中设备专业对 BIM 技术的运用主要停留在根据已经设计好的二维 CAD 图纸，使用 Revit 软件搭建三维模型，来做管线综合、碰撞检测，运用 BIM 技术来完成设计的案例并不广泛[2]。

在本项目门诊楼的设计中，建筑、结构、给水排水、暖通、电气各专业，在施工图阶段统一采用 BIM。在可视化、信息化、协调化程度较高的平台进行操作，实时调整、修改，以期实现优化设计、提高工作效率的目的。

3. 建筑给排水设计

3.1 协同设计

在项目设计中，各专业需要及时沟通，共享设计信息，Revit中的链接模型可以帮助设计师进行高效的协同工作[3]。在设计工程中，首先需要将建筑模型链接到本项目文件中。过程中需要应用"复制/监视"功能，读取建筑的标高和轴网，创建所需的各个工作平面。以同样的方式获取建筑墙面、用水器具、家具等信息。同时，也需要链接结构模型，以便在制图中及时发现与结构专业相冲突的问题。某部队门诊楼建筑结构模型如图1所示。

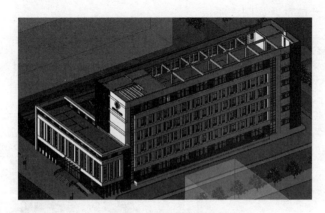

图1 某部队门诊楼建筑结构模型

在使用"复制/监视"工具，复制过建筑标高信息后，文件中会自动出现各个楼层平面。在信息中加入各个标高平面，在特性中即会出现所需的建筑楼层平面图，如图2所示。

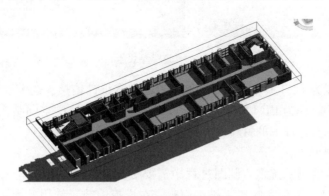

图2 建筑楼层平面图

Revit中的协同设计方法是创建一个中心文件，工作组成员建立各自中心文件的副本，与中心文件同步，将个人的设计信息同步到图纸中。同时，其他专业的设计人员可与中心文件链接所需要专业的图纸。这样，各专业进行设计制图的同时，可实时进行更新，实现协同设计。

13

在同一项目需要多人参与设计，同时在一个工作平台上画图的情况下，可以通过建立多个工作集实现。工作集以不同的 Revit 用户名来区分，这就要求每个人要有不同的用户名。分工时按照各自的专业特点，可按系统或楼层等方式来建立工作集，每个工作者选择自己的工作集。这样就规划好每一个参与者的工作范围，不在工作集范围内的没有权限进行修改，同步制图的同时，避免了误删本专业他人设计的管线的情况。

3.2　给排水设计

3.2.1　基本设置

在创建给排水系统之前，要先对管道、管件和设备等进行加载和编辑。给水排水系统所需的管件、附件和设备可以从构件族库中载入，在"类型属性"中可以对管道的属性进行修改，设置管道的类型名称（如给水管道、污水管道、消防管道等）、材质、连接类型、型号、制造商等属性信息，如图 3 所示。

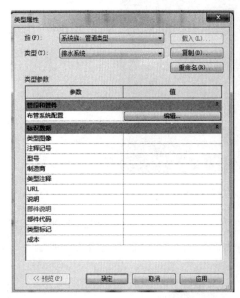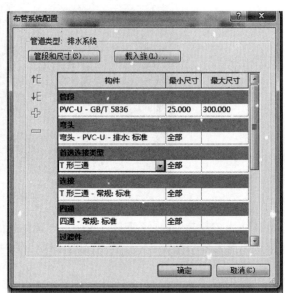

图 3　管道类型设置

通过基本设置为 BIM 模型设定给排水系统的基本设计信息。这个过程是建立 BIM 模型的关键步骤之一，因为 BIM 模型不仅可以记录给排水系统的空间结构、构件和设备的几何信息，还包括其他详细的材料性能和构件属性等信息。利用这些信息，软件可以自动统计生成设备材料列表。

给水排水专业管道系统多，制图过程中需要更多的标注，为了将来方便快捷地运用 Revit，可提前设计一个公共的给水排水模板，在模板中载入常用的族，做好管道系统的创建、管道参数的配置、管道标注、图纸的建立等。这样以后在用 Revit 设计时，可直接引用建立好的模板。

Revit 中，管道系统成为一类单独的族，并且其中预定了 11 种管道系统，如图 4 所示。但这些系统的分类与设计中的习惯分类不一致，而且还有很多系统比如水喷雾系统、雨水系统等没有包含在内[4]。预定的 11 种管道系统不能删除，也不能添加新的类型。只能在某个相似的类型下，通过复制－重命名再创建新的管道系统。对应每种管道系统，需要设置管道的参数，如管段类型、材质、粗糙度、尺寸等，便于后期的设备材料统计。

3.2.2 给水排水、消火栓系统设计

在给水排水设计中，必须首先读取建筑模型中的墙，这是由用水器具族中"依附墙"的属性决定的。管道绘制时，首先选择管道类型、系统类型。在平面视图中进行管道绘制给水管道、消火栓管道时，与传统 CAD 制图相似，不同的是需要首先输入标高，标高可在绘管结束后修改，连接设备。之后可根据需要放置管件、阀门、管路附件等，弯头、三通、四通等管件在管道类型、系统类型、标高等信息相同的条件下，会自动生成。排水管由于有坡度，在绘制之前，要先在选项卡中启用"向上坡度"或"向下坡度"，输入坡度值。绘

图 4　管道系统类型

制给水排水系统的立管要先确定立管位置，而后通过在菜单窗口输入立管起止的标高值绘制即可。

在平面视图中绘制管道、管件、设备时，被赋予了标高值，在三维视图中可以从不同角度直观地显示它们的空间位置。根据《建筑给水排水设计规范》GB 50015、《建筑设计防火规范》GB 50016（2018 版）完成平面设计。

3.2.3　自动喷水灭火系统设计

Revit 软件中没有类似天正软件中"布置喷头"的功能。设计自动喷水灭火系统时，如运用 Revit 直接绘制，工作较为繁琐。按《自动喷水灭火系统设计规范》GB 50084 的要求，可运用已有插件进行设计，也可在 CAD 中布置喷头完成后链接到 Revit 中，在 Revit 中按照 CAD 所示的喷头位置布置喷头；而后连接喷头、选择管道类型、管径、管材、偏移量绘制干管；最后标注距离。设计每层平面时，可切换到 3D 模式，观察管线与结构梁的关系，避免碰撞。

3.2.4　卫生间详图设计

在设计卫生间详图时，首先"复制/监视"建筑模型中的墙，使用给水排水中的卫生器具；每一种卫生器具都有固定的给水点与排水点，管线只有正确连接到给水排水点位时，才能显示没有错误。同时，绘制排水管道需要插入合适的管道附件，注意排水的坡度。图 5 经过渲染后的卫生间效果图。

平面图设计采用 Revit，与传统的二维设计相比，并没有明显区别。但在绘制过程中，插入的每一个管件、管路附件，都会提示安装是否合理；开启显示隔离开关，会提醒制图中每一处没有正确连接，不能安装，需要设计师不断进行调整，精确地表达设计。Revit 设计更加贴近实际，更加直观地表达了实际施工中可能存在的问题。设计师在进行平面设计的同时，Revit 软件自动精准地搭建三维模型。

制图过程中，自动喷水灭火系统与给排水系统是在两张图纸中分别绘制，难免会有管线交叉、冲突。在给水排水管线整体的三维模型中，可以清晰地看到项目中每种系统管线的真实布置情况，然后对每一个碰撞点人工进行调整，重新布置管线或者管道翻弯避让。本设计中就发现给水系统管线与自动喷水灭火系统立管在清洁间内有碰撞，重新布置给水

管线，合理完成设计；消火栓干管与自动喷水灭火系统管线有多处碰撞点，需要管线翻弯避让。

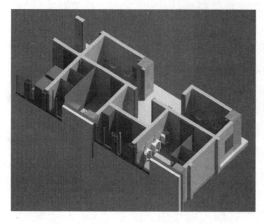

图 5　卫生间效果图

平面图中的管线交叉重叠处都需要根据制图标准相互调整避让，在三维中观察调整后的管线。调整完成后，在"视觉样式"下选择"隐藏线"，此时平面图中就会根据调整，显示重叠管线的高度关系，并自动断线。

3.3　管线综合

Revit 提供"链接模型"功能，将建筑模型、结构模型、电气模型、暖通模型及给水排水模型置于同一模型中，便于设备专业进行管线综合，综合后的结果直接反应在三维视图中，与建筑专业、结构专业模型结合，检查综合后的管线是否满足建筑安装要求，是否与结构梁有碰撞。链接模型时，全部采用原点到原点，可以将所有专业的模型放置在主体文件的原点上；链接的电气与暖通专业模型，需要把参照类型更改为附着；在视图的可见性中，把电气、暖通专业需要可见的类别选中，此时才可以把所有专业的设计在同一图纸中表达。结合结构梁高度、建筑吊顶高度要求，管线综合后要求电气专业线槽贴梁敷设。

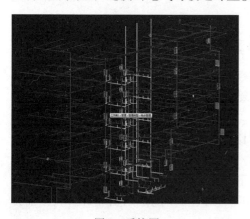

图 6　系统图

3.4　系统图生成

平面图中绘制完成的各类管道系统，会自动生成三维视图，从图 6 中可见所有管道系统混合在一起，通过过滤器的设置选择，可以隐藏不需要的系统和图元，生成自己需要的各种系统图。见图 6。

4. Revit 在给排水设计中的问题

1. 软件功能和族库不完善。在绘制自动喷水系统时，布置喷头只能通过先定位再点布的方式，这样就大大增加了工作量，为工作的展开带来困难。Revit 中一个族包含着很多信息，族越多所需要的运行空间要求越高，这使得有些常用的族缺少的现象严重。比如用水器具中，缺少儿童型用水器具族、医疗专用用水器具族等。

2. 排水管设计困难。由于排水管道存在坡度，在实际设计中，各个用水器具连接到主排水管道时，时常出现无法连接的错误。横干管与立管连接时也同样存在这样的问题。

3. 系统图是以平面图为基础生成的，对于大型项目的系统图纸，用 Revit 直接绘制难度大，无法清晰表达，图面凌乱。

5. 结语

BIM 现阶段虽然存在诸多问题有待解决，但不可否认该技术的应用与普及将是大势所趋[5]，现阶段我国建筑行业，只有少数的大型设计院运用 BIM 技术，施工单位使用者更是少有。根据二维图纸使用 Revit 软件搭建三维模型，用来进行碰撞检测与管道综合，这些只是 BIM 技术中的冰山一角。设计、施工全过程的 BIM 应用才能体现出 BIM 软件的强大指导性功能。

通过实践探索，运用 Revit 软件对某部队门诊楼进行整体的给水排水设计，可以按照《建筑给水排水制图标准》GB/T 50106 要求生成二维图纸，是对传统 CAD 图纸设计的继承，同时 BIM 设计的强大功能也是对传统设计的突破。虽然运用 Revit 设计时，设计周期相对较长，但这使得设计更加贴近实际。设计过程中运用第三方软件（如天正给排水、橄榄山快模）有助于提高设计的速度；软件的本土化更新及熟练应用后，必将取代传统的设计思维及设计方式。

参考文献

[1] 张建平. BIM 技术的研究与应用. 施工技术，2011，(2)：116-119.
[2] 许华春，庄国强. 机电工程综合管线优化中 BIM 技术的应用. 福建建设科技，2014，(2)：54-56.
[3] 桂学明，杨民. BIM 技术在上海中心大厦室外总体设计中的应用. 给水排水，2015，41（4）：77-82.
[4] 张弘. 广播电视发射塔工程给排水设计探讨. 给水排水，2016，42（1）：89-92.
[5] 赵昕. 建筑给水排水专业面临 BIM 抉择. 给水排水，2016，38（11）：85-91.

防空地下室给排水设计常见问题探讨

曹为祥

北海工程设计院

摘 要：结合工程实践中经常遇到的问题，本文对密闭通道内自喷喷头的设置、预留预埋、非人防部分管道转换、进出户管道井的设置等问题进行了探讨，并给出了意见建议。

关键词：防空地下室 喷头 预留预埋 管道井

1. 密闭通道内设自喷喷头的问题

在防空地下室设计中，建筑专业因考虑到施工难度问题，经常会将防火门和密闭门设置在不同位置，通常做法是将防火门设在防毒通道（或密闭通道）外面，这样就造成了防护分区和防火分区划分的不一致，如图 1 所示。

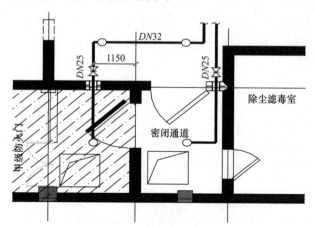

图 1 防火门设置防护密闭门外侧

有的情况下，防火门和防护密闭门也会设置在同一位置。如图 2 所示。

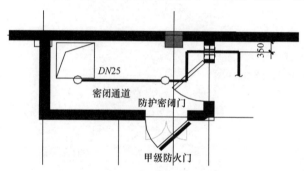

图 2 防火门和防护密闭门设在同一位置

平时，密闭通道（或防毒通道）作为防火分区的疏散通道时，喷头的保护范围应至防火门处，这在平时的设计中经常会遗漏，设计时应注意。由于防火门设在防护密闭门外侧，自喷系统需穿过防护分区，在穿过防护分区时，自喷系统需设防护阀门和防护密闭套管。当然，密闭通道（或防毒通道）仅在战时使用，平时不作为疏散通道用，平时应将密闭门关闭，密闭通道（或防毒通道）内可不设自喷。

2. 防空地下室预留、预埋的问题

对于有清洁区的防空地下室，清洁区既要能抵御预定的爆炸动荷载作用，且要满足防毒要求。因此对于穿越防空地下室外墙、防护单元隔墙的各种管道均要设防护阀门，并预留防护密闭套管。防空地下室的防护密闭套管应在主体施工时同时预留，不应在主体施工后再凿洞预留，后凿洞预留密闭套管达不到应有的防护密闭效果，因此应禁止在主体施工后再凿洞预留套管。在实际工程中，经常出现主体施工时遗漏套管的情况，出现遗漏密闭套管的原因，水、暖、电各专业的预留套管仅在各专业的图纸上，在土建专业图纸上没有水、暖、电各专业的预留套管，而施工单位在主体施工时，经常出现水、暖、电安装施工人员不到位，就会出现遗漏套管的问题，有的工程中，甚至出现整个工程都没有预留套管的问题。为避免出现遗漏套管的问题，建议应有专门的预埋预留图，水、暖、电各专业均应将预埋预留图提供给建筑专业，由建筑专业统一出预埋预留图。在预埋预留图中，应有各预留预埋的详细尺寸及其做法，并应有详细的定位尺寸。

3. 非人防部分管道转换的问题

与防空地下室无关的管道不应进入防空地下室内，因此高层建筑的上部排水管道与人防地下室无关，为避免排水管道穿过人防顶板。采取设备转换层或人防顶板覆土层解决上部建筑的排水管道不穿过人防顶板的问题。上部建筑的排水管道在管道转换层集中后分几个集中的管口排出，集中管道井一般布置在靠外墙或在人防地下室的防护区外。

当不能布置在人防地下室的防护区外时，可采取做管沟或地下室顶板降板设覆土层的方式处理。当上部为功能简单的办公建筑等，卫生设施集中，管道较小，在底层管道无卫生用水设施时，可采取人防顶板局部降板的形式，排水管道在地沟中敷设，管道穿梁时预埋钢套管，地沟深度一般等于地下室顶板的梁高。管道在地沟中敷设完成后，地沟中回填细沙密实，其上再做建筑垫层。当上部为功能较复杂的宾馆、商住建筑等，尤其是底层为小开间商店的商住楼，建设单位一般要求带有卫生设施，导致上部集中排水管道相对较多，底层卫生设施比较分散，可采取地下室顶板降板设覆土层的方式处理，降板的深度一般为 600mm 左右，底层卫生设施和上部集中的排出管道均布置在 600mm 以内，或者在防空地下室上部增设设备层。在工程实践中，经常出现防空地下室设计滞后的情况，在建筑整体设计完成后，才开始考虑设计防空地下室，此种情况下，人防设计单位与非人防部分设计单位尤其应做好对接，避免出现非人防部分的管道进入人防内。

如果上下相邻两层均为防空地下室，对于上层清洁区的排水，可考虑采用两种方式处理，一种是将集水坑进行降板处理，在顶板上覆土以设集水沟，另一种方式是设防爆波地漏，将上层的排水引入下一层。对于染毒区的排水，规范要求不能引入下一层，此时只能采取降板的方法，将防爆波地漏、排水管道均设在覆土层内。

4. 入户管道井的问题

防空地下室通常都设在地下室，有的位于地下室一层，有的位于地下室二层，有的甚至位于地下室三层。对于位于地下二层、三层的防空地下室，防空地下室深度达到了十几米。对于比较深的防空地下室，出入防空地下室的各种管道会埋深很大，管道固定困难，在室外回填时，极易造成对管道的损失，且管道难以检修。电气专业对引入防空地下室的电缆设防爆波电缆井，但给水排水专业的规范、图集均没有相关的规定和做法。笔者对埋深较深的入户管道均设置入户管道井，管道井的做法如图3，管道井的防护均应满足战时冲击波的要求。

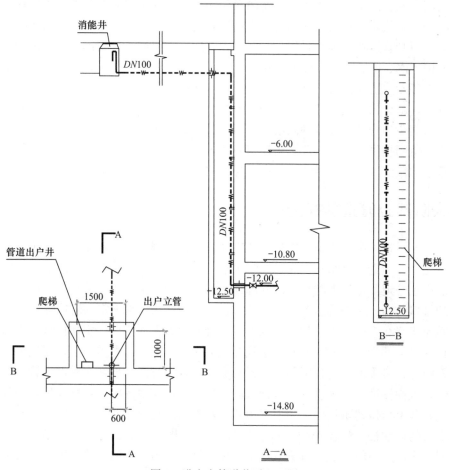

图 3　进出户管道井平立面图

5. 结语

设计是一个系统工程，各专业设计人员都应该具备一定的总体把握能力，在设计过程中，既要注重本专业设计的简便性，也要及时与相关专业沟通，减少错漏碰缺；既要严格遵守专业规范标准，也要充分考虑施工难度和使用维修的方便。

变频泵在生活给水系统中的应用探讨

杜　娜　赵整社

四川中泰联合设计股份有限公司　中国建筑西北设计研究院有限公司

摘　要：从变频调速的工作原理出发，谈谈变频泵在生活给水系统应用中的一些问题。

关键词：变频泵；变频调速；生活给水系统

在变频技术尚未广泛应用时，生活给水系统通常采用给水泵恒速运行，水量水压通过调整出口阀门开启度来调节，这就造成了大量的能量浪费在出口阀门。20 世纪 80 年代，变频调速技术逐步发展并推广，变频泵以其卓越的调速性能和显著的节电效果，在生活给水系统中应用越来越广泛。笔者从变频调速的工作原理出发，谈谈变频泵在生活给水系统应用中的一些问题。

1　离心泵调节转速的工作原理

根据离心泵叶轮的比例律，同一台离心泵，当转速 n 变化时，该泵的流量、扬程和功率分别与其转速的一次方、二次方和三次方成正比。也就是说，要改变同一台离心泵的流量、扬程，可以通过改变离心泵的转速来实现。

交流电动机转速公式：$n = \dfrac{60f}{P}(1-S)$

式中：n——电动机转速（r/min）；

$\qquad f$——交流电源的频率（Hz）；

$\qquad P$——电动机的极对数；

$\qquad S$——电动机运行的转差率。

由上式可知，调节交流电动机的 f、P 和 S 均可调节转速。

1.1　调节转差率 S：

交流电动机包括同步电动机和异步电动机，调节转差率只适用于异步电动机。可以通过调节电动机定子电压、改变串入绕线式电机转子电路的附加电阻值等方法来调节转差率。但是这些方法效率低、能耗大，一般不常采用。

1.2　变极调速

变极调速即改变电机极对数 P。它是通过电动机定子绕组接成几种极对数方式，使鼠笼式异步电动机得到几种同步转速。然而，电机的工作原理决定了电机的极数是固定不变

21

的，并且电机极对数不是一个连续的数值，为 2 的倍数，如极数为 2、4、6，因此一般不适合通过改变电机极对数来调整电机的转速。

1.3 变频调速

变频调速即调节电源频率 f。在电源和电机之间加装一个变频器，通过变频器来调整电机的工作频率。变频器由附加 PID 调节器、单片机、PLC 等器件构成。在生活给水系统中常用变频调速来改变水泵的流量和扬程。

生活给水系统中的变频恒压供水是基于 PID 控制原理，即当用户用水量减少时，管路的压力将增大，那么变频器的转速降低，使流量适当降低来维持压力恒定；当用户用水量增加时，管路的压力减小，那么变频器的转速提高，使流量增加来维持压力恒定。

2　变频泵与工频泵

根据变频调速的工作原理，可知变频泵电机的工作频率可以变化，在电源和电机之间加装一个变频器，通过变频器来调整电机的工作频率。民用一般变化上限是 50Hz。与变频泵相对应的是工频泵，它们的区别主要是电机不同。工频泵电机的工作频率不变化，其电源就是电网电源（市电），即电源为 50Hz 交流电。下面结合实际工程来探讨变频泵在生活给水系统中的应用问题。

3　生活给水系统中的变频恒压供水

某办公楼地下 1 层，地上 7 层。生活给水系统分区为：地下一层为低区，采用市政直供；地上部分为高区，采用变频恒压供水。经计算，所需流量 $17.0\mathrm{m^3/h}$，所需扬程 $45.1\mathrm{m}$。在选用水泵之前，笔者先介绍一下变频恒压供水的控制原理和同一型号离心泵并联运行的情况。

3.1　生活给水系统中的变频恒压供水控制原理

假设生活给水系统的变频恒压供水装置由两台同一型号生活主泵（1 号、2 号泵）、一台小泵（3 号泵）和一台变频器组成。变频器依次控制每台水泵实现软启动及转速的调节，来保证水压基本恒定。假设当前给水系统用水量大于 3 号小泵的流量，但小于主泵的流量，此时 1 号主泵变频运行。随着用水量的增加，变频器的转速提高，当 1 号主泵变频工作在 50Hz，并延时一定的时间，如果测量压力一直达不到设定值时，则将 1 号主泵由变频状态转换为工频工作状态运行，同时启动 2 号主泵进行变频工作。当 2 号主泵变频工作在 0Hz，并延时一定的时间，如果系统仍然达不到设定值时，则由 2 号主泵继续进行变频调节维持系统的压力稳定。用水量继续增加，变频器的转速提高，当 2 号主泵变频工作在 50Hz 时，延时一定的时间后，如果测量压力一直达不到设定值，则将 2 号主泵由变频状态转换为工频工作状态，此时两台主泵在工频状态下并联运行。反之，当用水量减少时，2 号主泵由工频工作状态转换为变频工作状态；用水量继续减少，2 号主泵停止，1 号主泵由工频工作状态转换为变频工作状态；用水量很小时，变频器的工作频率低于所设定的频率下线 5min 后，关闭变频主泵，启动 3 号小泵变频工作。当 3 号小泵工作频率达到 50Hz，并经过一定的延时，压力达不到设定值时，则关闭 3 号小泵，重新启动主泵。

3.2 同型号离心泵并联

下面笔者再来探讨一下同一型号离心泵并联运行的情况。

四台同一型号的水泵并联工作，图 1，从左至右依次为一台水泵、两台水泵并联、三台水泵并联和四台水泵并联的水泵并联性能曲线，采用的是等扬程下流量叠加的方法，这里忽略了管道系统特性曲线对并联工作的影响。$H = H_{ST} + SQ^2$ 为管道特性曲线，其中 H_{ST} 为水泵静扬程；S 代表长度、直径已定的管道的沿程摩阻与局部阻力之和的系数。交点分别为 $A(10.5, 45.0)$、$B(17.5, 51.0)$、$C(22.0, 56.0)$、$D(23.5, 60.0)$。

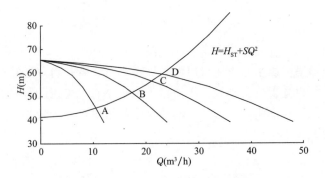

图 1 同一型号离心泵并联曲线图

一台泵工作时的流量为 10.5m³/h；两台泵并联工作时的流量为 17.5m³/h，比单泵增加了 7.0m³/h；三台泵并联工作时的流量为 22.0m³/h，比两台泵增加了 4.5m³/h；四台泵并联工作时的流量为 23.5m³/h，比三台泵增加了 1.5m³/h。由此可知，水泵并联后的流量，并不是简单地将一台泵的流量成倍增加，而是有衰减。并且，水泵并联的越多，衰减越严重，再增加并联的台数，就没有太大的意义。每台泵的工况点，随着并联的台数的增多，而向扬程高的一侧移动；台数过多，就可能使工况点移出高效段的范围。因此，在实际工程中，尤其是改造项目中，并联一台同型号的水泵并不能增加一倍的流量，而是要经过并联工况的分析和计算来确定。在设计中，如果给水管网大，且管径偏小的话，那么管道特性曲线中的 S 值增大，管道特性曲线更陡，水泵并联后的流量衰减更严重。

根据所需供水量及水泵并联工况分析，本工程拟选用主泵三台，两用一备。两台主泵以工频状态并联运行时，供水量达到最大。选用的主泵的参数为 $Q = 10$m³/h，$H = 48$m，$n = 2900$r/min，$N = 2.2$kW，图 2 中 $n = 2900$ 对应的曲线为主泵特性曲线。

3.3 单台水泵变频运行

当用水量小于单台主泵工频运行时的流量时，主泵开始变频运行。图 2 中 $n = 2900$ 对应的曲线为水泵在工频运行下的水泵特性曲线。根据离心泵叶轮的比例律，计算水泵变频至 $n = 2800$，2700，2600，2500，2400，2300r/min 时的工况，绘制在不同频率运行下水泵的特性曲线，即图 2 中 $n = 2800$，2700，2600，2500，2400，2300 对应的曲线。

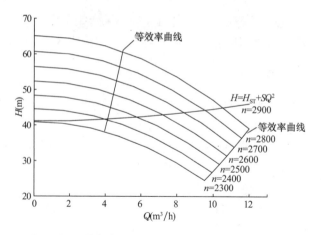

图2 单台水泵变频运行下的水泵特性曲线

从图2中可以看出，在用水量非常小时，图中为 4.0m³/h 以下时，水泵已脱离高效段工作。对于这种小流量的供水需求，可以配备一台小泵或者一台气压罐来满足。如果小流量供水相对较大，可以配置一台小泵；小流量供水较小时，可以配置一台气压罐。但是气压罐的供水压力有限，在选用时应注意。本项目小流量供水需求较小，且所需供水扬程不大，选用一台 Φ800 的气压水罐。

4 小结

在设计给水系统中的变频恒压供水装置时，应注意水泵并联后的流量叠加并不是单台水泵流量的成倍增加，而是有衰减。水泵脱离高效段工作的小流量供水时，可以配置一台小泵或一台气压罐来满足。

参考文献

［1］ 上海市城乡建设和交通委员会主编. 建筑给水排水设计规范 GB 50015—2003（2009 年版）［S］. 北京：中国计划出版社，2009.

［2］ 姜乃昌主编. 水泵及水泵站（第四版）［M］. 北京：中国建筑工业出版社，1998.

［3］ 李焦明. 单变频器多泵恒压供水系统节能设计. 电气传动. 2009，11 ［J］.

基于 LID 开发模式的天津大学仁爱学院
海绵校园规划设计

樊　娟　李洪涛　付奇岩　刘雅鑫　张铭泰
天津大学仁爱学院

摘　要：本文以天津大学仁爱学院为研究对象，研究 LID 低影响开发对径流量和径流系数的影响。对校园现状进行分析，通过分区计算得出个各区域的径流系数。结合低影响开发以及海绵城市的各种技术措施，并把它们合适的运用在校园内，我们通过 Google Earth、Arcgis、AutoCAD 以及 SWMM 等软件算出校园改造后的径流系数。通过比较得出这些海绵化措施能将校园地区的径流量与径流系数大幅削减。
关键词：现状分析海绵城市低影响开发 SWMM

0　引言

近年来我国内涝灾害频发。由于传统开发建设与排水设计存在弊端，引发了一系列城市雨洪问题和环境生态问题。为解决雨洪问题带来的城市安全隐患，国家提出了建设海绵城市的要求。依据"海绵城市建设技术指南"和"海绵城市建设试点城市申报指南"，低影响开发雨水系统构建是当前海绵城市建设的重要内容，能够应对当前内涝灾害，雨水径流污染，水资源短缺等突出问题，有利于修复城市水生态环境。

1　研究方法

2014 年 10 月，国家住房城乡建筑部提出了海绵城市建设的基本原则，并明确了"海绵城市（sponge city）"的定义和"渗、滞、蓄、净、用、排"的六部分功能、规划控制目标分解、落实及构建技术框架及规划、设计、工管理等方面的具体内容、要求、方法。2016 年 7 月天津降下特大暴雨，由于天津大学仁爱学院排水系统的设计不够完善，导致大量积水产生，影响师生出行。我们用软件对校园径流系数进行测算，发现其未满足《天津市海绵城市建设技术导则》所提规范。因此，本文认为如果用 LID 技术（如透水铺装、下沉式绿地、绿色屋顶、植草沟等）对校园进行改造会使径流量和径流系数大幅削减，符合规范要求[1]。

2　研究内容

2.1　面积测算

建立分区模型，首先对学校进行恰当分区，分区的准确性决定了模型的精度和计算时间以及计算的精准性。为此课题组人员进行了深入研究，借助于卫星地图将学校分区处理，分区需考虑排水管道的分布，且以学校标志性建筑为分界点，并且舍去校园内若干不影响区域，以便于提高计算准确性。经过详细的调查和研究将校园分为 7 个区域，各个区域中的建筑占地面积、绿地面积及铺设方砖的面积如表 1 所示。

图 1　校园区域划分图（hm²）

七个区域的建筑面积、绿地面积及方砖面积统计表（hm²）　　　表 1

区域	总面积	绿地面积	方砖面积	建筑占地面积
第一区域	3.59	1.80	0.02	1.77
第二区域	3.18	0.49	0.52	2.17
第三区域	10.10	6.72	1.77	1.61
第四区域	4.95	2.10	1.60	1.25
第五区域	11.00	3.64	3.20	4.16
第六区域	11.97	7.66	0.98	3.33
第七区域	5.05	2.08	0.24	2.73

2.2　径流系数计算

汇水范围内综合径流系数应根据不同地面种类的径流系数，按照其各自面积占汇水面积的比例，按照下列公式采用加权平均法计算[2]。

$$\Psi_Z = \frac{\sum F_i \Psi_i}{F}$$

式中：Ψ_Z——综合径流系数；

　　　F——汇水面积（hm²）；

　　　F_i——i 地块汇水面积（m²）；

　　　Ψ_i——i 类下垫面的径流系数。

不同种类下垫面的径流系数不同，查阅资料并由上式可以计算出校园总面积为 49.83hm²，校园总径流系数为 0.54。查阅《天津市海绵城市建设技术导则》可知，天津大学仁爱学院校区属于高等院校用地，用地代号为 A31，径流系数控制目标需满足≤0.40。显然，现阶段该地区尚未达到要求。

2.3　海绵设施量化计算

校园 7 块区域的海绵设施布局方案，综合"渗、滞、蓄、净、用、排"海绵城市六大要素，详情如表 2 所示。

海绵设施统计　　　　　　　　　　　　　　　　　　表 2

设施类型	设施名称	设施规模	设施分布
下渗净化	透水铺装	8.33hm²	各区的人行道、方砖路面以及其他不透水路面
	下沉式绿地	14.65hm²	第一区域、第二区域、第四区域、第五区域、第七区域以及第三区域的部分绿地区域
净化调蓄	绿色屋顶	9.18hm²	二区域的第三教学楼、第四教学楼、第二实验楼、第四实验楼、行政楼；第三区域的第五实验楼、第五教学楼、第六教学楼、教职工宿舍、学生 1 宿、学生 2 宿；第四区域的第一实验楼、第一教学楼、第二教学楼、学生 3 宿、学生 4 宿、第二食堂、综合服务楼；第五区域的全部 5～17 学生宿舍
	植草沟	9.80hm²	第四区域、第六区域、第三区域的湖边绿地以及第三区域水沟旁的部分绿地区域

查阅《天津市海绵城市建设技术导则》可得知不同汇水面积径流系数，再按照上文公式与所查资料，对进行低影响开发改造后的校园各分区径流系数进行计算，得出每一块区域的径流系数，再将其进行汇总，可知整个校园径流系数为 0.39，比改造前所求径流系数有大幅削减。

3　总结

本项目以建设海绵城市"滞、渗、净、蓄、用、排"为原则，改造天津大学仁爱学院。通过径流系数的计算，得出径流系数 0.39 小于等于规范中给出的 0.40，得以验证海绵化改造的设计方法、改造方案是行之有效的。通过有效地削减径流量，降低径流流速，减少径流污染，使雨水迅速地收集、入渗等，减少校园被大雨淹没风险。同时，下渗的雨水可以有效地补充地下水资源，利于生态环境的保护。基于现有自然条件，选择适宜低影响开发设施应用，给师生予赏心悦目的享受，绿色与城市现代化交相辉映，起到了良好的作用，可以充分感受到大自然的气息，极富美学体验。

参考文献

［1］　车生泉，于冰沁，严巍. 海绵城市研究与应用——以上海城乡绿地建设为例［M］. 上海：上海交通大学出版社，2015.

［2］　天津市城乡建设委员会. 天津市海绵城市建设技术导则. 天津：天津市建设建设工程技术研究所津标发行站，2016.

［3］　住房和城乡建设部. 海绵城市建设技术指南——低影响开发雨水系统构建［S］. 2014.

［4］　Edward T McMahon. Green Infrastructure［J］. Planning Commissioners Journal，2000.

［5］　Low-impact Development Center. Low Impact Development（LID）A Literature Review［M］. Washington：United States Environmental Protection Agency，2000.

［6］　张园，于冰沁，车生泉. 绿色基础设施和低冲击开发的比较及融合［J］. 中国园林，2014（3）.

［7］　US Environmental Protection Agency. Washington，DC（2006）. "Fact Sheet：Low Impact Development and Other Green Design Strategies."

［8］　车伍，闫攀，杨正等. 既有建筑雨水控制利用系统改造策略［J］. 住宅产业，2012.

［9］　王建龙，车伍，易红星. 低影响开发与绿色建筑的雨水控制利用［J］. 工业建筑，2009，39（3）.

［10］　聂发辉，李田，姚海峰. 上海市城市绿地土壤特性及对雨洪削减效应的影响［J］. 环境污染与防治，2008，30（2）.

［11］　邹芳睿，宋昆，叶青等. 北方滨海地区海绵城市建设探索与实践——以中新天津生态城为例［J］. 给水排水，2017，11：38-43.

浅谈倒虹管的设计要点

赵 敏

绵阳市水务（集团）有限公司

摘 要： 一些城市污水倒虹管，由于设计上的不合理，导致倒虹管内淤积，污水外泄污染河流，给后期运行管理带来一定的困难和隐患。结合具体工程实例介绍了倒虹管的设计过程，并总结了倒虹管的设计要点，以供设计人员参考和借鉴。

关键词： 倒虹管 踏勘 事故排出口 实例

随着城市化进程越来越快，城市用地面积不断扩大，需要同时建设给水、污水、雨水、电力等配套基础设施。城市的排水工程是现代化城市不可缺少的重要设施，同时也是控制水污染、改善和保护水环境的重要措施。而城市中通常有一些天然或人为的障碍物，如：河流、山涧、洼地、地下构筑物等，排水管渠遇到这些障碍物时，不能按原有的坡度埋设，则需要采用倒虹管。由于倒虹管的清通比一般管道困难得多，如设计人员不能准确把握倒虹管的设计要点或设计上的不合理，可能导致倒虹管内污泥的淤积、管道冲刷损坏等较大隐患，增加事故维修、清通等管理成本。笔者结合某工程实例介绍倒虹管的设计过程，并总结其设计要点，以供设计人员参考和借鉴。

绵阳市某城镇现状雨、污水基本处于无系统的自由排放方式，散乱的排放口直接排入河流，对水体以及周边环境污染严重。根据总体规划要求该城镇城市污水处理率达到 95%，拟在城镇水体的下游建设污水处理站，同时建设污水处理站配套截污干管。排水系统设计采用雨、污分流制，排水总量远期规划为 8240m³/d，排水管渠断面尺寸按远期规划的最高日最高时设计流量 $Q=219.12L/s$ 设计，截污干管管径为 $DN400 \sim DN1000$，Ⅱ级钢筋混凝土承插管，总长度约 3.71km。截污干管有 3 处穿过城区河流，分别采用了"多折型"和"凹字型"倒虹管。

1 前期踏勘及收集资料

倒虹管的设计需要从多方面进行考虑，前期现场踏勘及收集基础资料尤其重要。前期准备工作可以从以下方面推进：

1.1 现场踏勘，确定倒虹管的路线。倒虹管应尽可能与障碍物正交通过，以缩短倒虹管的长度，同时路线不会过大迂回，过障碍物后能继续按原有管道的坡度继续埋设前行，应有较好的施工作业面，施工难度小。

1.2 对初步选定的路线地形环境进行实地测量，对地质情况进行详细勘探。根据勘测报告选择在河床和河岸较稳定、不易被水冲刷的地段及埋深较小的部位敷设，并进行可行性分析，同时应结合地质情况大致确定施工工艺。

1.3 计算排水设计流量，确定倒虹管的大小和条数。通过河道的倒虹管，不宜少于两条；

29

通过谷地、旱沟或小河的倒虹管可采用一条。

1.4 收集基础资料。比如：河流水文资料、是否为航运河道、河堤的结构形式、河道行政主管部门的论证报告及批复等设计过程中需要的资料。

2 倒虹管设计

按相应的规范设计要求，选择其中一处"凹字型"倒虹管为例进行设计。此处倒虹管上游管径为DN800，设计坡度为2‰，设计充满度为0.42，设计流速为1.01m/s，设计流量为200.53L/s，倒虹管长度为38m。

2.1 考虑采用两条管径相同、平行敷设的倒虹管线，每条倒虹管的流量为100.27L/s，查水力计算表得倒虹管管径 $D=300$mm，水力坡度 $i=0.011$，流速 $v=1.42$m/s，此流速大于允许的最小流速0.9m/s，也大于上游管流速1.01m/s。

2.2 倒虹管沿程水力损失值为 $0.011\times38=0.418$m。

2.3 倒虹管局部阻力损失值为：

2.3.1 按进口、出口的局部阻力损失值分项计算。

$$\zeta_1\frac{v_1^2}{2g}+\zeta_2\frac{v_2^2}{2g}=0.5\times\frac{1.42^2}{2\times9.8}+1.0\times\frac{1.42^2}{2\times9.8}=0.154\text{m}$$

2.3.2 按沿程水力损失值的5%～10%计算（倒虹管长度大于60m采用5%；等于或小于60m采用10%）。

$$0.418\times5\%=0.021\text{m}。$$

根据以上两种计算方法的结果对比，选取0.154m作为局部阻力损失值。

2.4 倒虹管的阻力损失值为：$0.418+0.154=0.572$m。

2.5 考虑一定的安全系数，倒虹管进、出水井水位高差稍大于全部阻力损失值，其差值一般采用0.05～0.10m。设计采用的进、出水井水位高差为0.65m。

2.6 "凹字型"倒虹管具体设计见图1、图2。

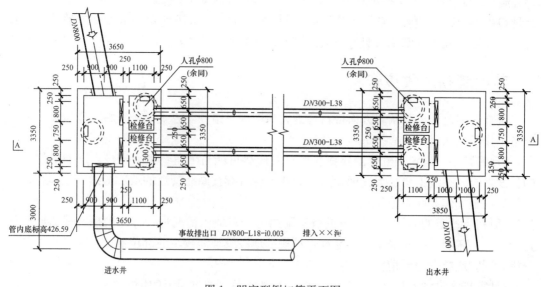

图1 凹字型倒虹管平面图

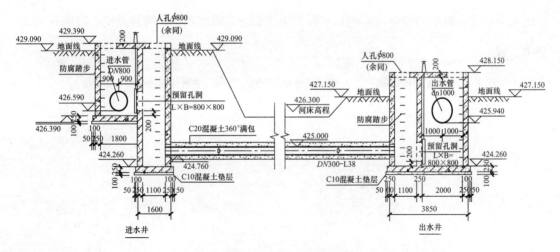

图 2 凹字型倒虹管纵剖面图

3 设计要点总结

3.1 形式的选择：根据具体情况选用合适的倒虹管形式。当河面与河滩较宽阔，河床深度较大，需用大开挖施工，施工专业面较大时多采用"多折型"；当河面与河滩较窄，河床深度较小，采用大开挖或顶管施工时多采用"凹字型"；或者根据实际地形采用多折型和凹字型相结合的"混合型"。

3.2 倒虹管的条数：根据障碍物的重要性、清通难度、近远期水量来确定设置的条数。当通过特殊重要障碍物（如地下轨道交通、隧道等）时，应设置 2 条及 2 条以上倒虹管；当通过谷地、旱沟或小河时，因维修难度不大，可以设置 1 条；当近远期水量相差很大时，应设置 2 条，近期水量不能达到设计流速时，暂时关闭 1 条，只用 1 条倒虹管工作。

3.3 设计流速：建议条件允许时设计流速采用 1.2～1.5m/s，并应大于进水管内的流速，条件困难时可适当降低，但不宜小于 0.9m/s，当设计流速不能达到 0.9m/s 时，应增加定期冲洗措施，冲洗时流速不应小于 1.2m/s。排水管渠按远期规划的最高日最高时设计流量设计，因此倒虹管应按近期污水量校核流速。

3.4 事故排出口：从现有的一些倒虹管运行情况看，笔者认为可不设置事故排出口。原因有三点：首先，受地形标高限制，事故排出口往往在洪水位标高以下，倒虹管道检修时不能排水还会导致河水倒灌；其次，短时的污水排入河流也会对当地的水环境造成严重的污染，地方环保部门一般都不允许污水直接排入河流；设置在事故排出口的闸门有密闭不严，发生污水泄漏的隐患。未设置事故排出口的倒虹管检修时，可考虑将污水经移动泵提升至下游污水检查井或吸污车收集外运处理。

4 结语

在市政排水工程中，倒虹管的设计并不能完全按照规范条文进行，应融入更多的地方经验和特色。倒虹管的设计应从实际工程出发，对具体工程做具体分析，最大程度的保证管道安全运营，减少对环境的影响，应做到走线合理、排水顺畅、维修方便、经济安全。

参考文献

［1］ 室外排水设计规范 GB 50014—2006（2016 年版）［S］. 北京：中国计划出版社，2014.

某工程消防系统注水加压调试问题分析与思考

马奕炜　卫　兴　刘全胜

北京特种工程设计研究院

摘　要：某工程竣工验收后，小区所有室内外消防管道内并未注入消防用水，针对已投入使用的多栋建筑的消防系统注水加压调试，具有其代表性和特殊性，本次调试中发现的减压阀、雨淋报警阀组中试验放水阀、室外管道等方面出现的问题，为今后设计人员在图纸设计中进行更加准确的思考和细致的说明提供了重要依据。

关键词：注水加压调试　减压阀　试验放水阀　室外管道

1　消防系统注水加压调试背景概述

某工程竣工验收后，小区所有室内外消防管道内并未注入消防用水，各单体建筑的消火栓系统、喷淋系统及雨淋系统均处于瘫痪状态，无法进行及时的喷水灭火工作。本次消防系统注水调试，主要是在小区所有消防管道内均无水状态下，对管道进行检查，逐步对所有消防管道完成注水加压，注水时，需要注意按流程及区域逐步进行注水，注满水后，还要检查是否有漏水现象，最后进行加压稳压，系统进入正常工作状态。

由于目前小区内所有单体建筑均已投入使用，大部分建筑室内均存放着许多精密仪器设备，给本次注水调试工作带来了一定的困难，如何在保证不出现严重漏水事故的情况下顺利完成小区消防系统的注水加压工作，尽可能减少对已投入使用建筑造成的影响，成为本次调试的重点与难点，同时这样的调试工作，也为今后的图纸设计提出了更高的要求，也促进相关设计人员在消防系统的设计中进行更为全面思考和总结。

2　消防系统注水加压调试过程介绍

本次消防系统注水调试工作共分三个阶段，下面将分别介绍调试三个阶段的主要内容及出现的相关问题。

第一阶段的调试内容主要有：（1）将小区消防泵房出口处的消防主干管，与市政给水管相连接，向小区各单体建筑的室内外消防管网注入约为 0.5MPa 的自来水。（2）检查各单体建筑消火栓系统、喷淋系统、雨淋系统的室内外管道、阀门及附属配件的安装情况，并调试不同功能阀门的开闭情况。（3）冲洗各单体建筑管网及外线管网，完成管道的排污清淤工作。（4）对室外设有减压阀的单体建筑物，检查并调试减压阀，看减压阀是否可调，工作是否正常。

在将自来水注入消防系统管网后，虽然压力远没有达到消防用水的压力需求，但消防系统管网已出现了很多问题，直接或间接影响着下一步的注水升压。这些问题主要有：（1）几处雨淋阀后端未安装信号蝶阀，也没有试水阀及试水管路。（2）减压阀失效，水流动情况下可以减压，一旦水流处于静态后，阀前阀后压力逐渐恢复一致，失去减压功能。（3）由于海南当地地下水位常年较高，地下阀门井内的阀门长期泡在水中，锈蚀严重，开闭困难，有些阀门关闭后，还存在着过水漏水现象。由于以上问题均是功能性的问题，对后期的调试会有直接影响，我们要求施工方对以上问题进行了及时的解决。

第二阶段的调试内容主要有：（1）在原有的 0.5MPa 自来水压力基础上，通过小区最高建筑屋顶的水箱注水，将目前消防系统管网水位升高至消防稳压水箱位置（0.75MPa），检查其他各单体的压力状态，并完成减压阀状态调节工作。（2）打开小区最高建筑屋顶的消防稳压水泵，控制消防管网系统压力升至 0.85MPa 后关闭水泵，检查其他各单体的压力状态，并完成减压阀状态调节工作。（3）打开小区最高建筑屋顶的消防稳压水泵，控制消防管网系统压力升至 0.95MPa 后关闭水泵，检查其他各单体的压力状态，并完成减压阀状态调节工作。（4）打开小区最高建筑屋顶的消防稳压水泵，控制消防管网系统压力升至 1.05MPa 后关闭水泵，检查其他各单体的压力状态，并完成减压阀状态调节工作。（5）打开小区最高建筑屋顶的消防稳压水泵，控制消防管网系统压力升至 1.15MPa 后关闭水泵，检查其他各单体的压力状态，并完成减压阀状态调节工作。（6）打开小区最高建筑屋顶的消防稳压水泵，控制消防管网系统压力升至 1.25MPa 后关闭水泵，检查其他各单体的压力状态，并完成减压阀状态调节工作。

随着消防系统管网压力的不断上升（0.75MPa 至 1.25MPa），压力已逐渐靠近正常消防用水的工作压力，低层的喷淋系统已处于有水状态，在解决了第一阶段调试发现的相关问题的基础上，本阶段消防系统管网出现的问题主要是与施工方的施工质量有关，比如报警阀压力开关漏水、压力表损坏、压力表前段无截止阀、消防警铃漏水、连接管道的卡箍漏水等问题，在及时维修更换后，不影响调试工作的进行。

第三阶段的调试内容主要是在原有 1.25MPa 的压力基础上，启动消防水泵房内的消防主泵，将消防系统管网水压力升至 1.5MPa，进行稳压，观察各建筑单体及外线的管网情况。

消防水泵房有 4 台消防泵，3 用 1 备，当启动一台消防泵后，在小区内我们同时打开多处消火栓，随着消防管网流量的增大，逐一启动；批第二台泵和第三台泵，三台泵均能在正常流量和扬程范围内稳定运行。按照调试小组制定的《某工程消防系统注水调试方案》，并遵守《消防给水及消火栓系统技术规范》13 条的规定要求，调试小组在为期 40 天的时间里，顺利完成了小区所有建筑物单体及外线的消防系统注水调试工作，小区的消防系统管道及设备终端可以按照设计压力进行送水灭火，调试后，消防系统供水压力按照 0.9MPa 至 1.05MPa 进行存水保压。在整个消防系统注水加压调试期间，没有发生大规模的漏水爆管事故，确保了参加调试的各建筑单体在调试期间的正常使用。

3 消防系统注水加压对设计工作的思考

3.1 消防系统中减压阀失效的原因和思考

减压阀是通过调节，将进口压力减至某一需要的出口压力，并依靠介质本身的能量，使出口压力自动保持稳定的阀门。在消防系统中，当消防给水管网的压力高于消防用水点允许的最高使用压力时，应在合适的位置设置减压阀。在本次调试中发现，对小区消防系统注水升压后，小区近70％的减压阀失效，阀前阀后压力表读数一样，直接造成了部分建筑物单体内消防用水点出现超压问题，给调试工作带来了很大的困难和阻碍。由于小区所有的减压阀均是从正规厂家新采购的，不存在减压阀自身的质量问题，那么减压阀的失效应该是在后期安装及使用过程中未严格按照规范实施造成的。

《消防给水及消火栓系统技术规范》GB 50974—2014 12.3.26条规定，消防给水系统减压阀的安装应符合下列要求：1. 安装位置处的减压阀的型号、规格、压力、流量应符合设计要求；2. 减压阀安装应在供水管网试压、冲洗合格后进行；3. 减压阀水流方向应与供水管网水流方向一致；4. 减压阀前应有过滤器；5. 减压阀前后应安装压力表；6. 减压阀处应有压力试验用排水设施。除了满足以上安装要求，还要符合《消防给水及消火栓系统技术规范》13.1.7条减压阀调试的有关要求：1. 减压阀的阀前阀后动静压力应满足设计要求；2. 减压阀的出流量应满足设计要求，当出流量为设计流量的150％时，阀后动压不应小于额定设计工作压力的65％；3. 减压阀在小流量、设计流量和设计流量的150％时不应出现噪声明显增加；4. 测试减压阀的阀后动静压差应符合设计要求。

经过调试现场调查分析后发现，减压阀的失效正是由于在小区消防管网安装完毕后，未按照《消防给水及消火栓系统技术规范》中12.3.26条和12.4条的规定，对消防管网进行及时冲洗而造成的。由于消防管网在前期安装过程中，管道内存在着垃圾、杂质、泥土等污染物，在注水后，这些污染物极易造成减压阀压力平衡孔的堵塞，压力平衡孔与减压阀内的橡胶薄膜上腔相通，当膜片上下运动时，空气不断从压力平衡孔或其引导管进出阀腔，实现调压功能，因此压力平衡孔的堵塞直接导致了减压阀的失效。

减压阀由于安装简便，占用空间少，操作灵活，可根据不同的需求任意调整阀后压力，以满足使用上的要求，目前在管道工程中，特别是水质状况较好的给水工程中，已得到了广泛的应用。对于减压阀这样较为精密的仪器，在用于消防系统时，由于消防管网内的消防用水水源多样，其水质得不到可靠保证，因此特别需要设计人员对减压阀的安装、调试及使用环境等要求在图纸中进行较为详细的说明，并给出可参照的规范和依据，从而对施工和管理人员进行相关的行为约束，这样既是对减压阀阀体本身的保护，也有利于后期整个消防管网的注水加压工作顺利进行，从而确保消防系统的正常稳定运行。

3.2 雨淋报警阀组中试验报警阀设置的必要性分析

雨淋系统，即由火灾自动报警系统或传动管控制，自动开启雨淋报警阀和启动供水泵后，向开式洒水喷头供水的自动喷水灭火系统，亦称开式系统。雨淋阀作为雨淋系统的报警阀组，其特点是发现火警后，雨淋阀内阀瓣迅速开启，压力水流经消防管网从喷头里喷出，覆盖或隔离整个保护区，适用于起火后火势迅猛、火灾负荷大、不宜控制的场所使用。

由于雨淋系统是开式系统，压力水流经消防管网后，从喷头里直接喷出，对于已经投入使用的建筑来说，不能允许喷头内有大量水喷出，因此无法进行雨淋阀的正常调试工作。此时如果还需要检验雨淋阀的工作状态是否正常，就需要通过雨淋报警阀组中的试验放水阀来完成。试验放水阀主要用途就是系统调试或功能试验时打开放水，进行试验时，必须首先把出水蝶阀关闭，进水蝶阀开启度调至1/2，打开试验放水阀；启动电磁阀或手动开启雨淋阀，水力警铃、压力开关工作报警。这样的试验，既达到了检查雨淋报警阀是否能够正常工作的目的，又不会让水流进入后端的开式管道中，很好地保护了已投入使用的建筑物及里面存放的相关仪器设备。

在实际的图纸设计中，很多设计人员只是简单引用雨淋报警阀的相关图集，让施工方参照图集施工，这样的做法很容易造成实际施工时试验放水阀的安装遗漏，给雨淋报警阀组将来的调试和功能试验带来很大的隐患。我们希望设计人员能够严格按照《自动喷水灭火系统设计规范》GB 50084—2017 和《自动喷水和水喷雾灭火设施安装》图集的相关要求，既要明确指定雨淋报警阀组引用的型号和图集位置，也要在图纸的相关管道上具体表示出试验放水阀的位置尺寸及功能，这样才能确保后期调试工作的顺利进行，不会出现因为后端管道无法注水而影响雨淋阀组功能试验的情况发生。

3.3 室外管道敷设形式的讨论与总结

该小区位于热带地区，地下水资源丰富，水质优良，地下水资源主要由降雨补给，地下水位常年较高，本次调试的消防系统室外消防管道，用直埋的方式敷设于地下，阀门井内长期被水位较高的地下水浸泡，造成了外线管道的阀门出现锈蚀严重，开闭困难，存在过水漏水现象。室外管道敷设的形式可分为直埋和架空两种，作为设计人员，应该根据管道所处的相关环境，并参照规范，选出适合工程现状的室外管道敷设形式。

直埋是目前工程室外管线最常见的敷设方法，可以理解为直接埋入，就是直接挖沟、敷设、回填。直埋敷设要注意工程管线覆土深度、管线间水平净距和垂直净距须满足相应规范（参见《城市工程管线综合规范》GB 50289—98）的要求。覆土深度一般考虑下列因素：1. 保证工程管线在荷载作用下不损坏，正常运行。2. 在严寒、寒冷的确，保证管道内戒指不冻结。3. 满足竖向规划要求。在严寒、寒冷地区土壤冰冻线较深，给水、排水、煤气等工程管线属于深埋一类；热力、电力、电信等工程管线不受冰冻影响，属于浅埋一类。

室外架空管道由跨越结构、支承结构和基础三部分组成，根据工程现场的自然条件、环境、管道特性以及施工和使用条件确定管架的布置和结构类型。然后根据荷载作结构的静力和动力分析以及构件设计。室外架空管道目前在实际应用中采用的并不多，主要是因为它受环境因素影响较大，对管道的保温、防腐、固定等要求相对较高。架空敷设的管道不受地下水的侵蚀，管道使用寿命长；由于地上空间畅通，管子走向及坡度易于施行；施工土方量少，造价低；在运行中易于发现管道故障及事故，维修方便，是一种比较经济的管道敷设方式。其缺点是占地空间较多，架设场所不美观。室外架空敷设的管道应有调节管道伸缩和防止接口脱开、被撞坏等设施，应避免受阳光直接照射。在结冻地区，应采取防冻保温措施，保温层外壳应密封防渗。在室外敷设的塑料管，铝塑复合管等应布置在不受阳光直接照射处或有遮光措施。架空敷设适用于：地下水位较高，年降雨量较大，地质上为湿陷性黄土或腐蚀性土壤或为了地下埋设必须进行大量土石方工程的地区。

综合以上分析，管道的敷设与布置，应根据其用途、性能，结合当地自然环境情况，进行合理安排，既确保其功能的正常使用，又方便日常的维护与管理。

4 结论

常规的消防系统调试一般在施工完成后立刻进行，这样既有助于及时发现问题，也不会影响建筑物后续的正常使用。本工程消防系统注水加压调试是在建筑物已正常投入使用的情况下进行的，这样特殊的调试环境给整个消防系统的设计提出了更高的要求，要求设计人员针对减压阀、雨淋报警阀组中试验放水阀、室外管道等方面出现的问题在图纸设计中进行更加准确的思考和细致的说明，这样才能保证消防系统最大程度的满足于各种调试环境，为工程中消防系统的调试、验收及使用创造出良好的条件。

参考文献

[1] 胡蓉. 对建筑消防与给排水施工的研究 [J]. 中国民居. 2013（10）：165-166.

[2] 王增长. 建筑给水排水工程（第五版）[M] 北京：中国建筑工业出版社，2005.

[3] GB 50974—2014. 消防给水及消火栓系统技术规范 [S].

[4] 王定彰，熊英. 减压阀在高层建筑消火栓系统中的应用 [J]. 工业用水与废水. 2000（04）：13-14.

[5] 张向阳. 自动喷水灭火系统组件设置应注意的几个问题 [J]. 安防科技. 2004（03）：24-26.

消防水箱容积与静水压力探讨

蓝为平① 华周赢②

同济大学浙江学院① 浙江中房建筑设计有限公司②

摘 要：对规范中消防水箱的容积和静水压力等内容进行探讨，指出其不合理之处，并提出一些建议。

关键词：消防水箱 容积 静水压力

2014 年 10 月 1 日开始实施的《消防给水及消火栓系统技术规范》GB 50974—2014（以下简称《消规》），根据现代社会建筑火灾危害越来越大的特点，对消防灭火系统提出了更高的要求，如消防水箱容积和静水压力等，比原规范有了大幅提高。该规范经过 2 年多的应用实践，已经成为建筑工程设计、施工、管理的基准。

但《消规》关于水箱容积和静水压力的改动，增加了设计、施工难度和工程投资，却不一定能实现其提高消防系统灭火可靠性和建筑消防安全性的本意。现以建筑高度小于 100m 的一类高层公共建筑（以下简称"一建"）为例，对规范的水箱容积和静水压力进行讨论，指出其不合理之处，并提出一些建议。

1 水箱容积

1.1 规范条文及常规观点

《消规》5.2.1 条"临时高压消防给水系统的高位消防水箱的有效容积应满足初期火灾消防用水量的要求，并应符合下列规定：一类高层公共建筑，不应小于 36m³"等。该条文未确定初期火灾的时间范围，未确定水箱有效容积的计算方法，也未确定水箱是消火栓、喷淋系统合用还是专用。

有观点认为初期火灾时间应为 10min（即消防车赶到火场所需时间）；认为水箱是消火栓、喷淋系统分用的，其容积是二者分别按设计流量和初期火灾时间计算值之和，再结合条文所定最小值来确定（如"一建"消火栓系统设计流量 40L/s，喷淋系统假设 30L/s，则水箱容积为（40＋30）×10×60/1000＝42m³；而条文规定不应小于 36m³，故水箱容积确定为 42m³）；也有认为水箱是消火栓、喷淋系统合用的，其容积是二者分别按设计流量和初期火灾时间计算后取大值（如"一建"消火栓系统需 24m³，喷淋系统需 18m³，而条文规定不应小于 36m³，故水箱容积确定为 36m³）。更常见的观点则认为水箱容积应直接按建筑类型确定（如"一建"为 36m³），审图公司和消防主管部门对此一般均无异议，此种理解最简便、易于实施，受到设计师一致欢迎。

1.2 新观点

笔者认为上述观点有待商榷，《消规》5.2.1条也可以讨论。

首先，关于初期火灾时间，在82版、95版的《高层民用建筑设计防火规范》（以下简称《高规》）中也均未明确是10min，仅在部分设计手册、教材中有10min的说法，而且10min指消防车赶到火灾现场需要的时间。但根据《消规》，各类建筑基本需要设置消防水泵（如消火栓系统需满足《消规》7.4.12条），即建筑均以自救为主、消防车外救为辅（更不用说"一建"了），也就没必要再按消防车到达时间来确定消防水箱的容积了。再根据《消规》11.0.3条"消防水泵应确保从接到启泵信号到水泵正常运转的自动启动时间不应大于2min"，故初期火灾时间可按不小于2min即可，考虑一些富余量，可取3min（根据《消规》11.0.15条"水泵功率≤132kW，直接启动时间<30s"，可见水箱储存2min用水也有富余量了）。至于有观点认为水泵故障或水淹水泵房事故等造成水泵无法正常启动，则属于消防设施日常维护管理不到位或小概率事件，为此大幅延长初期火灾时间、增加水箱容积，从而增加所有建筑的投资，是极不合理的。

其次，认为水箱容积应该是设计流量和初期火灾时间乘积的观点也是不合理的，因为火灾初期，消防队员尚未到达，而普通群众是不可能按照设计的水枪数量（如"一建"消火栓系统应出8支水枪）出水灭火，并且消防水泵启动也需要时间，因此初期火灾时间内消防系统是无法按设计流量（如"一建"消火栓系统为40L/s）出水灭火的。正确的水箱容积应该按初期火灾时间内真实的消防系统流量确定。根据相关统计资料，初期火灾时比较常见的是一支消火栓或一个喷头出水灭火。根据《消规》7.4.12条"消火栓栓口动压力不应大于0.5MPa"，其对应的消火栓流量为 $q_{xh}=\sqrt{\dfrac{H_{xh}-2}{AL_d+\dfrac{1}{B}}}=\sqrt{\dfrac{50-2}{0.0043\times25+\dfrac{1}{1.577}}}=$

8.04L/s，故一支消火栓流量可取8L/s；根据《自动喷水灭火系统设计规范》GB 50084—2001（2005年版）（以下简称《喷规》）8.0.5条"轻危险级、中危险级场所中各配水管入口的压力均不宜大于0.40MPa"，假设该配水管入口附近的喷头出水灭火，其对应的流量为 $q=\dfrac{1}{60}K\sqrt{10P}=\dfrac{1}{60}80\sqrt{10\times0.4}=2.67$L/s，故一个喷头流量可取3L/s。因此水箱最小容积可取 $(8+3)\times3\times60/1000=1.98$m³$\approx2$m³，比《消规》5.2.1条所定的水箱容积（如"一建"为36m³）少许多，可以极大地节约资源、减少结构荷载等。

而且《消规》5.2.1条确定的水箱容积比原规范增加许多（如"一建"从18m³增加到36m³）又未指出如此修改的理由，仅在《消规》6.1.9条文说明中注明"规范组在调研中获知有几次火灾是由屋顶消防水箱供水灭火的"，以此说明水箱供水的重要性。但因少数几个火灾案例而大幅增加水箱容积，增加社会巨大的投资，极不合理。

2 水箱压力

2.1 规范条文及常规做法

《消规》5.2.2条"高位消防水箱的设置位置应高于其服务的水灭火设施，且水箱最低有效水位应满足水灭火设施最不利点的静水压力，其中一类高层公共建筑，不应低于0.1MPa；自动喷水灭火系统等自动水灭火系统应根据喷头灭火需求压力确定，但最小不应小于0.1MPa"等。《喷规》5.0.1条"系统最不利点处喷头的工作压力，不应小于0.05MPa"，10.3.1条"消防水箱的供水，应满足系统最不利点处喷头的最低工作压力和喷水强度"。

从《消规》5.2.2条文说明可知，82版《高规》规定"水箱应满足最不利消火栓和自动喷水等灭火设备的压力0.1MPa要求"；95版《高规》规定"当建筑高度不超过100m时，高层建筑最不利点消火栓静水压力不应低于0.07MPa"，常规做法是把水箱设于电梯机房顶，利用水箱架空、机房层高、屋面与最上层消火栓高差等措施满足0.07MPa，以避免设置稳压泵。

可以看到，针对"一建"的最不利点消火栓静水压力，3个版本的规范，从0.1MPa到0.07MPa又到0.1MPa；针对"一建"的最不利点喷头静水压力，82版《高规》为0.1MPa，05版《喷规》为0.05MPa，《消规》则为0.1MPa；可见规范编制组对于水箱压力的一直在变化中。

由于《消规》把水灭火设施最不利点的静水压力提高到0.1MPa，无法采取上述常规方法满足，因此一般在水箱边设置增压稳压装置，增加了工程投资，又挤占屋面，还增加了消防供水环节、降低了消防设施运行安全性。

2.2 新观点

《消规》7.4.12条"高层建筑、厂房、库房和室内净空高度超过8m的民用建筑等场所，消火栓栓口动压不应小于0.35MPa，且消防水枪充实水柱应按13m计算"，其条文说明规定"水枪充实水柱13m时，消火栓栓口压力为0.251MPa，消火栓出水量不应小于5L/s"。而《消规》5.2.2条文说明又规定水箱压力是为了"达到要求的充实水柱或启动自动喷水系统报警阀压力开关"。可见，针对"一建"，水箱供水时，至少需保证最不利消火栓栓口静水压力0.251MPa，才能满足消防水枪充实水柱13m的要求，则《消规》5.2.2条"0.1MPa"的规定是无效的，既如此，就不必从95版《高规》的0.07MPa提高到0.1MPa了；并且既然消火栓栓口压力0.251MPa就能满足水枪充实水柱13m，也不必规定消火栓栓口动压不应小于0.35MPa了。

其实消防系统的根本目的是为了灭火，对于消火栓系统，只需充实水柱到达任意着火点即可。房间地面的着火点可以通过消火栓保护半径解决，房间顶板的着火点则决定了最小充实水柱 $\left(可由公式 S_k = \dfrac{H-1}{\sin 45} 计算，式中 S_k 为充实水柱，H 为层高\right)$，再由该充实水柱计算栓口压力，即水箱供水时最不利点消火栓栓口静水压力（如层高4m时，栓口静水压力7m以内，这估计就是95版《高规》中0.07MPa的来历）。因此，规范应明确"一建"的13m充实水柱是由消防水泵供水时，而水箱供水时的静水压力只需满足按层高计算而得的最小充实水柱即可。并且《消规》提高了充实水柱长度，效果却适得其反，如"一建"从原规范的10m提高到13m，虽提高了消火栓保护半径，但增大了消火栓布置间距，即减少了消火栓数量，反而降低了消防安全性。

而根据现行《喷规》，水箱供水时，系统最不利点处喷头的工作压力为0.05MPa。如前所述，火灾初期，通常是一个喷头出水灭火，取最不利点处喷头，此时其流量为 0.94L/s；考虑该流量从水箱至最不利点处喷头的阻力损失，水箱与最不利点处喷头的静水压力为 0.07MPa 基本能满足要求。刚好与 95 版《高规》一致，估计这就是《喷规》把 82 版《高规》中"0.1MPa"改为 0.07MPa 的原因。现在《消规》把二者直接改为 0.1MPa，却与其他条文自相矛盾，也无实际意义。

3　结论与建议

从上述讨论可以看出，相比原规范，《消规》对消防水箱的容积和静水压力有了很大提高，但却容易引起不同理解或自相矛盾，并且没有达到预期的提高工程安全性的目的，反而陡增工程造价，造成社会资源的浪费。建议规范编制组认真收集消防设施应用案例数据和不同的意见，以确定合理、有效的条文指导工程建设。

参考文献

[1]　消防给水及消火栓系统技术规范. GB 50974—2014

预作用自动喷淋灭火系统在人防地下室中的应用

张雪峰

北海工程设计院

摘　要： 本文通过对地下一层车库自动喷淋灭火系统在北方地区容易结冰的特点进行论述，指出了预作用系统在人防地下室的优点和不足，为预作用自动喷淋系统在北方地区地下车库中的应用提供一定的理论依据。

关键词： 预作用　自动喷淋灭火系统　地下车库

0. 前言

　　随着我国居民汽车保有量的增加，公共建筑、居民住宅等大体量建筑地下空间作为车库的开发也相应增长。而在我国北方地区，冬季地下车库的温度在很多情况下具有长时间低于0℃的可能性，据有关部门统计，在青岛地区最冷月最冷日地下车库临近出入口处的温度达到－6℃的时长可达3小时以上，在这样的环境下，如果采用湿式系统，喷淋管道充满水，由于管道内部的水不流动，即使增加外保温，也有可能将口部附近的喷淋管道冻结，从而失去自动喷淋系统灭火的作用。由于预作用灭火系统在没有火情时充以氮气或空气，在遇到火情时，立刻转换为湿式系统，达到灭火作用，在北方地区的地下车库得到了充分应用。

1. 预作用自动喷水灭火系统原理及用途

　　基本原理如下：保护区域出现火警时，探测系统首发动作，打开预作用雨淋阀以及系统中用于排气的电磁阀（出口接排气阀），此时系统开始充水并排气，从而转变为湿式系统，如果水势继续发展，闭式喷头开启喷水，进行灭火。这样就克服了雨淋系统因探测系统误动作而导致误喷的缺陷。如果系统中任一喷头玻璃球意外破碎，则会从该喷头处喷出气体，导致系统中气压迅速下降，降低监控开关动作，发出报警信号，提醒值班人员出现异常情况，但预作用雨淋阀没有动作，所以系统不会喷水，从而克服了湿式系统因喷头误动作所引起误喷造成水渍的缺陷。

2. 预作用灭火系统特点

2.1　报警和作用迅速

　　预作用系统将电子技术和自动化技术结合起来，克服了干式系统喷水迟缓和湿式系统由于误动作而造成水渍并且在北方地区不采暖房间容易冻结的缺点，兼容了两者的优点，实现了报警早，喷水快，功能全和适用范围广且能在喷头动作前发出火警警报。

2.2 早期预警，安全性高

预作用灭火系统中的火灾探测器的早期报警和系统的早期检测功能，能随时发现系统中的渗漏和损坏情况，从而提高了系统的安全可靠性，其灭火率也优于湿式自动喷水灭火系统。

2.3 价格昂贵，性价比低

预作用系统的系统组成较其他系统复杂，投资也高于其他系统，因此预作用系统通常用于作用系统是近几年发展起来的自动喷水灭火系统，它将火灾探测报警技术和自动喷水灭火系统结合起来，对保护对象起双重保护作用。在未发生火灾时该系统的系统侧管路内充有空气，故系统具有干式系统的特点，能满足高温和严寒条件下自动喷水灭火的需要。一旦发生火灾，安装在保护区的感温、感烟火灾探测器首先发出火灾报警信号，火灾报警控制器在接到报警信号后，发出指令信号打开雨淋阀，此时向系统侧管网充水，在闭式喷头尚未打开前，使系统转变为湿式系统。同时水力警铃报警，压力开关动作，启动声光警告，以显示管网内已充水。此时，火灾如果继续发展，闭式喷头玻璃球破碎，喷头喷水灭火。

当有关人员接到火灾报警控制器发出的报警信号或听到水力警铃声响后，及时组织人员将火扑灭，闭式喷头就不会打开喷水，避免了水渍造成的损失。火灾扑灭后，应将雨淋阀关闭，并排空管路中的水，使系统充气，恢复伺应状态。充气压力为 $0.03\sim0.05MPa$ 范围内，充气量不小于 $0.10m/min$，以确保在 30min 内完成对管网的充压。由空气维护装置、预作用控制柜和空气压缩机组成连锁装置控制，对管网充气的作用是监测系统管路的工作情况，管路及喷头是否损坏和泄漏，当管路损坏或大的泄漏时，系统中气压低于 $0.01MPa$ 时，就会发出故障报警信号。

3. 预作用灭火系统在人防地下车库中的应用

如图 1 所示，某寒冷地区地下车库自动喷淋系统前期设计采用预作用自动喷淋灭火系统，在坡道最顶端设计自动排气阀和电磁阀，平时电磁阀处于关闭状态，管道里面充满氮气，确保在冬季管道不结冻。当火灾发生时，由烟感、温感探测器或人工发出火灾信号，联动预作用报警阀启动，同时消防控制中心打开处于末端的电磁阀，系统排气充水，由预作用系统转为湿式系统，当火灾温度达到预作用喷头破裂的温度时，破头破裂开始灭火。整个系统在运行期间，平稳稳定，经过了消防部门 3 次以上的消防拉动验收，完全满足冬季防冻和消防的双重要求。虽然增加了气压稳压设备等维持管网气压的设备，但是整个管道系统没有采用保温，节省了闭孔橡塑和铝箔保护层及相关人工费用，经建设单位预算和结算，在严寒和寒冷地区采用预作用自动喷水灭火系统，相对于湿式自动喷水灭火系统，安全性得到提高，同时造价也得到一定程度的降低。

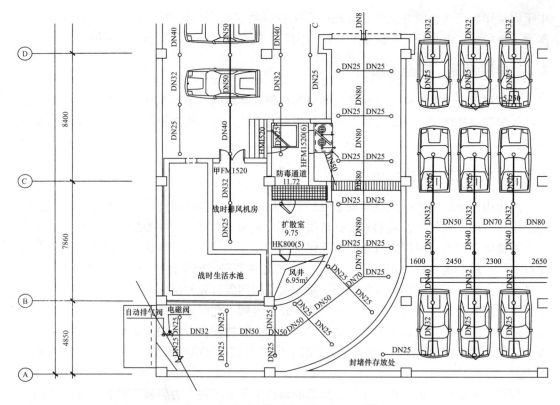

图1 某地下车库坡道预作用灭火系统

4. 结语

预作用自动喷水灭火系统作为湿式和干式自动喷水灭火系统的改进，本来是作为一些怕水储存物品着火的消防设施，在寒冷地区地下车库中采用，有效地解决了严寒和寒冷地区地下车库冬季消防水结冻的问题，同时相对于严寒和寒冷地区地下车库采用的湿式自动喷水灭火系统，具有一定的安全效益和经济效益，笔者建议在严寒和寒冷地区地下车库采用预作用自动喷水灭火系统。

参考文献

[1] 《自动喷水灭火系统设计规范》（2005 年版），中国计划出版社，2005.9

城市综合管廊污水入廊设计研究

尹建鹏　陆新生　贾宇辉　王　锋

中国航空规划设计研究总院有限公司

摘　要：本文通过对污水管入廊技术难点的全面分析，阐述污水管纳入综合管廊的前提条件，详述污水管入廊需解决的重点问题。同时结合贵州某市综合管廊一期工程设计实例，从管廊的断面布置、污水出舱井、交叉节点设计、污水管材选择、通风及监控设施设置等方面提出技术解决方案，为污水管纳入综合管廊提供决策依据和设计参考。

关键词：综合管廊　污水管道　交叉节点

0. 前言

综合管廊是建于城市地下用于容纳两类及以上城市工程管线的构筑物及附属设施。综合管廊作为城市管线的重要载体，入廊管线的选择对于管廊建设成本及效益有着重要意义。入廊管线对综合管廊的规划建设影响巨大，直接关系到综合管廊建设的区域、断面形式尺寸和管廊造价。目前我国所建成的地下管廊中，给水、中水、电力、通信、热力管、燃气等管线入廊均有较多工程实例，但纳入污水管线的管廊屈指可数。

由于污水管线多为重力流，纳入综合管廊将对管廊坡度有一定要求，且按规范规定需每隔一段距离设置一处检查井，这对管廊的结构形式将有一定影响。本文将结合工程实例，分析污水管线入廊存在的难点，阐述污水管纳入综合管廊的前提条件，详述污水管入廊需解决的重点问题，并研究解决这些问题技术方案。

1. 污水管入廊技术难点

污水管道纳入综合管廊较传统直埋方式有明显的优势，但是对于入廊污水管道设计、建造、运营、管理等方面提出了全新的技术要求。

污水中的硫酸根、氯离子对混凝土有腐蚀作用，污水中含有硫化氢等腐蚀性气体，均不利于综合管廊的日常养护和检修，因此规范规定污水入廊应采用管道形式。重力流污水管线要求管廊的坡度与污水管道要求的坡度协调一致，这样势必导致管廊埋深不断加大。同时入廊后的污水管道还存在新的技术难点，污水入廊主要技术难点包括廊内、外污水管道的衔接，管廊交叉节点，污水管材及附属设施选型等。

2. 污水管纳入综合管廊适宜性分析

市政管线中的污水管线多为重力流，且携带杂质、固体颗粒等，为避免淤积、便于清通，排水管线的敷设有一定的坡度要求。污水管线是否纳入综合管廊，应当结合当地道路竖向规划、污水管线专项规划及综合管廊专项规划等方面综合考虑。在不大幅度增加综合管廊覆土和增设排水泵站的前提下，可考虑将污水管线纳入综合管廊。污水支管纳入综合管廊，在经济性和可实施性等方面相对较差，一般不考虑污水支管纳入管廊；而当污水干管与道路坡度一致时，可考虑将污水干管纳入综合管廊。

山地城市道路坡度较大，在局部路段可以充分利用地形坡度，在不增加管廊埋深的情况下保证污水重力自流排放，可考虑污水纳入综合管廊。

建议对污水干管走向等与道路纵断面相一致时可考虑纳入综合管廊，否则，应慎重考虑污水管入廊问题。

3. 污水管道入廊需重点解决的问题

结合污水管道的特性和综合管廊的构造特点，污水管道入廊后的管廊设计应重点解决以下问题：

（1）廊内安装维修更换需求：管廊空间及口部设施设计时，应满足污水管道在管廊内的安装、维修、更换要求。

（2）过流能力需求：入廊后污水管道的过流能力不应减小，入廊后污水管道的坡度不应被改变，至少不应被减小；或者坡度减小，而管径增大，并应校核管道不淤流速。

（3）重力自流排放需求：入廊后污水管道应仍按一定坡度敷设，不应额外增加污水倒虹段，从而增加污水管堵塞风险。

（4）与街区污水管的接驳需求：污水管每隔一定距离（一般约120m）需设置街区污水管的接驳井和接驳支管，管廊竖向上应与之避让。

（5）与市政污水管的接驳需求：在交叉路口处，或管廊交叉处，存在两条路上市政污水管的连接，管廊设置不应影响其正常接驳，应满足自流重力接驳的需求。

（6）通风需求：污水管网中由于通风不畅，氧气浓度较低，污水中有机物在输送过程中逐渐被厌氧微生物分解并产生有机挥发性气体和无机爆炸性气体。当污水管道中爆炸性气体浓度达到爆炸极限，遇明火极易发生爆炸。因此，污水入廊后，应满足管道正常通风需求，避免有害气体的积累。

（7）清疏需求：污水管道因污水水质、水量变化及系统运行不合理，导致的流速过低等原因，不可避免地存在淤积问题。而污水入廊之后，再像直埋管道那样隔一定距离设置检查井并直通地面，已显得很不合理。一方面污水检查井会增加管廊空间断面面积，另一方面，露出地面的井盖也让管廊改善地面景观的功能大打折扣。因此，入廊污水管的检查、检修设施和清疏方式均应特别考虑。

4. 污水管廊入廊技术对策

贵州某市城市地下综合管廊一期工程项目建设城市综合管廊21.8km。以金湖路干线综合管廊为例，该段管廊工程西起点位于与云环路交叉口处，终点位于与拟建青龙路交叉口处，管廊长度2.4km。该市属于典型的山地城市，山地城市道路坡度较大，在局部路段可以充分利用道路地形坡度，在不增加管廊埋深的情况下保证污水重力自流排放。考虑到道路纵坡较大，将污水管纳入综合管廊，综合管廊内管线有 220kV、110kV、10kV 电力电缆、广电通讯线缆、源水管、给水管、污水管、中压燃气管等六类管线。

4.1 管廊断面布置方案

从提高管廊空间利用率，降低污水管道入廊成本及各管线兼容性方面考虑，污水管道不宜单独成舱，宜与给水、通信、热力等共舱。

考虑到污水支管接驳要求，若管廊单侧有接驳需求，可考虑将污水管所在舱室布置靠近接驳需求的一侧，以降低管廊埋深。若双侧都有污水接驳需求，则污水管所在舱室尽量布置在管廊中央。本工程污水管线双侧接驳，污水管设于管廊中间的综合舱，管廊位于道路中央绿化带以下，管廊顶覆土深度为3m。综合管廊断面见图1。

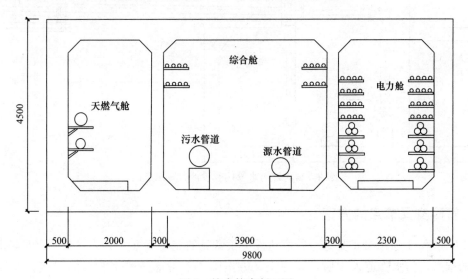

图 1　综合管廊断面图

4.2 管廊平面、竖向布置

综合管廊确定平面位置时，主要考虑管廊内管道的吊装口、人员出入口、逃生口、通风等口部设施的布置需求。而纳入污水管的管廊，为了方便污水检查井（出舱）、通风、冲洗设施布置，污水管宜布置在绿化带下，并以此确定管廊平面位置，即管廊平面位置决定因素需要同时兼顾管廊吊装、逃生、通风等口部设施及污水管道的检查（出舱井）、通风、冲洗设施布置需求。

常规综合管廊入廊管线均为非重力流。为降低管廊埋深，管廊竖向设计时一般依道路坡度顺势敷设。而污水管为重力流管，因此，纳入污水管的综合管廊，其竖向设计坡度需要满足污水管线敷设坡度的要求，管廊埋深应满足街区污水支管（接户管）自流接驳至廊内污水管的要求。

4.3 廊内、廊外污水管道的衔接

规范要求进入综合管廊的排水管道应采用分流制，并采用管道排水方式。污水管道宜布置在综合管廊的底部，廊内外管道的衔接处理是污水管网整体功能实现的基础。

检查井在支线管段的最大间距应根据疏通方法等具体情况确定。同时污水支管为保障对地块的服务功能一般间距设置在 120～150m。污水支管布置间距采用 120～150m，具体结合地块服务需求确定，污水支管与廊内主管利用检查井进行衔接，污水接户井内设置必要的拦污设施，以降低廊内污水管堵塞风险，同时廊内污水管每隔 50m 设置检查口。廊内外污水管接驳设计方案示意见图 2。

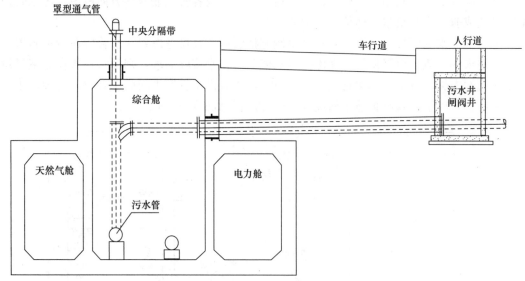

图 2　廊内外污水管接驳设计方案示意图

4.4　管廊交叉节点的方案

十字形和 T 字形交叉是综合管廊建设中很常见的交叉节点。交叉节点设计方案是管廊设计的难点，污水管道入廊后，管廊交叉方案除了要考虑各舱室管线的连接、人员的通行、防火分区的分隔外，特别需要考虑满足污水管排水坡度和接驳问题。

管廊在交叉处做法一般采用上下交叉，即下层管廊在交叉处先下弯，满足上层管廊覆土及未入廊管线交叉需求。然后再上弯至设计覆土随道路坡度敷设，以降低下游管廊埋深。该种交叉方式将会导致下层管廊内的污水管出现倒虹段，增加了污水管堵塞风险。污水管上下交叉设计方案示意见图 3。

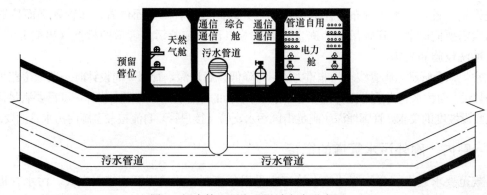

图 3　污水管上下交叉设计方案示意图

由于管廊上下交叉下层管廊排水倒虹管增加污水堵塞的风险，T 字形交叉节点必须满足污水管重力自流接驳要求；其他舱室的管线通过上绕或下弯避让污水管所在舱室实现连接。综合管廊 T 字形交叉节点设计方案示意见图 4、图 5、图 6。

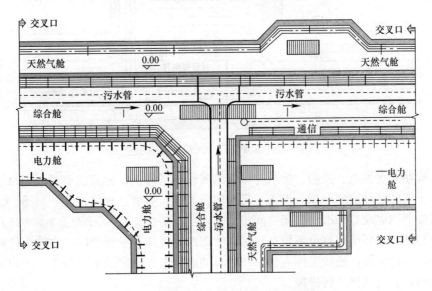

图 4　综合管廊平行交叉设计方案示意 1

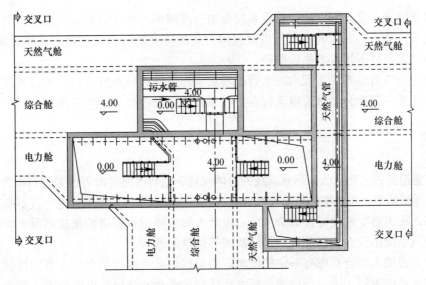

图 5　综合管廊平行交叉设计方案示意 2

4.5　污水管材选择及附属设施的设计

考虑到管廊的污水管道大多为污水干管，同时所输送污水具有一定的腐蚀性，因此，推荐以高密度聚乙烯管为污水管道管材，钢筋混凝土支墩支撑，热熔接口，接口处外包防渗材料。

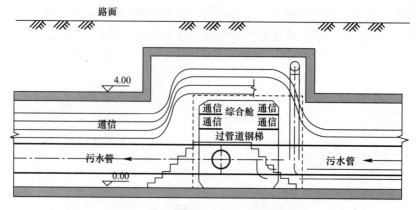

图 6　综合管廊平行交叉设计方案示意 3

污水舱在常规供电、照明、排水等常规附属设备基础上，尤其需要重视通风、监控及报警、有害气体泄漏检测等相关设备。污水舱内温度、湿度、水位、O_2、H_2S、CH_4 等环境指标需按照国家现行标准《密闭空间作业职业危害防护规范》GBZ/T 205—2007 的有关规定进行控制。当环境监测设备检查到综合管廊内部气体含量异常时，在综合管廊内部以及监控中心进行报警，通知工作人员，同时自动启动事先制定的响应预案，关闭相关防火分区防火门，启动风机运转排风。

4.6　廊内污水管线的运维

污水支管接入综合管廊前，均设置检修闸门或闸槽。当综合管廊内部排水管道进行检修时，能够隔断进入廊内的污水。当这些闸门或闸槽关断时，应在排水总体系统布置时，考虑应急状态条件下污水的排放路径。

相对于传统直埋方式，廊内污水管道增加了廊内检查口及排空口，可以实现廊内的人力及机械疏通。管廊为污水管道运营维护技术智能化升级提供了更广阔的空间。

5.　结语

污水管道能否入廊应依据污水管线的总体规划并结合道路竖向等因素进行综合分析对比确定。要谨慎研究污水入廊的科学性和合理性，不能盲目跟风，更要杜绝一刀切的思维。

污水入廊重点要解决好管廊交叉节点设计、廊内外污水管道的衔接问题、管材的选择和辅助通风系统的设置，以及日后管线清疏等运维问题。

污水管道纳入综合管廊有一定的困难，但可以创造条件，结合污水管网建设和改造项目，从排水系统规划入手，合理规划污水片区和污水干管路由，设法在不大幅增加综合管廊埋设深度和增设中间提升泵站的前提下，尽可能适应在综合管廊内部敷设污水管道。

参考文献

[1]　李骏飞. 新城市综合管廊建设污水管道入廊案例分析
　　中国给水排水，2017 第 24 期
[2]　仲崇军. 污水管道入廊设计与运维对策探讨
　　给水排水　2017 年第 1 期

改性硅藻土环境净化材料在重金属废水
处理中的应用

侯瑞琴[1]　杜玉成[2]

[1]军事航天部队工程设计研究所

[2]北京工业大学新型功能材料教育部重点实验室

摘　要：本文介绍了改性硅藻土材料作为重金属吸附剂的理论基础，通过对天然硅藻土进行氧化锰纳米结构改性，并进行丙烯酰胺的单体缩合，提高了吸附材料对重金属离子的广普适应性，提高了复合材料的比表面积，改善了对重金属离子的吸附效能。采用所制备的复合材料处理含铊、含铬工业废水，不仅确保废水达标排放，还可以回收其中的重金属，经济效益和环境效益显著。为重金属废水处理提供了环境友好的吸附剂和技术可行的工艺。

关键词：硅藻土　重金属离子　环境净化材料

1　前言

重金属对环境污染危害很大，不仅加速水环境恶化，导致土壤肥力退化，降低农产品的产量和质量，还会引起环境安全问题，最终通过食物链危及人类健康，因此重金属废水污染治理研究受到了环境科技工作者广泛关注。

含有重金属的工业废水不仅污染危害大、治理成本高，而且具有长期性、累积性、潜伏性和不可逆等特点：1. 微量浓度的废水即可产生较强的毒性，例如汞、镉，毒性浓度范围在 $0.01\sim0.001\rm mg/L$；2. 微生物无法降解废水中的重金属；3. 其毒性及危害经过食物链逐级放大；4. 重金属进入人体后与生理高分子物质如蛋白质发生反应，使其失去活性，引起中毒；5. 具有积累性。所以含有重金属的工业废水达标排放是各地环保部门重点监控的对象。

本文针对重金属的物理化学特性，提出采用改性的硅藻土环境功能材料回收废水中重金属的吸附剂，结合不同重金属废水污染特点，提出了适宜的工艺处理流程，介绍了实际工程应用效果，并根据工程应用情况提出了改进完善的技术研究方向。

2　硅藻土环境功能材料处理重金属废水理论依据

常用的重金属污染废水处理技术有化学中和、光催化、离子交换、膜分离、生物吸附等十多种，但可以规模化应用的主要有药剂法、电絮凝法、膜法和吸附法[1]。上述各种方法相比，吸附法简便、实用，应用较广（约占应用市场 90%）[2,3]，具有多孔、大比表面积和特定表面官能团是重金属吸附材料的关键性能要求[4-7]。目前适合吸附重金属离子的多孔材料主要有活性炭、分子筛、多孔纤维、天然沸石、蒙脱石等。由于分子筛、多孔纤维成本非常高，限制其工业应用；而沸石、蒙脱石类非金属矿物的孔结构较差导致吸附容量较低；目前只有活性炭材料可以规模化商业应用，而活性炭材料孔道结构不规则，且呈开孔状结构，容易解吸，无法达到深度处理重金属离子的要求。因此高效、低成本吸附剂的制备及应用是制约吸附法处理重金属离子的技术关键。

硅藻土是由硅藻遗骸沉积后形成的生物硅质岩，是一种具有天然长程有序微孔结构的无机矿物材料，自然硅藻土的物理结构是长程有序微孔结构，小孔孔径为 $20\sim50nm$、大孔孔径为 $100\sim300nm$。其主要化学成分为非晶态二氧化硅（SiO_2），由硅氧四面体相互桥连而成的网状结构，由于硅原子数目的不确定性，导致网络中存在配位缺陷和氧桥缺陷等[8]，因此在表面 $Si-O-$"悬空键"上，容易结合 H 而形成 $Si-OH$，即表面硅羟基，表面硅羟基在水中易解离成 $Si-O^-$ 和 H^+，使得硅藻土表面呈现负电性[9]。因此，硅藻土吸附重金属阳离子和正价态污染物，具有天然的结构优势[9,10]。

天然硅藻土在吸附处理重金属离子时存在两点不足，一是比表面积较低，吸附容量受影响；二是对水体中重金属酸根阴离子（$H_2AsO_3^-$、$HAsO_3^{2-}$、AsO_3^{3-}；$H_2AsO_4^-$、$HAsO_4^{2-}$、AsO_4^{3-}；CrO_4^{2-}、$Cr_2O_7^{2-}$）去除率低。铅、锌、汞、镉、铬、砷六种重金属被国家列入重点治理之列，这些金属既存在正价态的金属离子，也有负价态的酸根阴离子。上述两种原因使硅藻土工业应用受到了一定的限制，因此对其进行活性界面的构建及化学改性是提高硅藻土处理重金属离子效率的关键[9,11-13]。

在硅藻土的藻盘上，制备有序纳米结构铁、锰、铝、镁等金属氧化物（以后简称 MOx），提高了材料的比表面积和吸附容量，在硅藻土表面进行丙烯酰胺（简称 AM）的单体缩合，使材料表面增加了$-NH_2$活性官能团（更易吸附重金属酸根阴离子），既增加了其对重金属离子吸附的广谱吸附性，又可提高吸附后的絮凝效果，改善复合材料吸附重金属离子效能，具有重要的实际意义。根据需求对天然硅藻土表面进行了 $\alpha-Fe_2O_3$、$FeOOH$、MnO、$AlOOH$ 等纳米结构（纳米线、花、球）化学修饰与 AM 的单体缩合，硅藻土原土及改性材料性能比较列于表 1 中。

硅藻土及其改性材料的性能比较   表1

材料	硅藻土原土	硅藻土基不同晶型和形貌的 MnO_2 纳米复合吸附材料	硅藻土基丙烯酰胺单体缩合吸附材料
功能结构	长程有序微孔结构	不同晶型（$\alpha-MnO_2$、$\beta-MnO_2$、$\gamma-MnO_2$、$\gamma-MnO_2$）、不同形貌（纳米线、棒、管、球）纳米有序结构	氨基官能团可以吸附重金属酸根阴离子
吸附性能	吸附性能一般	吸附性能大大提高，对 Cr（Ⅵ）、Pb、Cs 的吸附容量分别提升了 190%、370%、360%	最大吸附容量：$Pb\geq450mg/L$；$Zn\geq500mg/L$；$Cd\geq350mg/L$；$Hg\geq400mg/L$；$As\geq200mg/L$；$Cr\geq350mg/L$。 对放射性（Cs）和高危害重金属（Ti）的最大吸附容量分别为：$Cs\geq380mg/L$；$Ti\geq400mg/L$

优点	环境友好 物美价廉	克服了纳米结构吸附剂颗粒团聚严重、后续固液分离的难题	比表面积大大提高，对重金属离子吸附容量大大提高，絮凝分离效果显著
不足	吸附容量有限 不能吸附重金属阴离子	絮凝效果一般	

  图 1 和图 2 分别示出了硅藻原土和氧化锰负载纳米改性材料的电镜图，图中氧化锰纳米改性后的硅藻土材料孔结构更加丰富，提高了材料的吸附容量，使用制备的吸附材料处理实际工业废水，不仅可以使重金属废水达标排放，还可以回收其中的重金属，该吸附剂在废水处理过程中方便回收，并能重复使用，属于环境友好型的吸附材料。

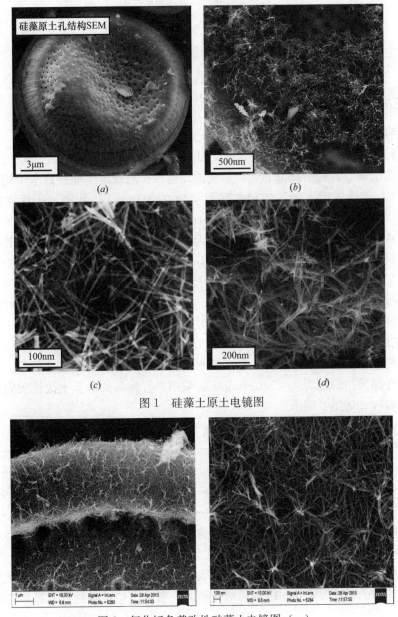

图 1 硅藻土原土电镜图

图 2 氧化锰负载改性硅藻土电镜图（一）

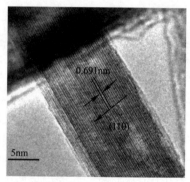

图2 氧化锰负载改性硅藻土电镜图（二）

3 硅藻土改性吸附剂处理重金属废水的工程应用

3.1 含铊冶炼废水处理及资源回收

3.1.1 项目概况

某冶炼厂生产工艺过程产生含铊废水，该种废水的处理达标排放是公认的难题。铊是毒性极强的重金属，其安全阈值非常低，美国环境保护局规定工业排放水中铊的最高含量为 0.14mg/L，生活饮用水中铊的最大残留量为 0.002mg/L，我国《生活饮用水卫生标准》GB 5749 中规定了铊的允许含量为 0.001mg/L；同时铊又是极其珍贵的稀有金属，平均价格为 300～400 元/克，可用于国防、航天、电子、通信等军工行业，是各国军工领域必需的高新材料。为了满足环保部门要求，开展了含铊废水的深度处理及铊资源综合回收工作。调研了化学沉淀法、溶液萃取法、离子交换法、吸附法等几种常规水处理方法，吸附法因具有吸附量大、选择性强、易于再生、处理深度高等优势，被认为是铊污染水体治理领域内最具应用前景的技术[14]。

3.1.2 工艺设计

该企业废水排放量 2000 吨/日，废水原水指标和处理后要求如表 2 所示，其中铊排放指标由当地环保部门确定为：＜0.020mg/L。采用自行制备的硅藻土改性吸附剂设计了废水处理工艺流程，如图 3 所示。

废水水质及处理后指标要求 表 2

指标	COD(mg/L)	pH	NH_4^+-N(mg/L)	总 P(mg/L)	Tl(mg/L)
处理前	130	5.86	57.2	5	0.330
处理后	120	6-9	—		0.020

工艺说明：生产过程的工艺废水收集于含铊废水池，原水经过调节 pH 后，采用两级电化学 ECS 沉淀，此处理单元的污泥直接去污泥浓缩池，上清液进入硅藻土净化吸附反应单元，投加自行制备的硅藻土吸附剂进行吸附絮凝反应，污泥去浓缩池，上清液进一步经过两级硅基分子筛铊吸附和一级碳纤维铊吸附，清水中铊达标排放，吸附的铊富集液经过萃取后回收。

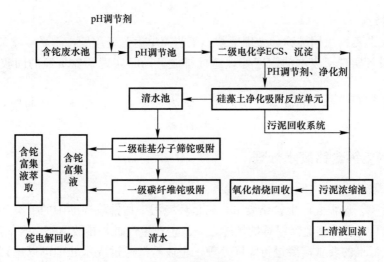

图 3　含铊废水处理及资源回收工艺流程图

铊的资源回收有两条途径：其一是废水处理过程的沉淀污泥等固体产物经过污泥浓缩池浓缩后进一步氧化焙烧回收，焙烧后的固体由专业公司收购作为高丰度的冶炼原矿；其二是硅基分子筛吸附和碳纤维吸附后的吸附纤维片，将这些富集铊的吸附材料放置于液相中，经过多级萃取工艺后，富集的浓液通过电解实现铊资源回收，硅基分子筛和碳纤维重新进入工艺流程循环使用。

工艺流程中的硅藻土吸附剂通过污泥系统焙烧、进一步进入冶炼，最终回归自然，不会对环境造成二次污染。

3.1.3　运行结果

项目于 2011 年 4 月开始施工，总投资为 980 万元。2011 年 12 月通过了由当地环保部门组织的验收，出水水质主要指标达到了设计要求。具体如表 3 所示。

废水处理后验收结果　　　　　　　　　　　　　　　　　　　　表 3

指标	颜色	COD(mg/L)	pH	NH₄⁺-N(mg/L)	总 P(mg/L)	Tl(mg/L)
处理后	无色清澈透明	30	6.86	0.70	1.0	0.003

项目的运行费用主要包括人员工资、电费和药剂费，合计运行费用为 4.075 元/吨水，铊资源回收经费可以维持系统运行，具体如表 4 所示。

废水处理运行费用分析　　　　　　　　　　　　　　　　　　　　表 4

序号	名称	标准	数量	运行费（元/吨）
1	人员工资	4000 元/(人·月)	4 人	0.2 元/吨
2	动力消耗	0.55 元/计		1.825 元/吨水
3	极板材料	10000 元/吨		0.15 元/吨水
4	微孔材料	3.0 元/公斤		1.2 元/吨水
4	辅助药剂费	（酸、碱等）		0.3 元/吨水
5	分子筛消耗	50 元/kg		0.25 元/吨水
6	碳纤维消耗	30 元/kg		0.15 元/吨水
运行总成本				4.075 元/吨水

3.1.4 项目特点

1. 项目工艺流程采用纯物理处理工艺，工艺简单运营费用低，不受环境条件影响。

2. 工艺设计实现了废水的深度处理达标排放，同时实现了铊资源的回收利用，经济效益可观。

3. 项目采用自行制备的硅藻土吸附剂，吸附效果显著，使用后的吸附剂回归自然，环境友好，不会产生二次污染。

3.2 某塑料电镀含铬废水处理

3.2.1 项目概况

塑料电镀工艺过程会产生含铬废水，铬是环境污染物排放标准中的一类污染物，含铬废水的排放是环保部严格监督检查的指标之一。企业生产过程排放含铬、含氯废水240吨/日，按照国家标准的要求需要进行深度处理，企业希望通过废水处理可以达到自身生产工艺中水回用标准。

3.2.2 工艺设计

处理水量：240 吨/日。

处理水质：废水处理后应达到表5中的回用要求。

废水水质指标					表 5
指标	颜色	COD(mg/L)	pH	总铬（mg/L）	氯离子（mg/L）
处理前	浅绿色	684	1.4	230	180
处理后	无色	≤40	6-9	≤1	1

设计的工艺流程如图4所示。

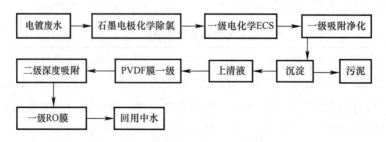

图4 含铬废水处理及回用工艺流程

工艺流程说明：电镀废水首先经过石墨电极化学除氯单元，在适宜的 pH 值条件下，氯离子转化成氯气从废水中分离，排放的氯气由接收器进行收集后统一处理。除氯后的废水依次经过一级电化学 ECS 和一级吸附净化单元，主要去除废水中铬离子，通过电化学 ECS 絮凝处理后，使废水中铬离子化学价态变为易于沉淀絮凝的价态，通过硅藻土多孔材料吸附后去除。通过一级吸附净化沉淀后 Cr 浓度由 230mg/L 降低为 50mg/L 以下，pH 为 7.0，但 COD 在 100mg/L 以上，且出水为淡黄色，不能达到表5工艺回用的要求。

前述流程处理后的上清液进入后续的深度处理工艺，通过 PVDF 和 RO 二次膜处理和二次深度吸附净化处理后，出水 Cr 浓度小于 1mg/L，COD 及其他指标可达到中水回用的指标要求。

处理过程产生的污泥由当地有资质的部门按照危险废物统一收集处理。

3.2.3 运行结果

项目于 2011 年底开始施工，2012 年 12 月通过了当地环保部门组织的验收，总投资 450 万元，出水水质主要指标达到了设计要求，验收水质见表 6。项目处理费用为 5.395 元/吨水，运行费用如表 7 所示。

废水处理后验收结果　　　　表 6

指标	颜色	COD(mg/L)	pH	总铬（mg/L）	氯离子（mg/L）
处理后	无色清澈透明	20	7.3	0.30	0.15

废水处理运行费用分析　　　　表 7

序号	名称	标准	数量	运行费（元/吨）
1	人员工资	4000 元/（人·月）	4 人	0.2 元/吨
2	动力消耗	0.55 元/计		1.375 元/吨水
3	极板材料	10000 元/吨		0.10 元/吨水
4	药剂费	2.8 元/公斤		1.12 元/吨水
5	膜处理费用			2.6 元/吨水
	运行总成本			5.395 元/吨水

3.2.4 工艺特点

1. 采用石墨极板电化学处理该类废水，在不消耗电极材料的前提下，可有效去除废水中氯离子污染物。

2. 采用电化学 ECS 处理该废水，可有效去除高浓度的铬离子，一级电化学吸附处理后，铬离子浓度可降低到 50mg/L 以下。

3. 天然多孔材料的吸附净化和两级膜深度净化处理，可进一步去除水中低浓度的铬离子，确保出水水质铬含量在 1mg/L 以下，同时可实现电絮凝产物离开电场后，迅速被吸附去除，有效防止了絮凝物的再氧化或再还原的问题。

4　结论

天然硅藻土的长程有序微孔结构及其材料易得的特点为其在废水处理中的推广应用奠定了基础，通过在天然硅藻土的藻盘上，诱导制备有序纳米结构金属氧化物，并进行丙烯酰胺的单体缩合，大大增加了材料的比表面积，提高了对重金属离子的吸附容量，复合材料制备过程中胺基表面活性官能团的增加，提高了材料对金属吸附和絮凝的广适性，改善了吸附重金属离子效能。两个工程应用实例运行结果表明，改性硅藻土复合材料可以在重金属废水处理中提高金属的去除率，在确保水中金属离子达标的前提下，还可以回收一些稀有重金属资源，为该类吸附剂的推广应用提供了可行的技术。吸附剂来自于自然，最终回归于自然，属于环境友好型功能材料，虽然硅藻土材料易得，但是随着大范围推广应用，应开展此类材料的回收和循环使用技术研究，为材料的可持续应用寻求技术支持。

参考文献

[1] 重金属污染综合防治"十二五"规划，环境保护部内部文件，环发［2011］17 号

[2] Guan，X. H.；Du，J. S.；Meng，X. G.；Sun，Y. K.；Sun，B.；Hu，Q. H. Application of titanium dioxide in arsenic removal from water：A review. J. Hazard. Mater.，2012，215-216，1-16.

[3] Cao，C. Y.；Qu，J.；Yan，W. S.；Zhu，J. F.；Wu，Z. Y.；Song，W. G. Low-Cost Synthesis of Flowerlike α-Fe_2O_3 Nanostructures for Heavy Metal Ion Removal：Adsorption Property and Mechanism. Langmuir，2012，28，4573-4579.

[4] Guan，X. H.；Su，T. Z.；Wang，J. M. Quantifying effects of pH and surface loading on arsenic adsorption on NanoActive alumina using a speciation-based model，J. Hazard. Mater.，2009，166，39-45.

[5] Li，H.；Li，W.；Zhang，Y. J. et al. Chrysanthemum-like a-FeOOH microspheres produced by a simple green method and their outstanding ability in heavy metal ion removal. J. Mater. Chem.，2011，21，7878-7881.

[6] Yang，X. L.；Wang，X. Y.；Feng，Y. Q. et al. Removal of multifold heavy metal contaminations in drinking water by porous magnetic Fe_2O_3@AlO(OH) Superstructure. J. Mater. Chem. A，2013，1，473-477.

[7] Gao，B. J.；Jiang，P. F.；An，F. Q. et al. Studies on the surface modification of diatomite with polyethyleneimine and trapping effect of the modified diatomite for phenol. Applied Clay Science，2005，250，273-279.

[8] Sheng，G. D.；Wang，S. W.；Hu，J.，et al. Adsorption of Pb（Ⅱ）on diatomite as affected via aqueous solution chemistry and temperature. Colloids and Surfaces A：Physicochemical and Engineering Aspects，2009，339，159-166.

[9] Necla Caliskan Adsorption of Zinc（Ⅱ）on diatomite and manganese-oxide-modified diatomite：A kinetic and equilibrium study. J. Hazard. Mater.，2011，193，27-36.

[10] Myroslav Sprynskyy. The separation of uranium ions by natural and modified diatomite from aqueous solution. J. Hazard. Mater.，2010，181，700-707.

[11] Majeda A. M. Khraisheh. Remediation of wastewater containing heavy metals using raw and modified diatomite. Chemical Engineering Journal，2004，99，177-184.

[12] Mohammad A. Al-Ghouti. Flow injection potentiometric stripping analysis for study of adsorption of heavy metal ions onto modified diatomite. Chemical Engineering Journal，2004，104，83-91.

[13] Er Li. Removal of chromium ion（Ⅲ）from aqueous solution bymanganese oxide and microemulsion modified diatomite. Desalination，2009，238，158.

[14] 万顺利，马明海，徐圣友. 水体中铊的污染治理技术研究进展. 《水处理技术》第 40 卷第 2 期，p15-18，2014.

均粒滤料滤池反冲洗设计浅谈

任　佳　刘德涛

中国五洲工程设计集团有限公司，北京，100053

摘　要：均粒滤料滤池又称"V"形滤池，是由法国 Degremont 公司研究设计出的第五代滤池，属于重力式快滤池中的一种，于 20 世纪 80 年代末引入我国。因其过滤速度高、出水水质好、反冲洗效果好等特点，在引进我国后，被大面积推广使用。

关键词：均粒滤料滤池　反冲洗

1. 前言

均粒滤料滤池具有恒水位、恒水头、等流速过滤的特点，在运行中分为过滤和反冲洗两个运行过程，两部分相互交替运行，在冲洗单格滤池时通过开闭阀门的方式使其他滤池得以继续运行。在其高效率的反冲洗下，不仅保证了过滤过程中的水处理效果，同时也达到了节能减排的效果。

2. 反冲洗方式

均粒滤料滤池的反冲洗分为三种方式：

（1）先单一使用气体进行反冲洗，而后再用水单独进行反冲洗；

（2）先使用气、水混冲的方式进行反冲洗，而后再用水单独进行反冲洗；

（3）先单一使用气体进行反冲洗，而后再用气、水混冲的方式进行反冲洗，最后用再用水单独进行反冲洗。

经过国内外水厂长期运行反冲洗效果对比：第三种反冲洗方式冲洗效果最佳。本文后面主要对第三种方式进行探讨。

3. 反冲洗强度

反冲洗强度根据出水浊度、反冲洗方式、冲洗时间、滤层构造等有关。

表 1 为常用的气、水反冲洗强度和反冲洗时间[1]

气水反冲洗强度和冲洗时间　　　　　　　　　　表 1

滤料层结构和水冲洗时滤料层膨胀率	先气冲洗		气水同时冲洗			后水冲洗	
	强度 $[L/(s \cdot m^2)]$	冲洗时间 (min)	气强度 $[L/(s \cdot m^2)]$	水强度 $[L/(s \cdot m^2)]$	冲洗时间 (min)	强度 $[L/(s \cdot m^2)]$	冲洗时间 (min)
双层滤料膨胀率 40%	15～20	3～1	—	—	—	6.5～10	6～5

滤料层结构和水冲洗时滤料层膨胀率	先气冲洗		气水同时冲洗			后水冲洗	
	强度 [L/(s·m²)]	冲洗时间 (min)	气强度 [L/(s·m²)]	水强度 [L/(s·m²)]	冲洗时间 (min)	强度 [L/(s·m²)]	冲洗时间 (min)
级配石英砂膨胀率30%	15~20 12~18	3~1 2~1	— 12~18	— 3~4	— 4~3	8~10 7~9	7~5 7~5
均粒石英砂微膨胀	13~17 (13~17)	2~1 (2~1)	13~17 (13~17)	3~4 3~4.5	4~3 (4~3)	4~8 (4~6)	8~5 (8~5)

注：表中均粒石英砂栏，无括号的数值适用于无表面扫洗水的滤池；括号内的数值适用于有表面扫洗水的滤池，其表面扫洗水强度为 1.4~2.3L/(s·m²)。

4. 反冲洗工作原理

单独使用气体反冲洗时，由于承托层砾石粒径较大，气泡不能移动砾石，从而不发生膨胀。气体在克服滤料颗粒摩擦阻力上升的同时不断对颗粒产生剪切力，对颗粒进行扰动。随着底部气泡上升，后上升气泡填补前一气泡上升之后产生的空缺位置进一步清洗滤料，有的时候几个气泡会汇聚在一起形成较大的气泡，使得对颗粒的扰动更大，从而更有效地将截留在滤料颗粒上的杂质去除。

气、水联合反冲洗时，滤层发生微膨胀，滤层内部摩擦阻力变小，更加容易形成较大的气泡，从而使滤料颗粒相比气体冲洗更容易移动，并增加了对颗粒的扰动，加快了冲洗速度。气、水联合反冲洗加强了对颗粒的剪切力，比气体冲洗拥有更佳的效果。

最后的水反冲洗阶段，不仅可以将滤料颗粒上层的杂质有效的冲洗，更换清水层，还可将前面反冲洗过程中的剩余气体排净。

5. 反冲洗工作过程

滤池反冲洗单格滤池时，关闭该格滤池的进水阀；待滤池内水经排水槽排出一段时间后，关闭排水阀；打开反冲洗排水阀和空气冲洗阀；启动鼓风机，待冲洗时间过后打开排气阀并启动冲洗水泵；开启反冲洗进水阀，待冲洗时间过后关闭鼓风机和进气阀；待水冲洗结束后，关闭冲洗水泵，关闭所有反冲洗阀门。

为了更加有效地对整个滤池进行反冲洗，在初次反冲洗时，应在反冲洗周期前提前进行反冲洗，从而错开每格滤池反冲洗间隔时间，使整个滤池的反冲洗更加方便。

6. 实际工程案例计算分析

某净水厂工程，水经沉淀池处理后，原水浊度被控制到 3NTU 以下，水经沉淀池进入均粒滤料滤池。水厂设计规模 20 万 m³/d，自用水系数 4%，滤料采用均质石英砂滤料。气、水冲洗强度见表 2。

气、水冲洗强度   表 2

程序	冲洗强度（L/(m² · s)）	冲洗时间（min）
1. 气冲洗	15	2
2. 气、水联合冲洗	气 15，水 3	4
3. 水冲洗	6	6
4. 表面扫洗	1.8	12

单格冲洗水量：

$$Q_\text{冲} = qF = 0.546\text{m}^3/\text{s（按程序三水冲流量计算）}$$

式中：q——冲洗强度（L/(m² · s)）；

  F——单格面积（m²）。

冲洗干管直径：

$$D = \sqrt{\frac{4Q_\text{冲}}{\pi v}} = \sqrt{\frac{4 \times 0.546}{\pi \times 2}} = 0.590\text{m} \quad 取 \, DN600 \, 钢管$$

式中：v——冲洗干管流速（m/s），一般取 2.0～2.5m/s，本次取 2m/s。

扬程确定

底部集配水空间为 0.85m，滤板厚 0.15m，承托层厚 0.3m，滤料厚 1.2m，滤料层上水深 1.45m，根据水力流程计算，滤池出水渠出水位为 35.3m（根据进水渠进水位 37.8m），最大作用水头取 2.5m，滤池单格出水水位 33.75m，滤池清水渠高水位（冲洗时）36.0m，排水槽顶高于滤料层 0.75m。

配水孔水头损失：

$$h_\text{配水孔} = \frac{(v/k)^2}{2g} = \frac{(0.263/0.62)^2}{2 \times 9.8} = 0.01\text{m}$$

式中：v——配水孔实际流速（m/s）；

  k——孔口流量系数，本次取 0.62。

管路损失：h_1 取 5m

配水系统水头损失：

$$h_2 = h_\text{配水孔} + h_\text{配水渠} + h_\text{滤头} = 0.01 + 0..01 + 0.2 = 0.22\text{m}$$

式中：$h_\text{配水渠}$——取 0.01m，

  $h_\text{滤头}$——取 0.2m。

承托层水损：

$$h_3 = 0.022Hq_\text{max} = 0.022 \times 0.3 \times (15+3) = 0.12\text{m}$$

式中：H——承托层厚度（m）；

  q_max——反冲洗最大冲洗量 L/(m² · s)。

滤层水损：

$$h_4 = (r_\text{s}/r_\text{水} - r_\text{水})(1-m_0)L_0 = (2.65/1 - 1) \times (1-0.4) \times 1.2 = 1.19\text{m}$$

式中：r_s——滤料密度（t/m³）；

  $r_\text{水}$——水的密度（t/m³）；

  m_0——空隙率；

  L_0——厚度（m）。

富余水头：h_5 取 2m。

扬程 $H = h_0 + h_1 + h_2 + h_3 + h_4 + h_5 = 1.65 + 5 + 0.22 + 0.12 + 1.19 + 2 = 10.18m$

取 11m

冲洗水泵流量：$Q = Q_{冲}/2 = 0.273m^3/s = 982.8m^3/h$　（2 用 1 备）

水泵进水管：

$$D = \sqrt{\frac{4Q}{\pi v}} = \sqrt{\frac{4 \times 0.273}{1.5\pi}} = 0.482m \quad 选取 DN500 水管$$

式中：v——设计流速（m/s），本次取 1.5m/s。

水泵出水管：

$$D = \sqrt{\frac{4Q}{\pi v}} = \sqrt{\frac{4 \times 0.273}{2.2\pi}} = 0.396m \quad 选取 DN400 水管$$

式中：v——设计流速（m/s），本次取 2.2m/s。

气冲系统

气冲最大持续冲洗时间为 6min

$$Q_{气} = q_{气} Kf = 0.015 \times 1.1 \times 91 = 1.5015m^3/s$$

式中：$q_{气}$——气冲强度（L/(m²·s)）；

　　　K——扩流系数，取 1.1；

　　　f——单格滤池面积（m²）。

管径 $D = \sqrt{\frac{4Q}{\pi v}} = \sqrt{\frac{4 \times 1.5}{12\pi}} = 0.399m \quad 选取 DN400 气管$

式中：v——反冲气体流速取 12m/s。

配气孔中心高程低于底板下底高程 0.025m，静压力 3.125m，空气管总损失 0.8m，富余压力 1m，风压 4.925m，取 5m。

配气孔面积：

$$S = Q_{气}/v = 1.5015/18 = 0.0834m^2$$

式中：v——配气孔流速，取 18m/s。

配气孔直径 D30mm，共设 104 个，单侧 52 个，间距 0.25m，实际流速 20.44m/s。

鼓风机流量：

$$Q_{鼓} = 1.5015/2 = 0.75075m^3/s = 2702.7m^3/h(2 用 1 备)$$

7. 小结

根据计算结果和上文的表述可以看出，滤池经过三次不同的反冲洗可以有效地将滤料颗粒上的杂质清除，合理地选择冲洗强度与冲洗时间对整个反冲洗系统设计的合理性至关重要。

参考文献

[1] 戚盛豪，汪洪秀，王家华. 城镇给水. 第 2 版. 北京：中国建筑工业出版社，2003.

[2] 康守卫. 水厂 V 型滤池的自动化控制设计. 2008.

[3] 高培培，刘春杉，张明. V 型滤池气水反冲洗方式的优越性.

垃圾渗滤液处理厌氧工艺沼气综合利用研究

陆新生　黄求诚

中国航空规划设计研究总院有限公司

摘　要： 垃圾焚烧工程垃圾渗滤液处理厌氧工艺过程中会产生沼气，沼气主要成分是甲烷（50%～70%）、二氧化碳（30%～40%），还含有少量 N_2、H_2、H_2S、NH_3 等，沼气直接排入大气会造成严重的环境污染，本文通过对垃圾焚烧工程垃圾渗滤液处理厌氧工艺产生的沼气两种主要利用方式进行比较，从节能和经济性角度进行分析研究，得出合理利用厌氧沼气的途径和条件。

关键词： 垃圾渗滤液　厌氧沼气　沼气发电

1. 引言

生活垃圾焚烧作为一种具有明显优势的"减量化、资源化和无害化"的垃圾处理方式，近年来得到快速发展，同时垃圾渗滤液资源化处理技术得到广泛关注。

采用厌氧生物处理工艺是垃圾焚烧工程垃圾渗滤液处理的必备处理单元，在厌氧处理过程中，绝大多数高浓度有机物在厌氧菌的作用下分解产生以甲烷为主要成分的沼气，目前部分渗滤液处理设施没有沼气利用系统，而是直接采用火炬燃烧装置处理，或者回喷垃圾焚烧炉助燃，沼气能源没有得到充分有效资源化利用。

沼气是一种具有较高热值的可燃气体，沼气中 CH_4 含量为 50%～70% 时，其低位热值约为 $21\sim25MJ/m^3$，用内燃机发电每立方米沼气可发电 1.80～2.0kWh，将其作为发电机的燃料发电，可得到高品位的电能，同时具有较高的经济性。

本文通过理论计算出渗滤液厌氧处理工艺的沼气产量，并对不同利用方式从节能和经济性角度进行分析研究，得出合理利用厌氧沼气的途径。

2. 沼气性质、产生量及发电量

（1）沼气的性质

沼气是各种有机物质，在隔绝空气厌氧条件下，并在适宜的温度、pH 条件下，经过微生物的发酵作用产生的一种可燃烧气体，沼气属于二次能源，并且是可再生能源。生活垃圾渗滤液处理厌氧过程中会产生沼气。沼气的主要成分是 CH_4，含量为 50%～70%，二氧化碳（30%～40%），还含有少量 N_2、H_2、H_2S、NH_3 等。

（2）垃圾渗滤液性质及沼气产量计算

由于垃圾渗滤液水质的复杂性和特殊性，在工程实践中常规采用预处理＋生化＋膜处理工艺进行处理。在生化处理段，一般采用厌氧＋硝化反硝化工艺，其中厌氧工艺以其较低的运行成本，较高的有机物去除效率，成为整体工艺中不可或缺的处理单元。

在常规垃圾渗滤液工艺中，厌氧系统对 COD 去除，可以从进水的 COD40000～60000mg/L 降到出水的 10000～12000mg/L，有机物去除效率在 80％左右，如此高的有机物降解过程会产生大量的沼气，据有关研究和实际厌氧沼气运行统计数据，每降解 1 千克有机物的沼气产率约为 0.45Nm³/kgCOD。垃圾渗滤液厌氧工艺处理有机物去除效果见表 1。

表 1

序号	处理单元	项目	CODCr(mg/L)	BOD₅(mg/L)	NH₃-N(mg/L)	SS(mg/L)
1	厌氧反应器 (UASB) (UBF)	进水	50000	20000	1200	10000
		出水	<12000	<4000	<1200	<6000
		去除率	>80%	>80%	—	>40%

垃圾渗滤液厌氧工艺沼气日产量＝废水 COD 降解浓度（kgCOD/m³）×废水日处理量（m³/d）×产沼气率。以厌氧系统处理渗滤液 100m³/d，进水 COD 浓度 50000mg/L，出水 COD 浓度 12000mg/L 为例进行计算，沼气日产量 1710Nm³/d（折合 71.25Nm³/h）。

每吨垃圾渗滤液平均产气率为 17.1m³/t(0.45m³/kgCOD)，不仅高于我国城市污水厂污泥消化池产气量 10m³/t，也高于我国高浓度工业废水（如造纸废水）沼气产率 0.35Nm³/kgCOD，这与城市生活垃圾中厨余物较多，导致渗滤液中有机污染物浓度高、脂类物质含量较高有关。

当沼气中甲烷含量为 50％～70％时，其低位热值为 21～25MJ/m³，用内燃机发电每立方米沼气可以发电 1.8～2kWh，沼气热值转换成电能总效率在 35％～40％左右，而沼气进入垃圾焚烧炉的燃烧后余热锅炉蒸汽再进入汽轮发电后综合发电热效率仅为 20％左右。常见规模的垃圾渗滤液处理系统产生沼气日产量、发电量、发电机装机规模、发电效益见表 2。

垃圾渗滤液处理系统产出表　　　　　　　　表 2

序号	项目 ＼ 规模	100t/d	300t/d	500t/d	1000t/d
1	沼气日产量（m³）	1710	5130	8550	17100
2	日发电量（kWh）	3078	9234	15390	30780
3	发电机组总功率（kW）	150	400	750	1500
4	日发电效益（元）	2000	6000	10000	20000

注：每立米沼气发电量按 1.8kW·h 电费按 0.65 元/kWh

3. 沼气利用主要途径和特点

沼气是一种优质的可再生能源，其中的甲烷的可燃性决定了沼气的潜在价值，其可代替相当数量的燃料的消耗。而且与其他燃料相比，沼气属于清洁燃料的一种。垃圾焚烧工程有三种沼气处理利用的方式，沼气产量较少时直接用火炬燃烧处理，沼气产量较大时通过风机送入垃圾垃圾焚烧炉作为助燃燃料，沼气产量到一定规模时采用沼气发电机组利用沼气。

1. 沼气进入焚烧炉助燃

沼气通过沼气风机送至垃圾焚烧炉直接燃烧，可以通过余热锅炉产生蒸汽进入汽轮机组进行发电，发电效率一般在20％～22％左右，这种应用方式一般用在沼气量较大情况下使用。

2. 沼气发电

沼气通过内燃机发电是沼气能量利用的一种有效形式。沼气的能量在沼气发电过程中经历由化学能、热能、机械能、电能的转化过程，其能量转化效率受热力学第二定律的限制，热能不能完全转化为机械能，热能的卡诺循环效率小于40％，在垃圾焚烧发电厂中以沼气为燃料的内燃机可以不再另设余热锅炉，可以直接利用垃圾焚烧余热锅炉回收内燃机的废气余热，从而简化了系统，减少了投资。

在4000kW以下的功率范围内，采用内燃机具有较高的利用效率。相对燃煤、燃油发电来说，沼气发电功率小。对于这种类型的发电动力设备，国际、国内普遍采用内燃机发电机组进行发电，否则运行不经济。因此，采用沼气发动机（内燃机）和发电机组是目前利用沼气最经济和有效的途径。在理论上沼气也可利用燃气轮机发电，但沼气项目的规模要大，否则运行经济性差。沼气发电系统工艺组成见图1：

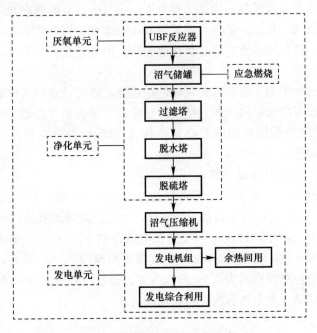

图1　沼气发电系统工艺组成

沼气发电系统由预处理净化单元和发电单元组成。

（1）沼气净化预处理系统：沼气从厌氧系统引出，由沼气输送风机输送到过滤器经过脱硫装置处理后进储气柜，沼气从储柜出来后再进行脱水干燥、脱硫、加压等预处理，最后进入发电机组进行发电。为了防止沼气发电机检修时沼气不能进入发电系统，设计有沼气应急燃烧火炬，将沼气直接燃烧后高空排放。

沼气在导入内燃机时一般需要进行预处理并经过稳压防爆装置，由于沼气中含有少量的H_2S气体，该气体对发动机有强烈的腐蚀作用，因此沼气必须先进行脱硫。通常用氧化铁作为脱硫剂，而且可以反复再生使用，另外沼气中含有的饱和水需要去除。沼气作为燃气，其流量调节是基于压力差实现的，为了使调节准确，必须确保沼气压力稳定，因此在沼气进气管路上安装稳压装置。另外，为了防止进气管路回火引起沼气管路发生爆炸的问题，应在沼气供应管路上安装防回火与防爆装置。

（2）沼气发电：经净化处理后的沼气进入燃气发动机，燃气发动机利用四冲程、高压点火、涡轮增压、稀释燃烧等技术，将沼气的化学能转化为机械能再转化成电能，发电机组为模块式，可采用集装箱式机房结构，可露天放置，沼气发电机发电效率（35％～40％）。

4. 焚烧厂沼气利用的技术经济比较

焚烧厂对沼气的利用主要有两种形式，一种是入炉焚烧，一种是沼气发电。

1. 入炉焚烧

沼气的产生主要来自厌氧反应器，其主要成分是甲烷，厌氧生物反应产生的沼气含甲烷量为50％～70％时，其低位热值为21～25MJ/m^3。用沼气直接导入焚烧炉焚烧可以提高垃圾焚烧温度，改善垃圾焚烧污染物治理效果，沼气中含有的氨在垃圾焚烧炉中还可以把氮氧化物还原为氮气，从而降低烟气中的氮氧化物浓度，沼气中含有的硫化氢在燃烧后转化为二氧化硫，后续脱硫装置会将二氧化硫去除。沼气直接入炉焚烧，可以省去对沼气的预处理过程，比较易于操作。

但在实际操作过程中为了提高入炉焚烧的稳定性，需要设置沼气储罐、加压风机和配套的沼气管道等，以保障入炉沼气的连续性和稳定性。适合沼气量较小（每小时200m^3/h以下），由于垃圾焚烧炉最终发电综合热效率仅为18％～22％左右，远低于沼气发电机35％～40％发电综合热效率。

2. 沼气发电综合利用技术的经济性分析

以典型的日处理500t/d焚烧厂垃圾渗滤液为例，沼气的最高日产量为8550m^3，最高日发电量15390kWh，最高日发电效益10000元，考虑垃圾渗滤液负荷年均系数0.70，年平均发电效益233万元，年运行成本一般为发电效益的45％左右，年运行成本为105万元，净效益128万元。发电机三台250kW沼气发电机组投资600万元，沼气发电机组设备（包括净化等设备）总投资约为0.80万元/kW，静态投资回收期4.70年，常见规模的垃圾渗滤液处理系统沼气发电静态投资回收期见表3。

表3

序号	项目	300t/d	500t/d	1000t/d
1	配套机组（kW）	400（2×200）	750（3×250）	1500（3×500）
2	总投资（万元）	320	600	1200
3	年发电量（10^4kWh）	215	359	717
4	年发电效益（万元）	140	233	466
5	发电运行成本（万元）	63	105	209
6	年净发电效益（万元）	77	128	257
7	静态投资回收期（年）	4.20	4.7	4.8

注：年运行330天，沼气产量年平均系数0.70

5. 结论

沼气发电技术本身提供的是清洁能源，将厌氧沼气用于发电产生清洁能源，不仅解决了垃圾渗滤液处理过程中的环境问题，而且通过发电为业主带来巨大的经济效益，符合能源再循环利用的环保理念。通过比较研究得出如下结论：

(1) 垃圾渗滤液在厌氧处理过程中产生大量沼气，沼气低位热值为 $21\sim25MJ/m^3$，据测算每吨垃圾渗滤液可产生 $17\sim20m^3$ 的沼气，每立方米沼气可发电 $1.80\sim2.0kWh$，每吨渗滤液厌氧处理产生沼气可发电 $30\sim36kWh$，约占垃圾渗滤液处理所耗电量的 70%（吨垃圾渗滤液电耗 $48kWh$），折合发电效益 $20\sim23$ 元。

(2) 沼气发电机发电效率（$35\%\sim40\%$）远高于汽轮发电机发电效率（$18\%\sim22\%$）

沼气发电经济性比沼气回垃圾焚烧炉要高，垃圾渗滤液处理规模大于 $500t/d$，建议采用沼气发电机对沼气进行利用，沼气发电及其配套设备总投资静态投资回收期约为 5.0 年。

(3) 沼气发电在垃圾焚烧发电厂渗滤液处理工程中的应用，不但提升了垃圾焚烧发电厂渗滤液处理工程的技术水平，而且提升了垃圾焚烧发电厂整体的技术水平，为垃圾焚烧发电厂的运行带来更好的经济效益。

参考文献

[1] 张璐等. 垃圾焚烧发电厂渗滤液处理系统中的能源回收热力发电.
[2] 白良成. 生活垃圾焚烧处理工程技术. 北京：中国建筑工业出版社，2009.

隧道施工废水处理工艺探讨

章征宝　张一刚　迟长涛　张　娜

火箭军工程设计研究院

摘　要： 施工废水是隧道掘进过程中不可避免的产物，处理不好容易引起环境污染和社会矛盾，文章分析了隧道施工废水的来源、特点及其对环境的影响，探讨了施工废水处理工艺，并结合工程实例，给出了具体工程应用方案。期望对隧道、坑道等工程施工废水处理有所启发。

关键词： 隧道　水处理　施工废水　环境污染

1. 施工废水的来源及特点

近年高铁、高速公路、地铁项目、人防项目等工程大规模建设，如何避免施工过程产生的废水污染环境是必须要面对的难题。隧道施工废水主要包括地下涌水、岩体裂隙水、施工台车作业产生的废水、爆破后降尘产生的废水，以及注浆、被覆等过程产生的废水。

施工废水排放量很不稳定，施工废水中地下涌水、裂隙水一般占较大的比重，受季节影响很大，一般雨季明显高于其他季节。隧道不同的施工阶段、不同的地段地下水量也有较大的差别，遇到地下水丰富的部位会有较大的排水量，甚至有突水事故的风险。掘进作业产生的水量较平稳，一个作业面施工作业产生的水量约为 $10m^3/h$，在正常掘进情况下，一个作业面每日产生废水不超过 $100m^3$。

施工废水中主要污染物为悬浮物（以下简称 SS，主要是岩屑、粉层等），含有少量的油类（施工设备漏油产生）和含氮污染物（爆破炸药残留物）。杨斌等人对隧道施工废水的水质进行了详细分析，废水中水质指标超标的主要是 pH 值和 SS，偶有石油类、磷、氮、化学需氧量等指标超标，炸药残留物含量很少[1]。

2. 施工废水对环境的影响

施工废水如果不妥善处理，对环境的影响主要体现在以下几个方面。一是农业灌溉，使下游农田减产甚至毁坏农田；二是对饮用水源的污染，由于水资源的日趋匮乏，各地都划分了饮用水源保护区，施工废水排放经常难以避开；三是对生态环境的破坏，较高的 pH 值和 SS，使受纳水体浑浊，河床底部覆盖物有机物含量降低，长期的积累，对生物的繁殖和生态会有较大的影响。因此，为避免污染环境和不良社会影响，避免施工单位与当地居民的矛盾，必须对施工废水进行治理。

3. 施工废水处理工艺探讨

3.1 施工废水处理技术现状

经调查，目前，我国隧道、人防坑道等施工废水相当一部分未经处理直接排放到自然河沟，对周边水体造成了污染，当地居民与施工单位经常出现纠纷。近年，部分公路、铁路隧道施工现场建设了施工废水处理设施，处理工艺大体分为三类。

（1）设置简易沉淀池

部分隧道施工废水采取了简易的沉淀处理措施，在隧道口部设置沉淀池。由于沉淀池建设规模有限，废水停留时间短，沉降时间不足，只能去除部分悬浮物，施工废水经常超标排放。

（2）以沉淀池为基本手段的复合处理工艺[2,3]

施工废水的强化处理相当于建设一座小型废水处理站，增加的主要措施一是通过投加水泥、聚氯化铝、聚丙烯酰胺 PAM 等混凝剂提高沉淀效率；二是增加沉砂、过滤、气浮、中和等中间环节，提高出水水质。

（3）采用成套设备代替混凝池、沉淀池的强化处理工艺

为强化常规工艺，将混凝反应、沉淀过程集成到一体化设备中。采用管道混合器代替搅拌混合，减少占地面积。为提高沉淀效率，采用斜板（管）、水平管等浅层沉淀技术代替常规的沉淀池。杨斌等人[4]在强化常规工艺、优化构筑物选型和布置的基础上研制了一种钢结构混凝沉淀一体化施工废水处理设备。该设备主要由管道静态混合器、旋流反应器和斜板（管）固液分离器组成。废水经水泵提升进入设备，设备进口设管道混合器，废水与混凝剂在管道混合器中充分混合后，进入旋流式反应器进行混凝反应；废水经混凝反应后进入斜板沉淀区域进行固液分离。

3.2 施工废水处理工艺探讨

由于施工废水是土建施工期间的临时性问题，工程运行期间不再需要施工废水处理设施，因此施工废水处理设施投资不宜过大。由于场地的限制及管理条件，处理设施占地面积不能过大，处理工艺不能过于复杂。除此以外，还需考虑以下两个因素：一是处理设备应易于安装拆卸，便于转场重复使用；二是处理后的出水应能重复使用，缓解施工用水难题，同时达到减排的目的。

根据施工废水高浓度悬浮物、高 pH 值的特点，对比现有处理工艺，结合上述需要考虑的因素。提出采用除砂、加药混凝、浅层沉淀等方法作为强化一级处理单元，采用过滤为二级深度处理单元的处理工艺。处理后水质达到满足施工现场用水的标准（参照《城市污水再生利用-城市杂用水水质》GB/T 18920—2002）。处理工艺流程见图 1。

图 1 施工废水处理工艺流程图

为减小占地面积，将混凝反应、沉淀、滤池集成到一体化设备中。助凝剂和絮凝剂分别采用市场上常见的聚氯化铝和聚丙烯酰胺。溶药箱兼做投药箱，采用计量泵投加。药剂混合采用管式混合器，沉淀单元采用沉淀效率高、占地小的水平管沉淀池，过滤单元采用上向流过滤技术，中间排泥汇集至污泥池。

3.3 工程应用方案

结合工程实际，施工废水处理工程应用方案见图 2。

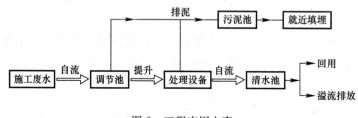

图 2　工程应用方案

方案说明：

（1）施工废水及裂隙水通过边沟或管道重力流至口部外，在口部外适当位置设调节池。废水进入调节池前，在适当位置设算子，防止较大的杂物进入调节池。算子可现场采用钢筋制作，间隙 25～35mm。

（2）在废水进入调节池前，设置分流井，在雨季涌水状态或紧急事故状态下，废水可以不通过处理设施分流。

（3）通常处理构筑物按日平均流量进行设计，但施工废水排放量及水质每小时都在波动，为保证后续处理正常运行，需设置调节池来对水质和水量进行调节。

水量调节的作用在于储存大于平均流量的废水，以便补充在排放量小于平均流量时使用。水质调节是为避免处理设施受过大的冲击负荷，确保出水水质而设置的。

理论上说，调节时间越长，水质越均匀，但调节池容量太大也不现实。通常按 4～8h 考虑。结合工程施工实际情况，调节池容量按 4～5h 的排水量设计，当施工废水量超过设计规模时，应相应调整处理站运行班次。调节池进水设计成重力流，出水用泵提升。

（4）为方便施工，节约造价，将调节池、污泥池及清水池合并成一个水池，中间分隔。水池根据现场地形条件，可置于地面或地下。加药装置、控制柜、处理设备集中放在地面，便于操作管理。

（5）为了做到节能减排，节约水资源，缓解施工期间用水困难，处理后的水可重复利用。处理后的清水可用于施工台车用水，施工现场洗车、冲厕等杂用水。在清水池安装回用水泵，变频控制。清水池溢流管就近接入附近排水沟排放。

（6）污泥池分两格，轮换使用。污泥根据现场实际情况，运至渣场或低洼地填埋。

（7）为了安全管理，施工废水处理设施周围设铁制围栏隔离，无关人员不得进入。

（8）施工现场应提前制定好突发突水、突泥应急处置方案。

目前，该处理站尚处于试运行阶段，其处理效果及可靠性待进一步验证。

4. 结论及展望

（1）由于施工废水夹杂大量的地下水，水量波动较大，给处理设施的规模确定带来了很大的困扰。施工废水量的预测目前没有较好的办法，需要根据地质专业的地质条件、地下水情况做初步的估计，同时要借鉴施工单位的经验。通常，处理构筑物留有一定的富余量，同时设置调节池，以便对付流量不均的冲击。如果差别较大，超出调节量，需要调整处理设备规模。

（2）施工废水处理达标排放，避免污染环境仍是隧道施工单位的一大难题，处理技术不成熟以及较大的资金投入导致了众多施工废水未经处理排放，污染了环境，造成了不良的社会影响。

（3）由于施工结束后，施工废水处理设施就不再使用了，特别是对于工程量较小的隧道。因此，需要研究一种可重复使用的，工艺简单，安装简便，运行费用少，投资小的施工废水处理设备。

（4）由于水资源的日趋匮乏，施工废水处理后回用是必然的趋势。

（5）隧道施工必须同时考虑合适的渣场位置，避免渣场渗滤液造成污染，掩盖了施工废水处理的作用。

参考文献

[1] 杨斌等. 隧道施工废水水质特征分析 [J]. 公路交通技术，2009（3）：133-136.
[2] 许峰. 水泥＋硫酸铝混凝法处理隧道施工废水研究 [D]. 西安：长安大学，2011.
[3] 王会川. 隧道工程施工废水快速处理工艺研究 [D]. 阜新：辽宁工程技术大学，2012.
[4] 杨斌，莫萍. 一种新型施工废水处理设备在隧道工程中的应用 [J]. 公路交通技术，2013（6）：160-164.

厌氧反应器＋MBR＋膜深度处理工艺在生活垃圾渗沥液处理中的应用探讨

雷雪飞　刘德涛　李冶婷　张小刚

中国五洲工程设计集团有限公司

摘　要： 以南方某垃圾焚烧厂渗滤液处理工程为例，分析了厌氧反应器＋MBR＋膜深度处理工艺在生活垃圾焚烧厂渗滤液处理中的应用情况，并讨论了在渗沥液处理中可能遇到的问题及解决方案。生活垃圾渗沥液经厌氧反应器＋MBR＋膜深度处理工艺处理后水质可达到《污水综合排放标准》GB 8978—1996一级标准。在极端条件下，可考虑通过额外补充碳源（甲醇或葡萄糖）来调整渗滤液生化性指标。在渗沥液处理运行过程中，可将渗沥液浓缩液回喷炉膛处理或者用于飞灰稳定化，臭气通过除臭风机收集送至焚烧系统做一次风和二次风处理以节省工程投资。

关键词： 渗沥液　厌氧反应器　MBR　膜深度处理

随着国内生活垃圾处理行业的发展，生活垃圾焚烧发电技术在国内得到了大力发展。相对于生活垃圾卫生填埋，生活垃圾焚烧发电处理技术在减量化、无害化、资源化上具有较大优势。特别的，生活垃圾焚烧发电技术在人口密集、土地资源紧张、经济发达的城市得到了广泛的应用。

中国的原生生活垃圾的典型特点是厨余物含量高、含水率高、有机物含量高，混合收集，相对热值较低[1]。因此，国内生活垃圾焚烧电厂设计中，垃圾坑的储存容量为3～7天的垃圾处理量，即垃圾在垃圾坑中储存经过3～7天的发酵熟化，以达到将垃圾中的水分沥出，提高垃圾燃烧热值的目的，从而减少辅助燃料投加，提高垃圾焚烧发电厂的效率。但同时也产生了渗沥液废水的问题。

1. 渗沥液的产生量及水质特点

生活垃圾渗沥液的产生量一般受季节影响较大，通过对南方某城市1000吨/天垃圾处理量生活垃圾焚烧发电厂渗沥液的产生规律及污染物浓度进行研究，其污染物渗沥液产生量及污染物浓度随季节变化图详见图1～图3。

根据监测数据可以发现，渗沥液产生量随季节性变化较大，一般3～9月渗沥液产量较大，在4-8月达到峰值，其他月份渗沥液产生量相对偏小，渗沥液产量约为生活垃圾量的15％～30％；生活垃圾渗沥液中COD浓度受降雨等影响较大，降雨量大时COD浓度低，极端时COD浓度低于30000mg/L，降雨量小时COD浓度较高，极端时高于60000mg/L；氨氮浓度受降雨等影响不大，且一般保持在较高水平，一般不低于1500mg/L。

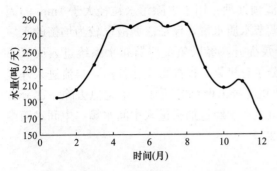

图 1　渗沥液产生量随时间变化曲线

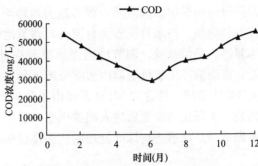

图 2　COD 浓度随时间变化曲线

受国内原生生活垃圾特性影响，国内生活垃圾渗沥液具有污染物成分复杂多变、水质变化大、有机污染物浓度高（COD 浓度高）、氨氮浓度高、盐分与重金属离子含量高[2]等特点。根据国内环境形势发展，环保部门对垃圾电厂水环境指标提出了很高的要求，单纯靠传统的污水处理工艺很难对垃圾电厂生活渗沥液进行有效处理。

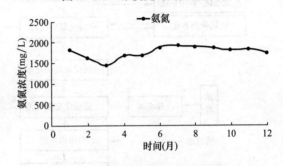

图 3　氨氮浓度随时间变化曲线

针对生活垃圾渗沥液特点，国内生活垃圾渗沥液处理大都采用厌氧＋膜生物反应器（MBR）＋膜深度处理组合工艺[3]。本文以南方某城市垃圾焚烧发电厂渗沥液处理工程为例，对厌氧＋膜生物反应器（MBR）＋膜深度处理工艺在生活垃圾渗沥液处理上的应用进行探讨。

2. 渗沥液进出水水质

根据数据测量，确定渗滤液进水水质见表 1：

渗沥液进水水质（单位：mg/L，pH 除外）　　　　　　　　表 1

项目	COD$_{Cr}$	BOD$_5$	NH$_4$-N	SS	pH
进水水质	60000	30000	2000	20000	6~8

根据要求，本项目要求渗沥液处理后水质达到《污水综合排放标准》GB 8978—1996 表 4 中一级标准。主要污染物控制指标见表 2：

渗沥液出水水质（单位：mg/L，pH 除外）　　　　　　　　表 2

项目	COD$_{Cr}$	BOD$_5$	NH$_4$-N	SS	pH
出水水质	≤100	≤30	≤15	≤70	6-9

3. 工艺流程简介

渗沥液处理工艺流程详见图 4。渗沥液经提升泵自集水坑提升至前处理系统。前处理系统包括除渣预处理和调节池。由于垃圾储坑中的渗沥液的悬浮物较高，为保护管道、阀门等设施免受磨损和阻塞，调节池前增加除渣预处理，用于去除污水粒径大于 1mm 的固体颗粒物质。污水自沉砂池自流进入调节池调节水质水量，保证渗沥液以较为均衡的水质水量进入后续系统。调节池内渗沥液经提升泵提升，经厌氧反应器布水系统进入厌氧系统，渗沥液在厌氧反应器内去除分解部分大分子有机物，提高可生化性后，自流进入外置式 MBR 系统，外置式 MBR 系统由生化池和超滤机组两部分组成。生化池去除一部分有机物、进行生物脱氮后进入超滤机组，超滤机组产水经过抽吸进入中间水箱。中间水箱内渗沥液经反渗透进行深度处理后达到排放标准。

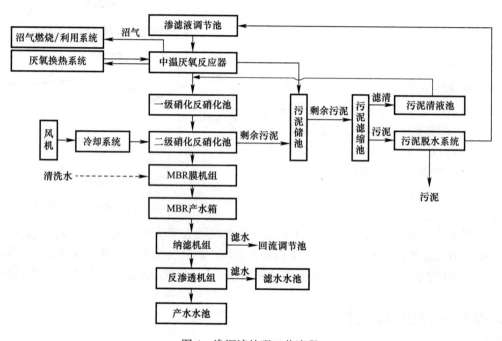

图 4　渗沥液处理工艺流程

同时，为了保证厌氧系统的中温条件，利用厂区的蒸汽，设置蒸汽换热系统。厌氧系统渗沥液与蒸汽通过在管式换热器内表面换热实现渗沥液的升温，保证厌氧系统的中温环境。厌氧系统产生的沼气，经净化后回焚烧炉助燃。同时，由于沼气本身是易燃、易爆物质，故系统同步配套值班火炬以保证安全无二次污染。

表 3 为各主要工艺单元处理效果，实际运行时，各段处理效果会因进水浓度不同、外界环境因素等有浮动，但系统最终出水一定达到设计排放标准。

各工艺段去除率效果　　　　　　　　　　　　　　　　　表 3

项目		COD_{Cr}(mg/L)	BOD(mg/L)	NH_4-N(mg/L)	SS(mg/L)
厌氧反应器	进水	60000	30000	2000	20000
	出水	<8000	<4000	2000	1000
	去除率	86.7%	86.7%		95%
MBR	进水	8000	4000	2000	1000
	出水	<600	<100	<30	<10
	去除率	92.5%	97.5%	99.5%	99%

项目		COD$_{Cr}$(mg/L)	BOD(mg/L)	NH$_4$-N(mg/L)	SS(mg/L)
RO	进水	<600	<100	<30	<10
	出水	<100	<30	<15	<10
	去除率	85%	70%	50%	—
排放要求		<100	<30	<15	20

4. 主要处理建构筑物设计

4.1 调节池

由于垃圾渗滤液的水质水量受垃圾成分的影响较大，需要较大的调节池调节水质、水量。故调节池的设计不同于一般生活污水或生产废水，设计水量停留时间 HRT 为 7d，分成两格，既可以保证水量较低时，使用其中一格调节池，使提升泵处于良性运转；又可以保证调节池在清理条件下，不影响系统运行。

1）调节池尺寸：$L \times B \times H = 16m \times 20m \times 5m$
2）调节池数量：1座2格

4.2 厌氧系统

渗滤液经原水提升泵提升、厌氧反应器布水系统进入厌氧系统进行有机污染物的降解，出水自流进入 MBR 系统。

厌氧反应器的配套系统包括厌氧升温系统、沼气燃烧系统。具体参数见表4。

厌氧系统设计参数 表4

项目	数值
最大处理量	220t/d
设计进水流量	10t/h
设计进水有机物浓度	COD：60000mg/L
设计出水有机物浓度	COD：7400mg/L
厌氧运行温度	30～35℃
理论 MLSS 值	50g/L
厌氧容积负荷 Ns	10-12kgCOD/(m³·d)
污泥负荷校核	0.24-0.29kgCOD/(kgMLSS·d)
COD 去除量	44000～54000mg/L
有机物去除率	COD：>90%
所需厌氧反应器有效容积	1262.4m³
水力停留时间	156h
实际有效容积	1329m³
实际总容积	1405.8m³
厌氧反应器尺寸	φ11000mm×14800mm
厌氧反应器数量	1座

项目	数值
沼气产率（常温常压）	0.4m³/kgCOD
沼气产生量	4208m³/d
渗沥液年平均温度	16.9℃
渗沥液年平均升温	15℃
理论所需热量	15×10^4 kcal/h
蒸汽用量	360kg/h（最大用量）
热源	厂区蒸汽
备注	蒸汽技术参数：210℃，0.4～0.6MPa

4.3 MBR 系统

厌氧出水自流进入膜生化反应器 MBR 系统。膜生化反应器由反硝化、硝化和超滤机组组成。MBR 系统设计参数见表 5。

MBR 系统设计参数 表 5

项目	数值
进水流量	7.5t/h
系统安全系数	1.2
理论 MLSS	15g/L
设计进水有机物浓度	COD：6000～8000mg/L
进水氨氮浓度	NH_4-N：2000mg/L
反硝化水力停留时间	24h
反硝化有效容积	200m³
反硝化池尺寸	5m×11m×6m(H)
数量	1 座
反硝化池总容积	330
MBR 回流比 R	500%～600%
好氧运行温度	≤37℃
硝化水力停留时间	120h
硝化有效容积	1000m³
硝化池数量	1 座
硝化池尺寸	23.8m×11m×6m(H)
硝化池总容积	1570m³
需氧系数	$1kgO_2/1kgCOD$
	$4.57kgO_2/kgNH_4$-N
反硝化过程消耗 BOD	$2.6kgBOD/kgNO_3^-$
溶解氧利用率	20%～25%
安全系数	1.2
硝化所需空气量	47.1m³/min
设计出水有机物浓度	COD＜500mg/L
出水氨氮、总氮浓度	NH_4-N＜20mg/L；TN＜56mg/L
有机物去除率	COD：96%

项目	数值
氨氮、总氮去除率	NH$_4$-N：99%；TN：98%
污泥产率	0.5kg/kgBOD；0.1kg/kgNH$_4$-N
污泥排量	25t/d
实际污泥处理量	25t/d
设计膜通量	20L/(m^2·h)
膜总过滤面积	375m^2
单支膜面积	10m^2
所需膜组件总数量	38 支
MBR 实际膜数量	40 支
单支膜组件所需曝气量	50L/min
MBR 膜箱所需曝气量	2.1m^3/min
膜材质	PTFE
膜元件正常使用年限	3.5 年

4.4 膜深度处理系统

为使系统出水达到排放标准要求，在超滤系统后需利用反渗透系统进行深度处理。超滤出水通过加压泵加压进入纳滤然后再加压进入反渗透膜系统。反渗透系统的螺旋卷式膜元件装入压力管中，每一压力管可最多串联装入 6 支膜元件。进水通过膜过滤后被分离成低盐度的清液和高盐度的浓缩液。操作有：运行、正冲洗、药洗三种方式。膜深度处理系统参数见表 6。

膜深度处理系统参数   表 6

项目	数值
纳滤＋反渗透机组数量	1组
设计进水流量	9.0t/h
设计进水有机物浓度	COD：500mg/L
纳滤有机物	COD：80%
进水氨氮、总氮浓度	NH$_4$-N＜40mg/L
出水氨氮、总氮浓度	NH$_4$-N＜20mg/L
反渗透氨氮、总氮去除率	≥50%
膜元件材质	聚酰胺复合膜
膜壳材质	玻璃钢
膜最高运行温度	≤45℃
pH 值连续运行适用范围	3～10
pH 值短期清洗适用范围	1～12
纳滤设计膜通量	17.5L/(m^2·h)
纳滤膜总过滤面积	428
纳滤单支膜面积	37m^2
纳滤膜组件数量	12 支
纳滤单支膜壳膜组件数量	4 支

项目	数值
纳滤膜壳数	3 支
纳滤排列方式	一级两段，2+1
反渗透设计膜通量	16L/(m²·h)
反渗透膜总过滤面积	468m²
反渗透单支膜面积	41m²
反渗透膜组件数量	12 支
反渗透单支膜壳膜组件数量	4 支
反渗透膜壳数	3 支
反渗透排列方式	一级两段，2+1
膜机组基础尺寸	5.0m×6.0m
反渗透加药系统	3 套
反渗透清洗系统	1 套
膜元件厂家	美国陶氏
膜元件正常使用寿命	3 年

4.5 污泥脱水系统

污水处理后产生污泥需经脱水处理，深度脱水后含水量一般为80%左右，主要处置方法是填埋或干化后进入焚烧炉掺烧[4]。

4.6 主要建、构筑物一览表

本项目中包含的主要建构筑物详见表7。

主要建构筑物一览表　　　　　　　　　　　　　　　　　表7

名称	规格	数量	结构	备注
调节池	20m×16m×5m	1	钢筋混凝土	半地下式
厌氧罐	Φ11m×14.8m	1	碳钢防腐	地上式
反硝化池	5m×11m×6m	1	钢筋混凝土	半地上式
硝化池	23.8m×11m×6m	1	钢筋混凝土	半地上式
车间一	12.0m×9.0m×4.5m	1	框架	含风机房、换热间
车间二	36m×9.0m×5.4m	1	框架	含膜车间及预留的污泥、浓水处理车间等
综合池	7.2m×15m×4m	1	钢筋混凝土	地下式

4.7 运行成本估算

渗沥液处理系统运行成本包括含污泥处理在内的水费、电费、药剂、材料费、日常分析及化验、日常维护费等。渗沥液处理系统直接运行成本见表8。

渗沥液处理系统直接运行成本分析 （单位：元） 表8

序号	成本项	单价	工程量（吨水）	吨水费用
1.	电费	0.8	18	14.4
2.	水费	4	0.1	0.4
3.	蒸汽	70 元/m³	36kg	2.52
4.	药剂费用	—	—	2.87
5.	膜更换费用	—	—	8.50
6.	日常维护费	—	—	1
	小计合计	—	—	29.69

5. 渗沥液处理中可能遇到的问题及解决办法

5.1 生化性差

根据国内生活垃圾渗沥液处理工程经验，渗滤液水质 BOD/COD 比值一般均在 0.3 以上，具有较好的生化性。此外，由于渗滤液水质受各种因素影响存在很大范围的波动，可能在极端条件下出现 BOD/COD 比值低于 0.3 的情况，使得渗沥液生化性偏差。此种情况下，可考虑通过额外补充碳源（甲醇或葡萄糖）来调整渗滤液生化性指标。

5.2 渗沥液处理站臭气问题

渗沥液处理系统主要的臭气来源为调节池、厌氧池及 A/O 池会产生硫化氢、有机胺及硫醇等异味气体，调节池、A/O 池等均是相对密闭空间，其产生的臭气均可通过除臭风机收集后由管道输送到生活垃圾焚烧工房的垃圾储坑间，通过焚烧系统的一次和二次风机输送到炉膛内燃烧处理。

5.3 浓缩液处理

浓缩液是渗沥液经生物降解后被反渗透膜截留的残余液，经浓缩后的污染物浓度高达 MBR 出水的 4～5 倍，成分复杂。通常不具可生化性，含有大量的结垢物质及盐分。若浓缩液不排出渗沥液系统，回到调节池或垃圾储坑，难生化降解物质及盐分积累，会严重影响系统运行。目前，国内多生活垃圾渗沥液处理多将渗沥液浓缩液回喷炉膛处理或者用于飞灰稳定化。

结论与建议

（1）垃圾焚烧发电厂渗滤液污染物浓度高，处理难度大，需要较高的投资和运行费用，国内采用"厌氧＋MBR＋膜深度处理"组合工艺路线，处理出水排放建议优先考虑回收利用。

（2）当渗沥液 BOD/COD 比值低于 0.3 时，可考虑通过额外补充碳源（甲醇或葡萄糖）来调整渗滤液生化性指标。

（3）结合垃圾焚烧电厂实际情况，可将渗沥液浓缩液回喷炉膛处理或者用于飞灰稳定化，臭气通过除臭风机收集送至焚烧系统做一次风和二次风处理以节省工程投资。

参考文献

［1］ 白良成. 生活垃圾焚烧处理工程技术 ［M］. 北京：中国建筑工业出版社，2009：38-39.

［2］ 陈超，曲东. 生活垃圾焚烧发电厂垃圾渗滤液处理及回用措施分析 ［J］. 城乡建设，2010（10）：47-48.

［3］ 浦燕新，朱卫兵，吴海锁等. 垃圾焚烧发电厂渗滤液处理工艺现状浅析 ［J］. 山东化工，2015，44（2）：130-132.

［4］ 王罗春，李雄，赵由才. 污泥干化与焚烧技术 ［M］. 北京：冶金工业出版社，2010：58-65.

某医院污水处理工艺设计方案

连培聪

火箭军工程设计研究院

摘　要： 医院污水的主要污染物是生活污水及病原性微生物和有毒有害的物理化学污染物，采用缺氧水解酸化→生物接触氧化→消毒工艺处理了医院污水，该工艺具有抗负荷性强、处理效果好、运行管理自动化程度高、具有占地面积少等优点。

关键词： 医院污水　处理　技术方案

医院污水的主要污染物是生活污水及病原性微生物和有毒有害的物理化学污染物，可以通过各种水处理技术和设备去除水中的物理的、化学的和生物的各种污染物，使水质得到净化，达到国家排放标准，保护水资源环境和人体健康。

1　设计依据

1）医疗机构水污染物排放标准　　　　　　GB 18466—2005；
2）污水综合排放标准　　　　　　　　　　GB 8978—1996；
3）污水排入城市下水道水质标准　　　　　CJ 343—2010；
4）城市区域环境噪声标准　　　　　　　　GB 3096—1993；
5）室外排放设计规范　　　　　　　　　　GBJ 14—1996；
6）通用电器设备配电设计规范　　　　　　GB 50055—1993；
7）给水排水工程和污水处理工程建设有关技术规范；
8）同类工程所取得的实际经验和实际工程参数。

2　设计原则

1）采用成熟、可靠的接触氧化处理工艺，确保处理出水的各项指标达到《医疗机构水污染物排放标准》GB 18466—2005 中的"综合医疗机构和其他医疗机构水污染物排放限值"标准。

2）污水处理设施在运行上有较大的灵活性可调节性，以适应水质水量的变化，并力求使污水处理设施占地面积小、工程投资省、运行能耗低、处理费用少。

3）设计时充分考虑污水处理站的二次污染的防治，对配套设备的降噪、减振有相应措施，污水处理过程中产生的少量污泥经脱水处理后，定期由外协单位清理外运，从而避免对环境造成二次污染。

3 设计水量

日排污水量按 3.0m³/h，设备按 24 小时连续运转设计。

4 设计进水水质

医院原水水质取值数据（同类工程参考值），具体如下：

BOD_5	≤200mg/L
COD_{Cr}	≤450mg/L
SS	≤200mg/L
NH_3-N	≤40mg/L
pH	6～9
动植物油	≤40mg/L
大肠菌群数	1000MPN/L

5 排放出水水质

按照《医疗机构水污染物排放标准》GB 18466—2005 中的"综合医疗机构和其他医疗机构水污染物排放限值"标准要求：

BOD_5	≤20mg/L
COD_{Cr}	≤60mg/L
SS	≤20mg/L
NH_3-N	≤15mg/L
大肠菌群数	500MPN/L
出水余氯量	≤3～10mg/L
pH	6～9

6 工艺流程示意框图

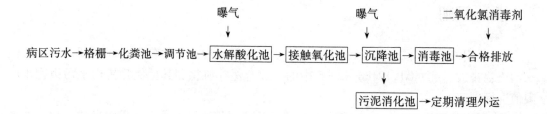

7 主要工艺单元作用及原理

1）格栅

保证后续管道的畅通。格栅选用 2 道人工格栅，所拦截污水中的软性纤维物及大颗杂质，以防堵塞水泵、阀门、管道，确保处理设备的正常运行。所拦截的污物定时每天人工打捞1次，打捞出的污物混入医院生活垃圾中统一处理。

2）化粪池：

收集院区污水，暂时储存排泄物，使之在池内初步分解，以减少排放污水中的固体含量。固化物在池底分解，上层的水化物体，进入管道流入后级处理系统，防止了管道堵塞，给固化物体（粪便等垃圾）有充足的时间水解。

3）调节池：

用于调节水量和均匀水质，使污水能比较均匀地进入后续处理单元，同时提高系统的抗冲击性能并减少后续处理单元的设计规模。污水调节池出口设置潜污泵，用以将污水提升送至后续处理单元。

4）水解酸化池：

池内污水利用有机碳源作为电子载体，将亚硝酸氮和硝酸氮转化为氮气；同时，通过兼氧微生物的作用将污水中的有机氮分解成氨氮，而且还可利用部分有机物和氨氮合成新的细胞物质。

5）接触氧化池：

通过附着于填料上大量微生物的生化降解、吸附和絮凝等作用，大幅度去除污水中的各种有机物质，使污水得到比较彻底的净化，池内设立多道格仓，确保水流顺畅，没有死角。

氧化池内的两大配件：

生化填料：本工艺采用组合填料，属密集型生化填料，该填料具有比表面大，使用寿命长、易挂膜、耐腐蚀等优点，使溶解氧效力增高，再则填料与填料之间不易结团，避免了氧化池的堵塞。

曝气器：本工艺设备采用陶瓷中微孔曝气器，其溶解氧的转移率比其他曝气器高，同时具有不易堵塞，重量轻、不老化，使用寿命长等优点。

6）沉降池：

采用竖流式沉淀池，通过沉淀作用使接触氧化池出水中的泥水得以分离，排出得到净化的水，同时使污泥得到初步沉积和浓缩，沉降池采用污泥泵提升排泥。

7）消毒池：

沉降池出水进入消毒池，进行消毒，以防止病毒菌传播及水体再次变质，污染环境。本工艺将采用现场制备并投加液体消毒剂二氧化氯，彻底杀灭病毒菌，最终使出水合格外排。

8）污泥池：

沉降池所排出的污泥在污泥消化池中进行好氧消化稳定处理，以减少污泥的体积和提高污泥的稳定性。好氧消化后的污泥量较少，隔二至三个月左右，联系环卫部门抽泥车清除外运一次，并按医疗机构固体废物处理要求进行深度处理。

8 电器控制

1）污水处理工艺中的主要机泵均为交替使用，互用互备，以达到正常运行的目的。

2）各类电器设备的启动、关闭和切换均由可编程序控制器 PLC 自动按程序实行联动，同时在控制柜的面板上设有自动、手动转换开关，必要时可切换成手动控制。

3）各类电器设备均设置电路短路和过流保护装置。

4）控制柜内主要电气材料采用西门子产品。

9 防腐措施

本工艺中，处理构筑物采用钢筋混凝土结构。所有连接管道均采用 ABS 管及配件，它能耐酸、碱、盐的腐蚀，耐老化、耐冲磨。对于浸入污水中或埋于地下的钢质设备及配件，为了延长其使用寿命，采用环氧煤沥青涂料 3 道进行防腐处理。

10 通风排气

由于接触氧化池、污泥消化池、污水调节池都需充氧曝气，因此溢出水面的气体有一定的异味，如不及时排除，势必影响周围环境。故在接触氧化池、污泥消化池、污水调节池顶设置排风管，汇集后通过设置专用排风管接至附近建筑物顶高空外排，从而避免周围环境产生异味。

11 噪声控制

废水处理系统中，噪声比较大的主要是风机。为了减少对环境的影响，将采取一系列的措施降低噪声，首先对风机的进风口处均采用消声器进行消声；在风机的基座下设置隔振垫并在进出风管上加装可挠橡胶接头，以减少振动产生的噪声；经过这一系列的措施，可使本系统的噪声达到《城市区域环境噪声标准》GB 3096—95 中二类标准，即（白天≤60dB 夜间≤50dB）。

12 污泥处置

沉降池产生的污泥由污泥提升泵提至进入污泥消化池，污泥消化池内设置好氧曝气消化，可减少污泥容量，同时可提高污泥的稳定性，污泥消化池的上清液回流至调节池，重力浓缩后的污泥由环卫车定期外运，并按医疗机构固体废物处理要求进行深度处理。

参考文献

[1] 医疗机构水污染物排放标准，GB 18466—2005.

磁分离技术在城市生活污水应急预处理的应用

肖培民

南充水务投资（集团）有限责任公司

摘　要： 嘉陵江流域中游某市采用磁分离水体净化技术进行城市富余生活污水预处理，处理量 $5.25 \times 10^5 \, \text{m}^3/\text{d}$，本文介绍了磁分离技术的工艺流程及运行效果，并对超磁分离水体净化处理技术的工作原理及技术特点进行了分析。磁分离水体净化技术作为物化处理的一项新技术，以其泥水分离速度快、占地省、处理水量大、运行成本低等优势逐渐受到业界的关注，在城市富余污水应急预处理方面具有一定的应用前景。

关键词： 磁分离　富余污水　应急处理

1　磁分离原理

物质的磁性是由于电子绕原子核做轨道运动及电子自旋运动所产生的电流，因而产生磁偶极矩，进而使物质带有磁性[1]。磁性材料被广泛应用于航天工业、医药、机械、建设工程等领域，因此磁性材料的发展更受各界重视。

磁种凝絮分离技术是磁性材料在环境工程上的主要应用，近 20 年来逐渐被重视，也因此磁性材料之选择、制备及其理论与应用，成为许多学者研究的议题。磁性分离是将污染物与磁性颗粒结合，再通过磁场，使絮凝物受磁力作用，则磁性污染物会沿磁力线方向移动至分离器上，便可予以分离去除。此技术可用来去除废水中的颗粒、重金属、磷、藻类、浮油、病毒等都有良好的处理效果[2—6]。由于其具有操作程序简单、去除污染物种类多、不会有如薄膜处理程序中的孔径阻塞问题、处理设备不占空间且耗能低，同时对于污染物去除率高等优点，是极具潜力的污水处理技术。

2　磁分离工艺流程及技术特点

2.1　磁分离水质净化工艺流程

该系统以磁粉作为外加介质，设备包含磁粉投加装置和磁粉回收装置。基本原理见图1。

磁分离工艺流程描述：污水流入污水提升泵站集水池内，通过粗格栅后经污水提升泵提升进入细格栅，进一步去除污水中细颗粒漂浮杂质；然后自流进入混凝絮凝反应器，通过向污水中投加 PAC 混凝剂、磁种、絮凝剂，使水中悬浮物、胶体物质、非溶解性有机颗粒物质等起混凝反应→磁化反应→絮凝反应，絮凝生成以磁种为核心的"磁性絮凝颗粒"，然后在磁分离系统中进行泥水分离。

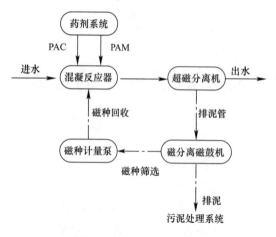

图 1　磁分离工艺流程图

经过磁分离反应处理后，主要污染物大部分被去除。系统出水流到出水景观池、消泡设施，自流补充至下游河道内，改善下游河段水质，达到改善下游河段水质黑臭的目的。

2.2　两种技术路线

在磁分离技术基础上，各厂家分别对其进行了二次研发、优化设计及产品规划工作，主要分为两种技术方向，一是通过磁盘的直接吸附来实现磁絮团与水体分离的方式，技术内核为"超磁分离"；二是将混凝技术与磁分离技术结合，通过磁粉的加载，提高絮体的比重和使絮体具有磁性，达到快速沉降的目的，技术内核为"磁絮凝加载"。

2.2.1　工艺特点的比较

1. 技术一是通过投加磁粉、混凝剂形成磁絮团，吸附在磁盘的表面，通过设备的卸渣装置实现泥渣与水体的分离，从而达到净化水质的目的；技术二是依靠斜管沉淀池，通过加载磁粉，强化了重力沉淀，通过磁絮凝反应高效去除污染物，占地面积极小，出水效果好。

2. 对设备的依赖程度：技术一核心设备是超磁分离机，净化过程需要连续运转。技术二设备数量少，且前段净化过程主要是重力沉淀，对设备的依赖度较低。

3. 处理时间：技术一处理效率高，流程短，总的反应处理时间为 4～6min，技术二由于磁种的引入，絮体密度大，沉淀速度快，整个系统进出水约 20min。

4. 抗负荷冲击能力：技术一抗负荷冲击能力一般，技术二对进水水质要求低，抗负荷冲击能力强。

5. 占地面积：每万吨水占地面积 100～160m²，磁加载类比超磁分离类停留时间更长，因此占地面积稍高。

2.3　小结

从工程实例来看，采用以上两种方向的磁分离技术都可以达到要求。磁分离对于 SS 和 TP 的去除较好，分别可以达到 90%、85%，对于 COD 去除率约为 50%。由于该技术不具备生化性，所以对于氨氮的去除效果较弱，若增设生物曝气，投资成本和占地均会增加。但不进行相应处理，则污水异味比较明显，因此需要采取防护措施，做到密闭运行使臭气不外泄，或增设除臭装置。

3　磁分离处理富余污水应急工程实施情况

嘉陵江流域中游某市由于建成区和人口的快速扩张，近几年该市嘉陵江左右岸和西河沿线城市生活污水量高于污水厂现有处理能力，存在主城区溢流污水直排河道问题，决定由水务公司在污水专业处理能力未达到之前，对主城区富余生活污水做应急预处理，采用磁分离技术。

3.1 工程规模和考核指标

1. 该项目拟安置 3 套应急超磁水体净化设施，其中，在顺庆区玉带路南门坝污水泵站处拟安置一套日处理能力 $4×10^5 m^3/d$ 的污水预处理设备；在高坪区高都路、清溪河口分别安置日处理能力 $0.25×10^5 m^3/d$、$1×10^5 m^3/d$ 的污水预处理设备。

2. 水质考核指标

根据现场实际情况，污水以生活污水为主。要求提高排入河道水体透明度，降低异味，提高感官效果，减轻排入沿岸水体的污染负荷。定量要求为：化学需氧量（COD_{Cr}）设计进水指标≤350mg/L，设计出水考核指标≤120mg/L，或去除率＞50%；悬浮物（SS）设计进水指标≤200mg/L，设计出水考核指标≤20mg/L，或去除率＞90%；总磷（以 P 计）设计进水指标≤5mg/L，设计出水考核指标≤0.5mg/L，或去除率＞90%。

3.2 工程建设情况

清溪河站点开工日期 2017 年 8 月 20 日，竣工日期 2017 年 9 月 6 日，自 2017 年 9 月 11 日起正式运行。高都路站点开工日期 2017 年 8 月 20 日，竣工日期 2017 年 9 月 6 日，自 2017 年 9 月 19 日起正式运行。南门坝污水泵站处站点于 2018 年 2 月 1 日进场施工，3 月 20 日通水试机、加药调试均正常。该三处站点整体设备经过连续运行，出水稳定可靠，所有指标均达到项目要求。其中清溪河站点污染物去除情况及现场图片分别见表 1、图 2。

	清溪河站点水质及污染物去除率				表 1
序号	项目	COD_{Cr}	SS	TP	是否达到要求
1	进水（mg/L）	289	38	2.29	
2	出水（mg/L）	48	6	0.23	
3	去除率（%）	83.4	84	90	是

图 2 清溪河站点现场图片（一）

图 2　清溪河站点现场图片（二）

4. 结论

城市富余生活污水未经处理直接排入河道，不仅影响周围居民的生活环境，还对河道周边的土壤以及地下水造成污染。采取建设临时治污工程措施，主要是以去除黑臭、提升感官指标为主。

磁分离水体净化技术作为物化处理的一项新技术，具备占地面积小、施工周期短、工艺技术运维难度小、容积负荷高的技术特点。采用磁分离净化处理工艺，能够迅速改善城区河道水环境质量，在一定程度减轻了污水处理厂的运行压力，具有相当的社会效益。

参考文献

[1]　施卫贤，杨俊，王亭杰，等. 磁性 Fe_3O_4 微粒表面有机改性. 物理化学学报，2001，17（06）：25-28.

[2]　王克宁，杨兴中. 磁化技术在水处理方面的应用. 北方环境，2000；25（01）：66-70.

[3]　皮科武，罗亚田. 水处理中磁技术的应用研究进展. 环境技术，2003；21（01）：26-28.

[4]　彭会清，梁旗. 高梯度磁选处理废水的应用. 矿业工程，2005；3（04）：22-24.

[5]　皮科武. 磁效应在水处理中的应用研究. 环境科学与技术，2003；26（S1）：66-70.

[6]　贾亮，李真，贾绍义. 磁化技术在工业水处理中的应用. 化学工业与工程，2006；23（01）：55-59.

对利津县衬砌干渠管护问题的思考

陈海军

利津县水利局

摘　要：简要介绍利津县管渠道现状，分析衬砌渠道运行中出现的问题及产生原因，提出对策建议。

关键词：利津县　衬砌干渠　管护

利津县位于山东省东北部，渤海西南岸，黄河入海口段左侧。是一个传统农业大县，农作物主要有小麦、玉米和棉花等。由于地处黄河淤积区，海拔较低，地下水位偏高，土地盐碱化比较严重，而引用黄河水灌溉压碱是改善土壤条件最为行之有效的措施，因此利津农业生产对引黄灌溉尤其倚重。

1　县管渠道现状

利津县农田灌溉分王庄、宫家两大引黄灌区，总控制面积约 143.06 万亩，其中宫家引黄灌区属县管中型灌区，王庄引黄灌区属市管大型灌区。

县管干渠主要有属王庄灌区的王庄一干、王庄二干盐罗分干，和属宫家灌区的宫家干渠、宫家西干渠、宫家东分干。从 2009 年至 2014 年，已逐步对以上干渠大部实施了节水改造，共衬砌土质渠道约 60.82km。具体衬砌情况为，王庄一干自王庄引黄闸后分水闸至陈富路桥约 11.52km；盐罗分干自盐窝北分水闸至草桥沟节制闸约 18.93m；宫家干渠自宫家引黄闸至济东高速北约 20.37km；宫家西干渠自沙于分水闸至西朱桥约 6.20km；宫家东分干自姚刘村北宫家干渠至太平河渡槽约 3.80km。

渠道采用混凝土预制板衬砌型式，以宫家西干渠一断面左岸为例，见图 1。

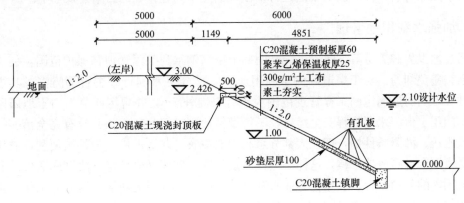

图 1　干渠断面

该种渠道衬砌结构，由于沟底未设护底，衬砌体的稳定仅靠沟底镇脚和素土夯实边坡支撑，一旦镇脚和边坡被扰动破坏，衬砌体极易产生连锁性大面积滑坡甚至垮塌，因此，保护边坡和镇脚不被破坏，对维护渠道安全运行至关重要。

2 渠道运行中出现问题及产生原因

2.1 衬砌体毁损

部分渠段衬砌体出现裂缝、滑坡甚至坍塌等现象。产生原因主要有：1）非法取土对堰台及镇脚的破坏；2）雨季时群众挖沟排涝对衬砌体的破坏；3）清淤机械作业对衬砌体的损坏。

2.2 水生植物滋长

部分渠道内芦苇、菖蒲等水生植物生长异常茂盛，充塞河道，阻滞水流，影响灌溉效率。产生原因主要有，1）渠道环境和引水状况有利于水生植物生长；2）年灌溉周期内，除渠首部位泥沙有一定堆积外，大部渠段淤积大为减轻，所需清淤频次减少，水生植物少受扰动，根系蔓延，经年生长。

2.3 灌溉水污染

部分渠段，渠道内灌溉水时有被污染现象发生。产生原因主要有，1）个别渠段两侧畜禽养殖棚舍距离渠道太近，养殖产生的污物污水排入渠道；2）渠道附近的工厂，主要是化工企业，通过埋设暗管向渠道内偷排生产废水；3）从事牲畜屠宰行业人员，有在渠道内清洗牲畜内脏等行为。

3 对策建议

渠道体系作为一个系统，其目的是为农业生产提供优质、充足的灌溉用水，无论是渠道建设还是建成后的管护都服务于这个目的。为使渠道长期发挥功能，我们应该做到建管并重，重点做好管。针对以上渠道运行中出现的几个问题，我的对策建议如下。

3.1 加强水利用地管理

通过埋设界碑界桩等方式，进一步明确干渠两侧水利工程管理和保护范围，使土地权属明晰，避免纠纷。对于渠道两侧水利用地，1992 年县水利行政主管部门曾对其进行过确权划界，当时所确定的工程管理范围为现有渠堤外 5m，并规定此范围内土地属国家所有，专门用于保障水利工程安全运行，不得挪做他用；但此项工作并没有完全落实。由于土质较肥沃、灌溉条件好，现在大部分水利用地被农民开垦占用。为种植便利，农民往往要对渠道堰台进行改造修整，这样必然在一定程度上破坏渠道稳定。要彻底清理水利工程管理范围内的养殖棚舍、农作物等非水利设施，恢复水利用地功能。这方面工作，也已有成功的实践，如，当地政府结合"三网绿化"行动对王庄二干盐罗分干沿岸进行综合整治，清理影响渠道安全运行的诸多障碍，对水利用地平整后修筑道路、植树造林建立绿化带，已取得实效。

3.2 提高渠道管护人员素质

要加强自身队伍建设，恪尽职守，做合格的渠道守护者。1) 渠道管理人员要增强责任意识，严于律己，绝不允许为一己私利，参与或纵容非法取土等破坏渠道行为发生。2) 渠道维修人员要不断提高业务水平，及时对局部损毁渠道进行修理恢复，避免损失扩大化。

3.3 做好渠道管理

加强渠道日常管理，严厉打击破坏渠道和污染灌溉用水行为。可采取的措施有：1) 采取多种形式，向群众广泛宣传保护渠道对于保障用水安全的极端重要性，使群众意识到保护渠道与农民增产增收的切身利益息息相关，自觉加入到渠道保护行动中来。2) 在重点防护渠段，可通过安装摄像头对渠道进行实时监控，了解渠道运行情况，及时发现破坏渠道和污染灌溉用水行为。3) 加强渠道日常巡视，及时发现渠道裂隙等小倾向性问题，提前采取措施防止损毁扩大；对于已损毁渠道要及时进行维修；对于破坏渠道行为，一经发现立即予以严厉处罚，决不姑息。4) 可划分渠段，出资聘请渠道附近责任心较强的村民，协助进行渠道管护。

3.4 重视渠道清淤工作

近几年，长期困扰人们的渠道淤积严重问题有所缓解，主要由于黄河水含沙量明显减少，加之开闸灌溉放水多为时间短、流量大的集中放水方式。虽然每年需要清淤的渠段大为缩短，但因为机械清淤作业会对衬砌体产生较大影响，我们应该采取措施最大限度地减少施工对渠道的损坏。1) 由于渠道衬砌时，未设计清淤机械专门通道，清淤机械出入渠道非常不便，有时会对渠道造成损坏。为避免此类事发生，每隔一定距离，重点在靠近桥梁位置，可对渠道进行适当改造，使边坡坡度变缓，以利于清淤机械出入；2) 教育培训机械操作人员清淤时谨慎作业，减少对衬砌体的人为毁损。

3.5 有效治理水生植物

对于渠道中芦苇、菖蒲等水生植物，进行及时清理和回收利用：1) 机械清淤时，尽量将水生植物根部清除干净，以遏制植物的滋生蔓延；2) 对于渠道中生长的水生植物，引进专用机械进行作业，以代替繁重的人工割除劳动；3) 充分发掘水生植物秸秆的利用价值，对其进行回收利用。可与苇板生产、草编工艺等单位合作，对芦苇、菖蒲等秸秆进行深加工，拉长产业链，增加效益，变废为宝。

4 结语

无农不稳，而水利又是农业的命脉，因此国家历来非常重视水利工程的建设。不过，由于认识或资金等诸方面原因，水利工程存在"重建设轻管理"的问题，致使水利工程的功能未能得到充分发挥。我们应该重视渠道等水利工程的管护，延长其运行寿命，使其能长期可持续地为农业生产服务。

参考文献

［1］ 利津县水利志，中国国际文化出版社　2010.

打造现代生态军港　共建蓝色万里海疆

沈　彤　郭华雨
海军后勤部军事设施建设局

摘　要： 本文针对军港污染治理问题，分析了技术难点、提出了技术和管理两方面的解决措施，为采用军民融合技术打造现代生态军港提供了新思路。
关键词： 生态军港　军民融合　环境保护

习主席站在国家安全和发展战略全局的高度，强调要把军民融合发展上升为国家战略，开创强军新局面，加快形成全要素、多领域、高效益的军民融合深度发展格局，在全面建设小康社会进程中实现富国和强军的统一。习主席的重要指示，为我们在新形势下开展海洋环境保护与生态建设指明了方向、提供了遵循。海军作为以海洋为主要活动空间的国际性军种，海洋环境保护与生态建设特色鲜明、特点突出：一是兵种齐全，装备、设施复杂多样，污染物种类多，回收处理难度大；二是部队驻地大多位于沿海经济发达地区，环境质量标准高；三是舰艇溢油应急处置技术复杂，常态化监管和应急处置要求高；四是设防海岛生态环境脆弱，环境保护任务重；五是多样化任务增多，兵力活动空间广阔，海上环境监管需求迫切。贯彻落实习主席重要指示，我们必须主动适应国家、军队加快转变经济发展方式和战斗力生成模式的要求，立足海军自身特点和实际，积极探索海洋环境保护与生态建设军民融合发展新路子，为海军部队战斗力、保障力生成模式的转变提供有力支撑，为国家生态文明建设做出应有贡献。

1. 海军海洋环境保护与生态建设面临的新要求

长期以来，特别是近几年来，我们积极适应国家海洋发展战略，大力推进海军海洋环境保护与生态建设，利用国家和地方专项资金，先后投资 3 个多亿，建成了一大批设计理念新、示范作用强、综合效益好的污染治理和生态工程，取得了良好的军事经济和环境效益。当前和今后一个时期，随着国家海洋战略加速实施和军民融合发展深入推进，特别是海军正在走向远海，为海洋环境保护与生态建设带来了前所未有的机遇和挑战，提出了新的更高的要求。

1.1 国家海洋环保战略的加速实施，要求海军海洋环境保护与生态建设必须走开军民融合式发展的路子。当前，国家在开展海防林建设、渤海碧海行动、防治陆域污染海洋行动等海洋环境保护专项活动基础上，坚持"陆海兼顾、河海统筹"原则，进一步加大海洋污染防治与生态保护力度。海军兵力活动的特点，决定了我们在国家海洋环境保护与生态建设上有着义不容辞的责任，必须积极参与、主动配合。同时，由于军地双方港口、码头等设施大多相通相连，在海洋环境监测、污染治理、海防林建设等方面相互依存度较高，存在军民融合的良好基础。我们必须把握好难得的发展契机，充分利用国家、地方的雄厚经济基础和先进技术力量，努力推动海军海洋环境保护与生态建设军民融合式发展取得新成就，实现军地双方在海洋环境保护与生态建设上的整体协调推进。

1.2　建设现代军营的深入推进，要求海军海洋环境保护与生态建设必须走军民融合式发展的路子。建设现代军营，是落实全面建设现代后勤纲要的重要举措和推进部队全面建设发展的基础性工程。建设现代营房的一个重要内容，就是通过将生态、环保、节能列为重要考评指标，着力创建绿色生态营区，为官兵营造和谐、美观、健康的工作生活环境；建设现代营房的一项主要任务，就是依托国家、地方和社会资源，探索军民融合加快军队生态环境建设的新路子，提高军队生态环境建设和保障效益。具体到海军部队，当前正在加快推动舰艇基地向大型化综合化母港化方向发展，保障兵力增多、保障内容拓展，为军港环境保护与生态建设赋予了新的任务，要求我们按照现代军营建设管理标准，充分利用军地各方力量，拓宽建设管理渠道，引进先进技术，下大力打造现代生态军港、建设蓝色万里海疆，扎扎实实地践行和谐海洋的理念。

1.3　军队后勤转型的不断深化，要求海军海洋环境保护与生态建设必须走军民融合发展的路子。军队后勤正在加快推进转型建设，为有效履行使命任务提供有力保证。这一战略目标的实现，是一项庞大的系统工程，仅靠军队自身的投入和建设是远远不够的，必须把军民融合式发展作为重要途径，通过对国家和地方各种资源的有效利用，降低建设成本，减少军事资源浪费，做到少花钱、多办事、办好事。海军海洋环境保护与生态建设作为海军后勤建设的重要组成部分，必须紧跟海军后勤转型建设步伐，努力走开军民融合发展路子，确保海军后勤转型整体推进、全面提高。

2. 海军海洋环境保护与生态建设军民融合发展的主要任务

海军海洋环境保护与生态建设军民融合式发展，必须坚持以科学发展观为指导，以国家环境保护和生态建设总体目标为依据，紧密结合海军实际，突出海军特色，按照"因地制宜、陆海统筹，突出重点、整体推进，军民融合、提高效益"的原则，聚集各方面力量和资源，加强基础设施建设，加快污染防治步伐，加紧监管能力提升，有效改善海洋环境和生态建设质量，推动海军现代化建设全面协调可持续发展。重点在以下六个方面求融合：

2.1　建设现代军营，在生态军港创建上求融合。一座大型军港包括码头、防波堤，大型舰艇洞库、军械洞库，以及油水电站等驻泊设施，保障几十艘大型水面舰艇、潜艇及辅助船只，人员装备多，能耗大、污染源多，节能环保建设需求大。依据建设现代营房管理标准和要求，在军队专项安排和战备工程带动组织军港生态环境建设的同时，紧紧抓住国家和地方为拉动内需大力推进基础设施建设，或者为保障大型活动开展生态治理的有利时机，提出合理化需求，争取在一些军港生态建设项目上得到国家和地方政策、资金、技术上的有力扶持和倾斜，共同打造绿色环保型、资源节约型、循环发展型的现代生态军港。

2.2　注重全面防范，在重点污染源防治上求融合。目前，舰艇回港后污水接纳及处理已成为军港环保的重要任务。我们将选择舰艇驻泊比较集中、污染物排放量较大、环保要求比较高的大中型军港，纳入国家或地方专项治理规划和项目，统一规划，同步治理，配套完善污染治理设施设备，从整体上提高污染源防治能力和水平。在组织国防工程建设中，从严落实工程建设项目环境影响评价和环保建设"三同时"制度，从源头上有效降低和防范可能产生的环境风险。积极探索社会化保障路子，具备条件的单位可委托具有资质的地方专业机构，负责港区、营区污水处理设施设备运行管理等工作，从一定程度上缓解海军环保工作人员流动性大、技术力量不足、运行管理水平不高的矛盾。

2.3 注重统筹建设，在溢油应急处置上求融合。舰艇在训练和油料作业过程中，都有可能发生各类溢油污染事件，溢油污染处置时效性要求高，技术难度大，应急力量亟待加强。我们将以大中型军港为重点，分别在北海、东海、南海三个方向统筹建立成建制的溢油应急处置力量，配备一定数量的环境应急船、防护围栏及相应的配套器材和设备。积极协调国家有关部门，将海军溢油应急处置力量建设纳入国家海上溢油应急力量建设整体规划，统一筹划安排，统一组织建设，尽快形成处置能力。同时，结合海军后勤动员力量建设，在与大中型军港相邻的地方港口抽组建设区域性海上溢油应急处置力量，有针对性地开展军地联合训练演练，形成海上溢油应急处置保障合力。

2.4 加强联合执法，在海洋环境监管上求融合。海军现编有三级25个军港监督环境监测站，是全军体系最完备的，但仍存在每个站编制人员少、技术力量和设施设备不足、海上监控空白等问题。在确保部队安全保密的前提下，协调国家和地方有关部门，尽量将一些海洋特殊环境监测点位置设在海军驻沿海地区部队，充分发挥军地双方各自优势，共用监测力量和资源，共享监测信息和成果，区分监管权力和职责，对大中型军港、重点海域水质污染以及主要污染源和污染治理设施设备运行状况进行监测，开展海洋环境监管联合执法行动，形成全天候、全覆盖、高效率的海洋环境监管能力。

2.5 紧贴保障急需，在海岛生态建设上求融合。海军西南沙驻守岛礁均为珊瑚形成，海洋环境直接影响着岛礁的"生存"。按照"遵循自然和科学规律，保持海岛生态平衡，防止出现新的失衡"的原则，组织军地有关专家，对西南沙岛礁开展全面详细的海洋水文调查、地质勘察测量、环境影响评价、特有生态研究等活动，协调国家有关部门加大经费投入和科研攻关力度，加快组织海岛生态建设应急治理，努力恢复海岛生态平衡，确保海洋生态环境良性发展，同时有效维护我领海基点，为海上活动提供支撑点。

3. 新形势下推进海军海洋环境保护与生态建设军民融合式发展的几点思考

一是抓紧建立具有较强顶层设计能力和横向协调能力的组织机构。我国涉海管理部门比较多，职能既分散又有交叉，协调起来难度大，不利于海军海洋环境保护与生态建设军民融合发展的有效推进。为对这项工作实施强有力的领导和管理，建议在国家和军队统筹经济建设和国防建设规划领导小组框架下，成立由国家和军队各个涉海部门联合组成的专门领导机构，各级地方政府和当地驻军也成立相应层次的组织领导机构，负责本级海洋环境保护与生态建设的统筹规划和顶层设计，确保"融"得顺畅、"合"出效益。在这一机构成立之前，可依托现有的军事设施保护军地协调机制，增加海洋环境保护与生态建设职能，建立完善军地联席会议制度、定期会商制度、联络员制度等，及时研究解决海洋环境保护与生态建设军民融合式发展中遇到的矛盾问题。

二是尽快出台海洋环境保护与生态建设军民融合式发展的相关配套政策。军队海洋环境保护与生态建设军民融合发展，必须走正规化、法制化的路子，才能实现平稳、健康、规范发展。为此，建议国家有关部门和军委机关继续关注海军海洋环境保护与生态建设，在《关于进一步推进环境保护军民融合式发展的若干意见》的指导下，深化研究海洋环境保护与生态建设军民融合发展问题，进一步明确融合内容和职责权限，理顺工作规程和管理体制，构建多元投入、稳定长效的经费保障机制，使海军海洋环境保护与生态建设军民融合式发展切实有法可依、有章可循。我们将紧密结合工作实际，制定、修改和完善相应的对策措施，进一步细化量化具体化各项建设指标，确保国家和军队的决策部署落到实处。

三是全力打造海洋环境保护与生态建设军民融合的科技创新攻坚力量。军队海洋环境保护与生态建设面临的诸多困难中，除了资金投入不足以外，先进技术和人才的匮乏也是一个突出的制约瓶颈。比如舰艇污水的接收、军事特种污染物的处理、高山海岛部队的生态建设、战备工程的复绿伪装等，技术要求都比较高，仅靠海军建制力量解决起来难度比较大。对此，建议由国家和军委相关职能部门牵头，搭建一个灵活高效的技术交流与合作平台，形成军民融合的科技创新攻坚力量，充分利用地方最新环保科技成果，研制开发适合海军部队特殊需要的专用技术和装置装备，推动海军海洋环境保护与生态建设，实现借力发展、创新发展。

水平潜流型人工湿地在海岛工程的应用探讨

张　平　刘志君　刘国臣　曹　文

海军工程设计研究局

摘　要： 为保护海岛生态环境、确保海岛工程污水处理后出水水质稳定达标，结合海岛实际和景观绿化需求，探讨水平潜流型人工湿地污水处理工艺应用于海岛工程的可行性，初步提出了海岛工程水平潜流型人工湿地的结构形式、填料配置、湿地植物选择等技术方案。

关键词： 海岛工程　人工湿地　污水处理　水平潜流型

人工湿地污水处理工艺是 20 世纪 70 年代发展起来的一项污水生物处理技术，由于其利用基质过滤、吸附、沉淀、离子交换、植物吸收和微生物分解等物理、化学和生物作用实现对污水的高效净化，具有处理效果好、效率高、投资省、运转费用低、二次污染少、维护管理方便等优点[1]。利用人工湿地污水处理工艺并配合园林绿化设计，同时实现污水处理和美化营区环境的双重目的，符合新时期军队环保和生态营区建设的要求。

鉴于海岛工程远离大陆，气候环境恶劣，专业技术人员不足，维护管理困难，采用常规工艺处理生活污水，可能存在出水水质不稳定的现象。为保护海岛脆弱的生态环境，确保生活污水经处理后稳定达标排放或回用，结合海岛工程高温、高湿、高盐雾、紫外线强、蒸发量大的特点，探讨采用水平潜流型人工湿地对经过生化处理的污水进行深度处理。

1. 水平潜流型人工湿地在海岛工程应用需解决的关键问题

虽然人工湿地污水处理工艺已有诸多成功工程实践，但海岛工程中尚未有工程实例可供借鉴，需要解决的关键问题有：

1.1　人工湿地较大的占地面积与海岛有限的土地资源之间的平衡问题。为保证出水水质满足要求，人工湿地需要控制 COD_{Cr} 表面负荷、水力负荷等主要设计参数在一定范围内，湿地的处理水量和进水水质与湿地建设面积呈正比例相关关系。

1.2　人工湿地植物的选择与种植问题。除少数海岛拥有适宜植被生长的土壤和淡水资源外，大多数海岛、特别是新建海岛往往土壤贫瘠、淡水稀缺，且面临高温、强光、多台风和雨旱交替明显等气候环境侵袭，植物生长困难，而湿地植物的选择与种植成活直接关系到湿地出水水质的好坏。

1.3　人工湿地的防渗与填料选择配置问题。海岛平均海拔多为 2.0～4.5m，受海浪及风暴潮增水影响，在海岛上建设人工湿地极易受到海水侵袭影响，导致湿地出水水质恶化、植物死亡，必须妥善解决人工湿地的防渗问题，并统筹考虑湿地处理效果、复氧通气及防堵塞等因素，合理配置湿地填料。

2. 水平潜流型人工湿地在海岛工程应用的研究探讨

2.1 水平潜流型人工湿地污水处理工艺

资料表明[2]：水平潜流型人工湿地的设计参数宜按表1确定。

水平潜流型人工湿地的主要设计参数　　　　　　　　　　　　　　表1

单床最小表面积	$\geqslant 20\text{m}^2$
COD_{Cr}表面负荷	$\leqslant 16\text{g}/(\text{m}^2 \cdot \text{d})$
最大日流量时的水力负荷	$<100\sim300\text{mm/d}$ 或 $<100\sim300\text{L}/(\text{m}^2 \cdot \text{d})$

为保证湿地处理效果，在处理水量一定前提下，降低湿地进水 COD_{Cr} 浓度、适当增大水力负荷，可有效降低湿地占地面积。因此，根据海岛工程蒸发量大、陆域高程较小、土地资源有限的实际特点，选用水平潜流型人工湿地对经过生化处理的污水进行深度处理，同时以湿地中丰富的微生物和污水中所含有的适量营养物质（氮、磷）为湿地植物提供必要的水分和养分，促进植物的成活和生长，在实现生活污水深度净化的同时，实现海岛绿色景观的快速构建。具体工艺流程如图1所示。

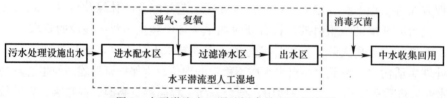

图1　水平潜流人工湿地污水处理工艺流程

2.2 人工湿地填料的选择与配置

人工湿地填料的选择应从适用性、实用性、经济性及易得性等几个方面综合比选，并宜采用多种材质、不同粒径、不同配比的组合式填料。其中，入水端和出水端配置粒径大的碎石，以利于布水的均匀和防止进出水堵塞。

根据海岛工程实际，立足就地取材，对海岛工程可就地利用的砂、石进行筛分，分别得到中粗粒径砂、粒径为 $5\sim10\text{mm}$ 碎石、粒径为 $10\sim30\text{mm}$ 碎石和粒径为 $30\sim70\text{mm}$ 碎石，并以此作为人工湿地的主要填料。同时在湿地过滤净化区前端设置直径为 $\phi120\sim125\text{mm}$ 的速分生化球填料，以进一步强化湿地净化效果。速分生化球由无机颗粒、陶土、植物纤维等加工而成，外壳坚固、不破碎，内部孔隙率高，利于微生物富集生长。

2.3 人工湿地的防渗及复氧

为防止人工湿地污水渗漏给周边海域造成污染，同时防止海水侵袭，人工湿地底部及周边均应采取防渗措施，即对湿地采取水平防渗及垂直防渗。常用的防渗措施包括[4]：

（1）高密度聚乙烯（HDPE）膜防渗：用 HDPE 膜将整个湿地焊接成一个防渗系统。HDPE膜渗透系数可达 10^{-11}cm/s，作为一种高分子合成材料，具有抗拉性好、抗腐蚀性强、抗老化性能高等优良的物理、化学性能，使用寿命一般为 50 年以上。

（2）天然黏土防渗：对黏土进行夯实，减少黏土间的缝隙，降低黏土的渗透系数，从而达到防渗的目的，这种夯实黏土的渗透系数最高能达到 10^{-7} cm/s。

（3）混凝土防渗：分为现场浇注和预制铺砌两种。这种材料的防渗、抗冲击性能较好，耐久性强，适用于各种地形、气候。使用年限一般为 30～50 年左右。

（4）膨润土防水毯防渗：将天然膨润土颗粒填充在织布和非织布之间，采用针刺工艺使膨润土颗粒不能聚集和移动，在全毯范围内形成均匀的防水层。

（5）复合土工膜防渗：以塑料薄膜作为防渗基材，与无纺布复合而成。目前，国内外防渗应用的塑料薄膜，主要有聚氯乙烯（PVC）和聚乙烯（PE），它们是一种高分子化学柔性材料，比重较小，延伸性较强，适应变形能力高，耐腐蚀；而无纺布亦是一种高分子短纤维化学材料，通过针刺或热黏成形，具有较高的抗拉强度和延伸性，它与塑料薄膜结合后，不仅增大了塑料薄膜的抗拉强度和抗穿刺能力，而且由于无纺布表面粗糙，增大了接触面的摩擦系数，有利于复合土工膜及保护层的稳定。同时，它们对细菌和化学作用有较好的耐侵蚀性，不怕酸、碱、盐类的侵蚀。

综合考虑防渗效果、透气复氧能力及海岛工程现场实际，人工湿地的防渗可尝试采用土工布防渗膜与透气防渗砂结合的方式。

其中，在湿地进、出水区采用耐酸碱防渗土工布膜防渗，防渗膜厚 1.2mm，耐酸碱土工布 300g/m^2。防渗膜接缝处采用双道电熔焊接。在侧壁四周及上层顶板土工布防渗膜外侧增设不小于 100mm 厚聚苯板保护层。

在湿地过滤净化区采用透气防渗砂与普通无纺土工布组合防渗。土工布采用普通无纺布，300g/m^2。透气防渗砂具有阻止污水渗漏的同时让空气通过、提高湿地内部通气、复氧功能。以某型透气防渗砂为例，该型防渗砂在标准大气压下可承受 0.3MPa 水压而不发生渗漏，且透气能力不低于 90mL/(cm^2·s)。通气防渗沙铺设前应对基础层进行整平，并应在无纺土工布铺设完成后进行，铺装厚度控制在 60～70mm，厚度尽可能均匀。

2.4 人工湿地植物的选择与种植

人工湿地植物的选择宜遵循下列原则：

（1）具有良好的生态适应能力和生态营造功能。管理简单、方便是人工湿地水质净化工程的主要特点之一，若能筛选出净化能力和抗逆性强而生长量小的植物，将会减少管理上尤其是对植物后处理的工作量和费用，一般应选用当地或本地区天然湿地中存在的植物。

（2）具有较强的耐污能力和耐旱、耐盐碱、耐高温的能力。湿地植物对污水 COD、NH$_3$-N 的去除主要是靠附着生长在根区表面及附近的微生物，因此应选择净化能力强、根系发达、景观效果好的植物。此外，还要根据当地的地理位置和气候条件，因地制宜，选择耐旱、耐盐碱、耐高温的植物。

（3）具有生态安全性。所选择的植物不应对当地的生态环境构成隐患或威胁。

（4）具有一定的经济价值、文化价值、景观效益和综合利用价值。在湿地植物配置中，除了考虑植物的净化功能之外，还要考虑经济、文化、景观等价值。此外，湿地植物的选择还应尽可能增加生物多样性，以提高湿地系统的处理性能和生态系统的稳定性。

以某热带海岛为例，为保证达到理想的植物成活率、污水净化效果和景观美化效果，通过广泛调研和试种研究，筛选出部分适宜种植的人工湿地植被物种[3]，如表 2 所示。

人工湿地植物选择与种植　　　　　　　　　　　表 2

植被名称	性能特点	种植方式
美人蕉	喜光、喜肥，具有净化环境和抗污染能力，对氟化物、二氧化硫等有毒气体吸收能力强	种植苗高 50～80cm，密度为 10～12 株/m²
红叶芦莓	具有超强吸盐功能，根系对重金属吸附能力强，分解污染物能力强	种植苗高 80～150cm，密度为 12 丛/m²
紫花芦莉	具有超强吸盐功能，根系对重金属吸附能力强，分解污染物能力强	种植苗高 60～80cm，密度为 35 盆/m²
红花芦莉	对氮磷物质吸收能力强，分解污染物能力强，可增强硝酸盐菌的繁殖活性	种植苗高 40～60cm，密度为 35 盆/m²
花叶芦竹	可改变微生物活性，更快繁殖亚硝酸盐细菌，使矿物质快速分解成微量元素和氨基酸	种植苗高 80～120cm，密度为 12 丛/m²
再力花	具有吸收污水中的营养元素、降解有机污染物、吸收去除重金属的功能	种植苗高 80～120cm，密度为 12 丛/m²
梭鱼草	污染物去除功能强，吸收吸附能力强，可促进微生物的代谢功能	种植苗高 40～60cm，密度为 12 丛/m²
长管牵牛	热带乡土植物	双向间距 30cm
细穗草	热带乡土植物	双向间距 20cm
厚藤	热带乡土植物	双向间距 30cm

同时，在湿地四周还可以根据现场实际，适当种植椰子、草海桐、抗风桐、木麻黄、三角梅等适宜生长的植物。

2.5　人工湿地结构初步探讨

根据前述分析研究，初步提出海岛工程水平潜流型人工湿地的剖面示意图如图 2 所示。

水平潜流型人工湿地底部宜在海岛所处海域设计高潮位以上，以减少海洋潮汐带来的海水侵袭影响。湿地进水应保证布水均匀，进水布水花管位于池前端的中上部，管径 DN200，长度 14.0m，斜向下 45°开孔，尺寸为 30mm×50mm 条型槽，轴向间距约 150mm。出水装置应保证集水均匀，并可配合中水集水池的液位控制，改变湿地内部的水深及水力停留时间。出水集水花管位于池末端的底部，管径 DN200，开孔尺寸为环壁 360 度三等分设三条 2.4mm×80mm 条型槽，轴向间距约 70mm，交错布设。

3. 结语

海岛工程生态环境脆弱，淡水资源紧缺，采用水平潜流型人工湿地对经过二级生化处理的生活污水进行深度处理，可确保各类生活污水得到安全、可靠、稳定的处理，实现中水回用和污水零排放的目标，不仅有助于保护海岛生态环境，也有助于构建具有海岛特色的绿色景观。今后还应进一步结合海岛工程实际，跟踪监测人工湿地对 COD_{Cr} 及氮、磷等去除效果，优化控制人工湿地的水力负荷，并探讨垂直流型人工湿地、组合式人工湿地在海岛工程应用的可行性。

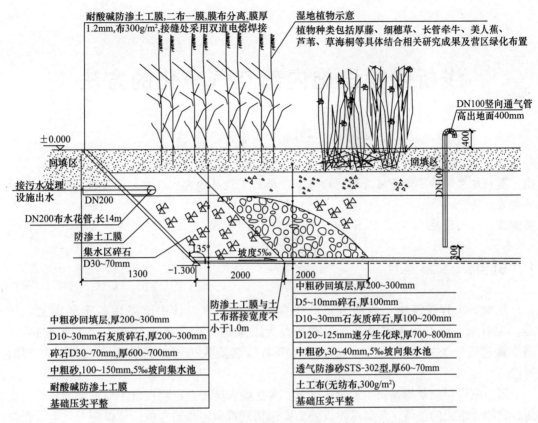

图 2　海岛工程水平潜流型人工湿地的剖面示意图

参考文献

[1] 孙红杰，杨少华，崔玉波，等. 人工湿地在农村生活污水处理中的研究与应用 [J]. 吉林农业大学学报，2013，(3)：1-4.

[2] RISN-TG006-2009. 人工湿地污水处理技术导则. 北京：中国建筑工业出版社，2009

[3] 曾雯珺，廖宝文. 红树林人工湿地污水净化的研究进展 [J]. 安徽农业大学，2008，36 (29)：12867-12869

[4] 刘江红，石风华，潘阳. 人工湿地在污水回用中的应用及发展趋势 [J]. 大庆师范学院学报，2010，30 (6)：100-104.

浅析避险设施内部空气净化的方法

刘晓冬　王福华　邓非凡　胡　蓉

摘　要： 本文总结了紧急避险设施的特点，提出了设施内部空气环境中 CO_2、CO 及湿度的处置方法。

关键词： 避险设施　CO_2　CO　湿度　净化

1　引言

在地下工程建设中，内部人员的生存环境是工程设计中要考虑的重要因素，地震、泥石流、塌方、火灾等自然灾害和人为因素是工程内部人员面临的主要威胁[1]。当工程遭受此类威胁时，内部无法及时撤离的遇险人员可以进入紧急避险设施暂时避险。

紧急避险设施是指在发生紧急情况下，为遇险人员安全避险提供生命保障的设施、设备、食物等组成的整体。紧急避险设施主要包括避难硐室和安全舱。该设施对外能够抵御高温烟气，隔绝有毒有害气体；对内能够提供氧气、食物、水，并且对有毒有害气体进行处理、净化，在封闭空间内创造基本的生存条件[2]。

本文仅就避险设施内部的空气净化方法进行探讨。

2　紧急避险设施内空气净化特点

2.1　无外部动力电源

发生灾变后，电力供应可能中断，密闭空间无法得到外界动力支持，净化装置的运转需依靠储备动力。

2.2　密闭空间内的有效容积小

救生设备自身体积较小，并且需要同时容纳避险人员和卫生系统，内置净化装置外形尺寸受到限制。

2.3　一定的空气净化能力

紧急避险设施是一个有限密闭的空间，随着使用时间的不断增加，内部污染物的数量将不断增加，空气中污染物的浓度将不断增大，生存环境逐渐恶化[3,4]。

密闭空间内的空气组分十分复杂，对内部人员生命构成直接威胁的主要是 CO_2 和 CO。

CO_2 主要是避险人员代谢产生的。按照国家标准，处理 CO_2 能力应不低于 $0.5L/min \cdot$ 人，且 CO_2 浓度不高于 1%，处理 CO_2 时，不产生其他附加影响。

CO 是在使用避险设施时，随着避险人员进入的。处理 CO 的能力应能保证在 20min 内将 CO 浓度由 0.04% 降到 0.0024% 以下。

另外，设施内部空气的相对湿度也是需要控制的主要指标。在整个避险待援期间，避险设施内的相对湿度不得大于 85%[5]。

3 避险设施内部空气净化的方法

3.1 密闭空间内 CO_2 净化方法

3.1.1 一乙醇胺清除二氧化碳方法

其基本原理是，通过风机将含有较高浓度 CO_2 的空气抽入净化装置，CO_2 被一乙醇胺溶液吸收后再加入制氧装置产生的氧气，重新输送至舱室内供呼吸使用。

3.1.2 过（超）氧化物吸收法

利用过（超）氧化物与空气中的 CO_2 反应生成相应的盐并释放出氧气，这种方法在携带式面具、潜艇、宇宙飞船等密闭环境中大量使用。

3.1.3 金属氢氧化物吸收法

金属氢氧化物普遍呈碱性，可与酸性二氧化碳气体发生酸碱反应产生稳定的碳酸盐，并且反应过程中不会产生其他污染性气体，常用于工业生产中二氧化碳的去除。

3.1.4 CO_2 净化方案的确定

一乙醇胺清除二氧化碳在密闭空间内基本能满足要求，但装置体积大、能耗高、效率低，并存在着一乙醇胺泄漏造成舱室二次污染的可能性，因此难以在紧急避险设施中使用；过（超）氧化物吸收法不仅能够清除空气中大量的二氧化碳，还能产生人体呼吸所需的氧气，无疑在一般的密闭场所中是最佳的选择，例如俄罗斯的核潜艇多采取这种方法去除二氧化碳，但是有些场所（比如煤炭矿井）的紧急避险设施存在爆炸的危险性，由于过（超）氧化物反应剧烈，会给安全带来隐患，因此无法在紧急避险设施内使用；考虑种种工作条件和人员安全的现实，选取金属氢氧化物进行 CO_2 去除较为合适。

氢氧化物中氢氧化锂的理论容量最大，但是氢氧化锂初期具有较大的粉尘率。而钠石灰是一次性医用耗材的一种，在腹腔镜手术或者其他全麻手术中用于吸收二氧化碳。从安全角度上来讲，我们优先选取钠石灰做为二氧化碳吸收剂。

3.2 密闭空间内 CO 净化方法

3.2.1 霍加拉特触媒催化氧化法

霍加拉特催化剂是由活性 MnO_2 和 CuO 按一定比例制成的颗粒状催化剂，在呼吸保护方面时应用最广泛也是最古老的一种，但是仍有其他非金属催化剂无法比拟的活性。广泛使用于过滤式自救器、消防面具、特防滤毒罐等。

3.2.2 贵金属低温催化氧化法

自从研究人员首次发现金属氧化物对 CO 氧化反应有促进作用以来，许多学者对贵金属催化剂进行了研究和优化。现已发展出多种贵金属一氧化碳催化剂,在 CO 与 O_2 的反应中,贵金属以其良好的吸附活性被认为是首选催化剂。

3.2.3　CO 净化方案的确定

霍加拉特触媒的活性与气体的潮湿环境息息相关,在潮湿的环境下,不宜采取霍加拉特触媒作为 CO 的催化剂。因此在避险设施中,选取贵金属催化剂作为 CO 的消除剂更为可靠。

3.3　湿度的控制方法

3.3.1　冷冻除湿

把空气冷却至其露点温度以下,湿空气中的水分就被冷凝析出,降低了空气的绝对含湿量。

3.3.2　干燥剂除湿

根据吸附方式及反应产物的不同为分物理吸附干燥剂和化学吸附干燥剂。常用的物理吸附干燥剂包括氯化钙、吸水树脂、活性炭等。

3.3.3　空气干燥方案的确定

冷冻除湿方法能耗较大,不适宜在避险设施中使用。吸水树脂是一种含有羧基、羟基等强亲水性基团,并具有一定交联度的水溶胀型的高分子聚合物,能够吸收自身重量的几百倍甚至上千倍的水,且吸水膨胀后的凝胶具有良好的保水性。因此,避险设施中优先选择吸水树脂做为干燥剂。

参考文献

[1]　孙继平. 煤矿井下紧急避难与应急救援技术 [J]. 工矿自动化,2014,40 (1):1-4.
[2]　杨大明. 煤矿井下紧急避难技术装备现状与发展 [J]. 煤炭科学技术,2013,41 (9):49-52.
[3]　严锦栋. 福建省煤矿紧急避险系统建设的思考 [J]. 能源与环境,2015,2:104-107.
[4]　陈斌等. 应急情况下多种有毒有害气体的快速检测 [J]. 油气田环境保护,2015,25 (1):38-40,61.
[5]　董业斌等. 有毒有害气体危害阈值的探讨 [J]. 广州化工,2014,42 (11):151-153.

海绵城市规划设计实例浅析

魏 彤

北京柯德普建筑设计顾问有限公司

本项目海绵城市规划设计尽量减少开发建设中的不透水面积，使雨水最大程度就地下渗、储蓄和滞留，减少对原有水文循环的影响，统筹发挥自然生态功能和人工干预功能，以源头减量为重点，结合过程控制和末端治理，形成完善的雨水综合管理体系。

工程背景：1）地理位置：重庆市永川区中部核心区南侧，东邻红河大道，西邻星光大道，北邻三星路，东南侧邻一环路，地理位置优越，交通便利，地块南北宽约346m，东西长约860m。2）建设用地面积：234639m²。

1 设计标准及依据

1.1 《海绵城市建设技术指南》；

1.2 《重庆市永川区城乡建设委员会重庆市永川区规划局关于开展海绵城市专项建设相关事宜的通知》；

1.3 《室外排水设计规范》GB 50014—2006（2016年版）

1.4 《城市排水工程规划规范》GB 50318—2017

1.5 《建筑与小区雨水控制及利用工程技术规范》GB 50400—2016

1.6 《雨水集蓄利用工程技术规范》GB/T 500596—2010

1.7 《透水沥青路面技术规程》CJJ/T 190—2012

1.8 《透水水泥混凝土路面技术规程》CJJ/T 135—2009

1.9 《透水砖路面技术规程》CJJ/T 188—2012

1.10 《种植屋面工程技术规范》JGJ 155—2013

1.11 《屋面工程技术规范》GB 50345—2012

2 海绵城市设计思路

2.1 按照《重庆市永川区城乡建设委员会重庆市永川区规划局关于开展海绵城市专项建设相关事宜的通知》（永建委【2017】171号）的文件要求，海绵城市专项规划区域的新建项目年径流总量控制率不低于70%（对应降雨量为18.1mm），年径流污染物去除率不低于50%。

2.2 针对本项目下垫面分析，建筑密度约32%，绿地率约33%，传统影响开发下，整个地块雨量综合径流系数为0.617。实施低影响开发后，整个地块的雨量综合径流系数为

0.455，相应 LID 设施的控制容积不小于 641.5m³。

2.3 本项目采用的 LID 主要有透水沥青混凝土、雨水花园、转输型植草沟、高位花池、初期雨水弃流设施、人工土壤渗滤、植被缓冲带、生态树池，具体见表4、表5。多年平均径流总量控制率70%、年径流污染削减率50.44%和下沉式绿地60%，具体见表6。

2.4 项目硬直铺装中，透水铺装面积比例不小于70%（不含消防车道等）。

2.5 结合项目土建及景观设计要求，实施下沉式绿地或雨水花园，对雨水进行净化。

2.6 主要径流路径：小区中屋面径流通过雨水落管经断接后，通过转输型植草沟进入下沉式绿地或雨水花园等生物净化设施；地表硬质铺装的径流流入城市绿地或雨水花园。

2.7 通过采取合理的技术措施，本项目地块年径流总量控制率不低于70%（对应降雨量为 18.1mm），年径流污染物去除率不低于50%。

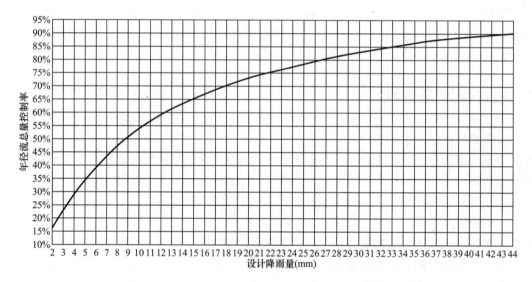

图1　设计降雨量与年径流总量控制率对应曲线

注：1、当建设项目按照本图查得年径流总量控制率小于（1−年雨量径流系数）时，
年径流总量控制率取值为（1−年雨量径流系数）。

2、根据重庆市渝北气象站 2003-2013 年数据统计。

2.8 年径流总量控制容积推荐根据本地多年记录的分钟降雨数据和年径流总量控制率采用水力模型计算确定，如无条件，可采用《海绵城市建设技术指南》推荐的容积法按下式进行计算。

$$V_T = 10 \times H \times R_v \times F$$

式中：V_T——年径流总量控制容积（m³）；

F——汇水区域面积（hm²）；

H——设计降雨量，mm，根据年径流总量控制率确定；

R_v——雨量径流系数，多种用地性质时采用加权平均值。

2.9 不同地区应根据自身降雨数据按照《海绵城市建设技术指南》制定本地区的年径流总量控制率对应的设计降雨量，按表1取值。

年径流总量控制率对应设计降雨量一览表   表1

序号	年径流总量控制率 P_T	设计降雨量 H(mm)
1	50%	9.0
2	55%	10.1
3	60%	12.7
4	65%	14.1
5	70%	18.1
6	75%	21.9
7	80%	26.8
8	85%	33.4
9	90%	43.5

单项设施对雨水径流污染物的去除率如表2所示。

单项设施污染物去除率一览表   表2

名称	单个设施污染物去效率 P_W(以SS计)
增强型生物滞留设施	70%~95%
渗透塘	70%~80%
雨水塘	50%~80%
雨水湿地	50%~80%
蓄水池	80%~90%
雨水罐	80%~90%

注：SS去除率数据来自美国流域保护中心（Center For Watershed Protection，CWP）的研究数据。

2.10 计算结果如下：

下垫面组成及径流系数一览表   表3

序号	汇水面种类	雨量径流系数 ϕ	流量径流系数 ψ	面积（m²）
1	绿化屋面（绿色屋顶，基质层厚度≥300mm）	0.35	0.40	0
2	硬屋面、未铺石子的平屋面、沥青屋面	0.85	0.90	22500.85
3	铺石子的平屋面	0.65	0.80	0
4	混凝土或沥青路面及广场	0.85	0.90	7713.91
5	大块石等铺砌路面及广场	0.55	0.60	0
6	沥青表面处理的碎石路面及广场	0.50	0.60	0
7	级配碎石路面及广场	0.40	0.45	0
8	干砌砖石或碎石路面及广场	0.40	0.375	0
9	非铺砌土路面	0.30	0.30	0
10	绿地	0.15	0.15	9609.64
11	下沉式绿地	0.15	0.15	6414.47
12	水面	1.00	1.00	0
13	地下建筑覆土绿地（覆土≥500mm）	0.15	0.25	0
14	地下建筑覆土绿地（覆土<500mm）	0.35	0.40	0
15	透水铺装地面	0.20	0.20	17999.13
16	生物滞留池	0.15	0.15	8000
17	雨量综合径流系数 ϕ	0.455	—	—
18	流量综合径流系数 ψ	—	0.476	—
19	项目占地面积（m²）	—	—	72238

LID 设施控制规模计算表 表 4

序号	LID 设施	面积（m²）	深度 m	孔隙率	调蓄容积（m³）
1	透水沥青混凝土	17999.13	0	20%	0
2	普通下沉式绿地	6414.47	0.1		641.45
3	雨水花园	8000	0		0
4	高位花池	300	0		0
5	生态树池	300	0		0

年径流污染去除率计算表 表 5

序号	LID 设施	面积（m²）	占地比例	径流污染去除率
1	透水沥青混凝土	17999.13	24.92%	90%
2	雨水花园	8000	11.07%	95%
3	转输型植草沟	5000	6.92%	90%
4	高位花池	300	0.42%	90%
5	初期雨水弃流设施	500	0.69%	50%
6	人工土壤渗滤	3500	4.85%	90%
7	植被缓冲带	6000	8.31%	70%
8	生态树池	300	0.42%	90%

计算结果表 表 6

序号	指标	值	备注
1	年径流总量控制率	70%	
2	设计降雨量（mm）	17.4	
3	下沉式绿地率	89.95%	
4	透水铺装率	70%	
5	绿色屋顶率	0%	
6	项目占地面积（m²）	72238	
7	雨量综合径流系数 φ	0.455	
8	流量综合径流系数 ψ	0.476	
9	控制容积（m³）	1256.94	
10	设计降雨控制量（m³）	571.91	
11	单位面积控制容积（m³）	0.00792	
12	当前设计降雨控制量（m³）	641.45	
13	当前设计降雨量（mm）	19.52	
14	当前年径流总量控制率	73.02%	满足要求
15	达到目标还需调蓄容积（m³）	−69.54	
16	年径流污染去除率	50.44%	满足要求

3 海绵城市技术措施

3.1 下沉式绿地

下沉式绿地泛指具有一定调蓄容积，且可用于调蓄和净化径流雨水的绿地。

图 2 下沉式绿地典型构造示意图

本项目结合当地海绵城市规范要求合理采用下沉式绿地,下沉式绿地式绿地率60%。

3.2 透水铺装

透水铺装是城市节约水资源,改善环境的重要措施,也是绿色建筑节水的发展方向之一。透水地面可以大量收集雨水、吸收地面扬尘,夏天比常规路面更凉爽,能有效补充小区地下水及缓解城市热导效应。见图3。

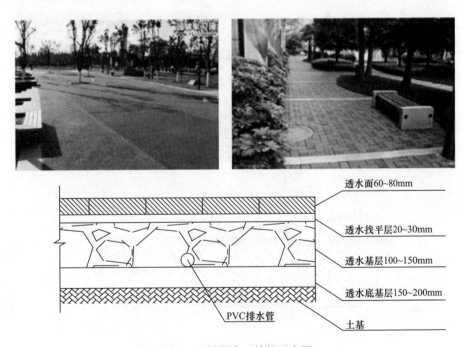

图 3 砖铺装典型结构示意图

本项目结合当地海绵城市规范要求合理采用透水铺装,透水铺装比例70%。

3.3 生态停车场

生态停车场是一种具备环保、低碳功能的停车场，达到高绿化的效果，同时具有超强的透水性能，保持地面的干爽。见图4。

图4 生态停车场

3.4 雨水花园（雨水花池、复杂性生物滞留池）

雨水花园中通过其植物的蒸腾作用可以调节环境中空气的湿度与温度，改善小气候环境；能够有效地去除径流中的悬浮颗粒、有机污染物以及重金属离子、病原体等有害物质。见图5。

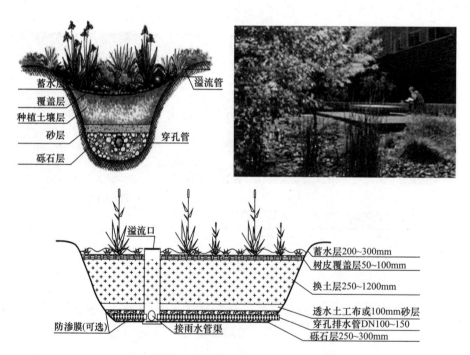

图5 增强型生物滞留设施典型构造示意图

本项目结合当地海绵城市规范要求合理采用雨水花园，雨水花园面积8000m²。

3.5 植草沟

植草沟对径流雨水进行预处理，去除大颗粒的污染物并减缓流速。见图6。

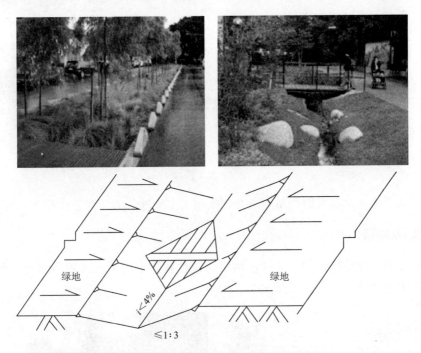

图6 转输型三角形断面植草沟典型构造示意图

本项目结合当地海绵城市规范要求合理采用植草沟，植草沟面积5000m²。

3.6 生态树池

雨水进入生态树池后储存入渗透，起到净化调蓄作用。

图7 生态树池

本项目结合当地海绵城市规范要求合理采用生态树池，生态树池面积300m²。见图7。

3.7 人工渗滤

土壤渗滤处理系统是一种人工强化的生态工程处理技术，它充分利用在地表下面的土壤中栖息的土壤动物、土壤微生物、植物根系以及土壤所具有的物理、化学特性将雨水净化。见图8。

图8 人工渗滤

本项目结合当地海绵城市规范要求合理采用人工渗滤，人工渗滤面积3500m²。

3.8 植被缓冲带

植被缓冲带为坡度较缓的植被区，利用植被拦截及土壤下渗作用减缓地表径流流速，并去除径流中的部分污染物。见图9。

图9 植被缓冲带

3.9 高位花池

高位花池对外侧来水进行渗透，滞留，净化以及利用。见图10。

图10 高位花池

本项目结合当地海绵城市规范要求合理采用高位花池，高位花池面积 $300m^2$。

3.10 初期雨水弃流设施

初期雨水弃流设施实现初期雨水的弃流、过滤、自动排污等多功能。见图11。

图11 初期雨水弃流设施

总结

海绵城市建设应贯彻自然积存、自然渗透、自然净化的理念，注重对河流、湖泊、湿地、坑塘、沟渠等城市原有生态系统的保护和修复，强调采用低影响开发模式。并应综合考虑流域内的水污染防治、排水防涝和雨水利用的需求，并以雨水径流污染削减、内涝灾害防控为主、雨水资源化利用为辅。

某数据中心空调补水系统高可靠性设计与实现

薛建锋

新华社机关事务管理局

0　引言

今天，覆盖全球的互联网实际上是在无数数据中心的支持下运转的，数据中心已经成为像交通、能源一样的经济基础设施。在建设数据中心基础设施时，有两个成本最高的系统，供电系统和空调制冷系统，制冷系统为数据中心提供基本的环境控制。制冷系统和供电系统一样，都是数据中心运行的必备条件，特别是高密度数据中心，制冷系统不允许间断。制冷系统主要包括机房精密空调以及精密空调运行所需的相关子系统。机房精密空调系统的冷源形式从运行机理上来说可以归结为两种，一种是风冷，一种是水冷。在水冷系统中，制冷剂放出的热量被冷却水带走，因此，冷却水的补给就成为整个项目系统中重不可缺的环节。据实际调研，多个水冷机房精密空调项目均发生过不同程度的补水系统问题，有些问题还带来过重大的经济损失和社会影响。

本项目是国家重要通讯数据中心水冷精密空调补水系统建设，2013 年完工投入使用，通过 5 年实际运行表明，该数据中心空调补水系统安全性、可靠性和可用性极高。本项目设计经过全面缜密论证，施工质量可靠，运行维护方法可行，能对同类型工程项目补水系统的设计运行提供借鉴。

1．工程概况

本项目位于北京市内，数据中心建筑面积 5100m²。分为两部分，一部分建于 20 世纪 90 年代，建筑面积 2700m²，一部分建于 2007 年，建筑面积 2400m²。两部分均采用水冷式机房专用空调，室外设有 7 组冷却塔，夏季日平均蒸发量为 180m³/天。

我国国家标准《数据中心设计规范》（GB 50174—2017），从机房可靠性/可用性角度将数据中心分为 A、B、C 三个级别。该数据中心是国家级通信信息中心，属于 A 级电子信息系统机房。

2．系统设计多维度分析

一般来说，数据中心精密空调补水系统的设计要从多方面进行论证，主要从系统的安全性、可靠性、可用性、节能性、经济性和可维护性等几个维度进行综合考虑。鉴于本数据中心的重要性，设计主要考虑其安全性、可靠性、可用性和可维护性。

3. 系统设计

本设计主要包括水系统、电气系统、智能监控系统、运维保养四个方面的设计。

3.1 水系统设计

从水源、设备系统冗余备份、储水、环状供水等方面采取措施提高冷却水补水高可靠性。详细系统见图1，冷却塔补水供水系统图。

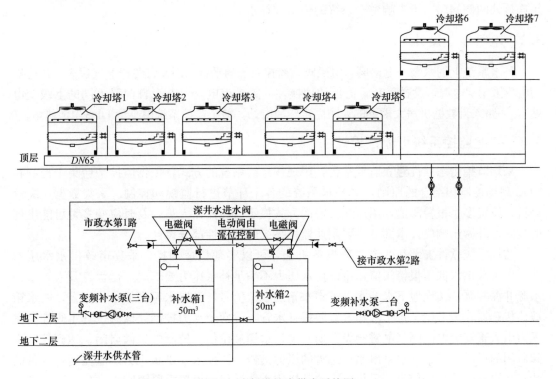

图1 冷却塔补水供水系统图

3.1.1 水源

根据数据机房楼大院周围实际情况，整个大院有两路进水，分别来自市政管网的不同环网上，将这两路市政水源均引进补水系统。大院内原有人防备用水源井两口，单口井出水量在 $65m^3/h$，单口井能满足最大时用水量，将其中一口井作为补水水源之一。这样就有两路市政水，一个永备地下水源井作为补水水源，最大限度保证了补水水源的可靠性。

3.1.2 调节储水箱

在数据机房负一层设置两个304不锈钢调节储水箱，单水箱储存量 $50m^3$，中间设连通管，总共 $100m^3$ 的储存水量，可以提供应急情况下的12小时以上补水蒸发量。

3.1.3 设备管道冗余设置

见图1，市政水通过两路进入两个水箱，再从水箱输送至冷却塔，经过的水箱、补水泵、主要补水管道，包括各个补水阀门，各种自控阀门仪表均冗余备份设置。一路上的设备或阀门出故障后，可以马上切换到另一路上。水箱两个，中间设连通管，市政和地下水源均引进两个水箱，变频补水泵有两组，都能输送两个水箱的储水，一组是变频一拖三泵，单泵流量 $8m^3/h$，这组泵在蒸发量小的冬、春、秋季主用，另外一组变频一拖一，水泵流量 $26m^3/h$，这组泵在蒸发量大的夏季主用。双路系统设备管道互为备用，即满足了应急故障情况下的备用，又可以做为日常轮换检修备用，大大提高了系统可靠性。

3.1.4 末端环状供水

楼顶 7 台冷却塔的补水主管采用环状供水方式，从储水箱引出的两路补水主管接入环状补水主管，连接处两侧均设置阀门，每个冷却塔补水支管引自环状补水主管，连接处两侧均设置阀门，一个冷却塔补水支管出现问题或一路引自储水箱的补水管道出现问题，关闭连接处两侧阀门，不影响整个系统的供水和补水。

3.2 电气专业设计

补水系统上的水泵、电动阀、电磁阀，监控系统的平台、DDC、各种电气仪表、传感器用电均采用双电源，设置双电源柜自动切换，一路是市电（市电来自两路不同的上级变电站），一路来自数据机房大楼下的人防固定柴油电站。整个监控系统由小型 UPS 电源供电。

3.3 智能监控系统可靠性设计

采用监控组态软件建立监控平台，用现场总线系统的方式，依据监控平台集中控制和 DDC 现场控制相结合的原则，对补水系统的各个环节进行监视和控制。采集数据，决策分析，设置多个报警阈值，用声光报警的方式提示监控操作人员，及时应变多种可能出现的故障，并做出响应。本部分主要阐述监控系统的可靠性部分设计。

监控系统软件安装在两个主从热备机上，可以实现快速切换。采集市政供水水压参数，设市政供水低压报警阈值，市政供水压力不满足补水压力要求时，远程打开人防永备水源井深井泵，实现地下水补水。采集水箱的水位信号，设置水箱高低水位报警，两水箱液位传感器互为备用。每个水箱设置两根补水管，设两个水力控制浮球阀，其主阀控制室压力引入管安装电磁阀（电磁阀设旁通）通过水箱液位信号控制电磁阀启闭，达到控制主阀启闭的目的。采集补水泵出水口总管的压力信号，监控水泵供水压力。监控运行设备的状态，设置故障报警信号。采集 7 个冷却塔集水槽液位，设置报警阈值。

3.4 运维保养设计

合理安排运维人员巡视记录，定期做好设备设施维护，定期总结。建立易损易坏备品备件库房，及时清点。建立应急预案，经常进行多种应急情况的演习演练，积累经验。

3.5 其他

对露天设备管道根据需要采取电伴热等保温措施，并监视管道表面温度，防止在极寒天气下冻坏设备和管道。

4. 工程实践检验总结

该项目投入使用 5 年来，运行稳定，系统遇多次风险，均高效抵御。实践检验，可靠性极高。

水务行业成本控制存在的问题及对策

汪文忠

杭州市水务集团有限公司

摘　要： 随着人民对环境质量的要求日益提高，政府在"十三五"期间加大了环境治理的投入。在水务行业，先有 2015 年发布的《水污染防治行动计划》为方针，后有 2016 年发布的《关于全面推行河长制的意见》，全国性开启了中小河流的治理工作。考虑到各地政府对环境治理的大额投入，本文强调了水务行业迫切需要科学、系统和规范的成本控制模式，通过成本核算和项目核算的角度分析了水务行业不完善的成本特点，提出了可行的成本控制模式以及从内控角度加大行业管理。

关键词： 水务行业　成本控制　运营成本

2015 年 4 月，中央政治局常务委员会发布《水污染防治行动计划》（简称"水十条"），将在污水处理、工业废水、全面控制污染物排放等多方面进行强力监管并启动严格问责制，铁腕治污将进入"新常态"。我国水务行业基本处于国有独资或国有控股情况下，既要考虑民生问题又要顾及企事业单位的可持续发展，如何实施合理的成本控制成了一大难点，因各地区发展不均衡也造成了标准难以统一，待商榷的问题有很多。

1　水务行业成本控制的重要性

全面推行河长制，从法律层面提出了水资源保护、水污染防治、水环境治理等，各地方政府已全面启动推进中小河道的综合整治。根据上海《关于明确城乡中小河道综合整治有关项目的通知》（沪水务〔2016〕1751 号）列出的中小河道详细清单，统计得出一共 155 个项目，总投资概算高达 101.59 亿元。这些项目的具体实施落实到市属水务集团、各区县的城建公司等，而如何保证在专款专用的同时，又高效的管理好公司运营成本是水务行业的企业面临的问题。[1]

我国水务行业的企业常年面临着既要承担地方政府赋予的服务职能和行业监管职能，又要兼顾一家常规企业需要维持的良性经营和可持续发展。从资本结构角度，国有股份长期占据水务行业企业的主导地位，地方财政拨款或财政补贴的现象在水务行业屡见不鲜。

无论从外部严峻形势考虑，还是从内部完善管理角度，都应该对水务行业实行行业内普遍可行的成本控制，防止高额的投资概算浪费财政资金，避免企业滞留大量的货币资金在自己账户，加强公司内部管理的高效性，从而全面降低运营成本，实现该行业的企业成立的初衷——运用公司管理的模式，更科学、高效地让政府资金服务好人民群众。

2 水务行业成本控制存在的问题

2.1 成本结构项目复杂

成本监审的范围、成本类别和约束指标决定了成本控制的模式。例如，《城市供水定价成本监审办法（试行）》（发改价格［2010］2613号）提到"城市供水定价成本包括制水成本、输配成本和期间费用。"《上海市污水处理成本规制管理办法（试行）》（沪水务［2016］660号）提出"污水处理总成本由污水输送直接成本、污水处理直接成本、污泥处理直接成本、税金及附加和期间费用组成。"在成本审核过程中，期间费用的认定相较于直接生产成本有一定的难度，通过约束指标可以将其控制在一定范围，但还无法就工艺性质来追踪其合理性，或考虑到企业的长远发展去更合理地确定标准。[2]

2.2 人工成本核算不标准

公用事业普遍属于传统行业，其办公生产环境自动化率不高，"十三五"期间将实行工业自动化全覆盖，逐步替代人工。而在此之前，人工成本的核算问题还将持续很长一段时间。水务行业内，例如，泵站与人员配备的标准只在《上海市排水泵站、污水厂设施运行维修估算指标》（上海市排水管理处2013年）出台过标准后再无更新，因此政策法规不及时更新、与社会发展的不相适应，对公共事业的人工成本核算造成一定困惑和压力。

没有精细化的设施量标准，就无法精确配比单位设施量的人员需求上下线。无法直观的统计人员费用就导致大量的运用主观经验，且没有统一的标准去分摊人员费用。除却直接人工的统计需要科学化、标准化，公司管理人员的人工成本是应该纳入水务行业的成本控制范围内、还是企业从盈利中自行消化有待商榷。大量的水务行业企业是亏损企业，无法自行消化管理人员成本，所以如何形成标准化、系统化的分摊标准，需要相关部门出台具有法律效应的指导意见。

2.3 固定资产折旧计提差异

我国水利事业发展与地方政府的基建投入密不可分，造成固定资产折旧处理方面，无论是账务处理还是成本监审角度都有困惑。

《定价成本监审一般技术规范（试行）》（发改价格［2007］1219号）（以下简称"定价成本监审"）规定"全部或部分由政府补助或社会无偿投入形成的固定资产，其折旧原则上不应计入定价成本，但后续支出可以计入定价成本。如政府允许计提折旧筹集更新改造资金的，该部分固定资产折旧可以计入定价成本，但应当在定价成本核定表中单独反映。"

随着城市扩容发展，"十一五"、"十二五"期间政府运用全国各大城市的政府投资融资平台（城市建设投资公司），向银行贷款为公共事业建设投入前期建设资金，因此在区分政府投入部分和企业自筹部分的界限很难划清。虽然定价成本监审规定的只是定价模式的处理，但在实际账务处理时，也有大型水利项目（例如，上海市"青草沙水源地原水工程"）按此原则计提折旧，即政府投入部分不计提折旧，银行贷款部分计提折旧。所以，全国各地区由于水利设施投入资金差异化较大，对待折旧计提问题也有操作上的差异。

2.4 不同地域的基础设施巨大差异化

2015年出台的《水十条》要求加快城镇污水处理设施建设与改造、加强配套管网建设、推进污泥处理处置。"到2020年，全国所有县城和重点镇具备污水收集处理能力，县城、城市污水处理率分别达到85%、95%左右。京津冀、长三角、珠三角等区域提前一年完成。""到2017年，直辖市、省会城市、计划单列市建成区污水基本实现全收集、全处理，其他地级城市建成区于2020年底前基本实现。"诸如此类的新形势下新要求，无疑将增加水务行业的建设资本金投入和运营维护成本，但全国不同地域的情况存在巨大差异。[3] 例如，直辖市、省会城市的任务时间更紧迫、质量标准的要求更高，故建设资本金投入大，与地级市的管理模式也存在一定区别，很难形成统一的成本控制模式。

以上海为例，中心城区投入三大污水处理厂提标改造（石洞口、白龙港和竹园）高达162亿元，另开工建设泰和污水处理厂总投资近63亿元、虹桥污水处理厂总投资在44亿元左右。如此高额的总投资让上海的水务集团形成专业的项目建设公司来管理基础设施的建设，但此做法在全国不具有普遍性，大部分地区的水务建设与运营是在一家公司进行，如何解决财政资金的专款专用和维护成本的合理利用面临巨大考验。又因，老城区的合流排水系统与新建城市的雨污分流制特点不同，故将运营成本中较难切分的合流制成本或期间费用形成统一的分摊模式在现阶段有难度。

3 加强水务行业成本控制的对策

3.1 科学合理的成本控制方法

如果政府相关部门可以联合行业专家，研究出台一套科学且具有法律约束的成本控制指导意见，再有地方部门因地制宜地出台实施细则，将不仅对水务行业的企业形成有效的成本控制，且将形成中长期的数据积累，从而在展开同行业企业的经营效益对标时有了科学依据。

第一种可以结合企业近3～5年的经济指标和财务指标，对企业相关的成本科目、经费科目和工程进度等一系列栏目进行范围约束，制定相应的激励奖惩制度，既实现了企业降本增效，又能长效保障企业的持续经营能力。

第二种可以参考国际上发达国家对基础设施企业的管理，采用价格上限规制。定价的基础不仅要考虑到前期投资、还本付息、运营成本等企业存续必要的支出，还要为企业的活力和创新留有合理的利润。由于我国公用事业长期处于政府主导和企业较低的管理水平，一方面没有准确的历史数据做定价支撑；另一方面也没有中长期的滚动预算机制，不合理的定价会造成企业的非正常运行，从而影响到社会群众的基本生活保障，所以目前全国仅有电力行业实现了电价定价政策，而水务行业仅有上海市的水务集团实行了自收自支的经营性定价收费模式。[4]

3.2 事前、事中和事后的全程管控

由于水务行业涉及大量的基础设施的建造、运营和维护，对于项目资本金需要实行专

款专用和专项审计。从项目的立项到初步设计和投资概算，都需要第三方审计事务所对其进行事前监理，避免发生关联方利益授受招标成功、建造过程中偷工减料，导致无法挽回的国有资产损失和政府公信力的下降。大型基础设施的建造过程应有第三方的专业审计进行项目跟踪审计，从而事中监控合理的建设成本，避免不必要的人员开支或会务费用的发生记入项目总投资。设施建成后亦需要聘请第三方机构做专业的竣工决算审计，再上报相关政府部门进行项目的销项。

水利设施的运营成本应进行定期审计，尤其在相应设施量需要配比的定额人员数量上进行有效控制，避免发生吃空饷的不良情况。从政策角度，根据《财政部关于企业加强职工福利费财务管理的通知》（财企（2009）242号）的精神，各地方政府对国资委管辖下公共事业企业出台了一系列薪酬规范指导意见。举例，上海市人力资源和社会保障局综合计划处 2015 年 7 月下达了《关于本市地方国有企业工资合理增长的操作指引（试行）》规范了六种津贴"住房补贴、交通补贴、午餐补贴、通讯补贴，节日补助和高温季节津贴"全部纳入工资总额，不再有额外的津贴福利。[5]

3.3 加强信息化，完善企业运营模式

加大自动化设备的投入，对基础设施实行电脑控制、实时监控和远程信息传输，从而降低人工的低效。建立信息集成化，能做到机械设备的故障及时推送到安全保障部门进行实时抢修；正常运转的机械设备根据科学的频次设定其检修预警，事先预防故障的发生；对老化的机械设备能及时推送信息到工程部、采购部进行大型零部件的更换，从而缩短更新改造的周期。避免高额且没有明细项目的更新改造和大修理频次。[6]

运用成熟的企业办公系统提高水务行业企业的管理水平，对物资的采购、员工的报销和"三公经费"等一系列支出形成内部管控和高效审批，既降低了时间成本又防止了运营风险。

4　结论与建议

基于政府对环境治理的高度重视，不仅体现在"十三五"到 2020 年的规划，如直辖市上海已提出的《上海市城市总体规划（2016-2040）》草案中也大幅提到了环境治理和优化，所以水务行业将迎来从水源地开发到污水治理的提标建设等大范围的财政资金投入，是一个机遇与挑战并存的形势。

水务行业的企业应该：一要完善内部风险控制，避免项目资金的浪费和闲置；二要建立长效、科学的运营模式以致降本增效；三要与政府相关部门合作，多地域联动形成普遍、可行的成本控制指导意见。

这一切都需要先进的科技信息技术做支撑，抓取大量准确的数据做精确统计，透明、公开的信息共享形成企业内部职能部门的联动，才能保障机械高效、正常运作，同时让财务数据有直接、客观的统计口径，让成本控制做到真正的有据可依。

参考文献

[1] 汪平，苏明. 资本成本、公正报酬率与中国公用事业企业政府规制 [J]. 经济与管理评论，2016（3）：47-60.

［2］ 邓奎久. 水务集团财务管理［J］. 中国市场，2016（50）：137-138.

［3］ 刘永泽，况玉书. 基于成本会计视角的公用事业产品定价研究［J］. 会计之友，2015（4）：81-83.

［4］ 许再中. 水利行政事业单位财务管理的风险与控制［J］. 中国集体经济，2014（34）：127-128.

［5］ 苏容招. 公用事业产品定价成本监审存在的问题与对策［J］. 海峡科学，2011（4）：49-50.

［6］ 刘倩. 水务行业上市公司投资前景分析［J］. 江苏商论，2015（14）：234-235.

综合管廊打造城市和谐生态环境

胡银生

浙江省金华市人民防空办公室

摘 要： 政府工作报告连续四年提出：推进地下综合管廊建设。据统计，目前我国的地下综合管廊已在 31 个省、直辖市和自治区的 167 个城市中建设或投入运行，已经引起了社会各界和人民群众的广泛关注。作者认为：综合管廊是城市建设的拐点和转折点，初期投入高但综合效益大，可以打造城市和谐生态环境。

关键词： 综合管廊 城市 环境

2019 年政府工作报告提出："继续推进地下综合管廊建设"。据统计，目前我国的地下综合管廊已在 31 个省、直辖市和自治区的 167 个城市中建设或投入运行，已经引起了社会各界和人民群众的广泛关注。

1 综合管廊：是城市建设的拐点和转折点

综合管廊被称为共同沟或地下共同沟，是通过将电力、通讯、给水、热水、制冷、中水、燃气等两种以上管线集中设置到道路以下的同一地下空间而形成的一种现代化、科学化、集约化的城市基础设施。建设城市综合管廊是国外已走过的路，事实证明是一条成功的路。1833 年法国在巴黎建设世界第一条管廊，1861 年英国在伦敦开始建设管廊，到目前为止，发达国家已基本完成了地下综合管廊建设。我国综合管廊萌芽于 1958 年，在北京天安门广场敷设了一条长 1076m 的综合管廊，1977 年配合"毛主席纪念堂"施工，又敷设了一条长 500m 的综合管廊；1994 年上海开发浦东新区时，在张杨路修建 11.13km 综合管廊，之后，全国各地纷纷尝试建设综合管廊。2013 年金华在金义都市新区启动综合管廊建设，并率先在全国开展了综合管廊兼顾人防和军民融合深度发展的"理论探索＋成功实践＋技术创新"工作，推动浙江省出台了《浙江省城市地下综合管廊工程兼顾人防需要设计导则》。2015 年财政部、住房和城乡建设部联合下发《关于开展中央财政支持地下综合管廊试点工作的通知》和《关于组织申报 2015 年地下综合管廊试点城市的通知》，并组织地下综合管廊试点城市评审工作。根据竞争性评审，第一批进入综合管廊试点城市是：包头、沈阳、哈尔滨、苏州等 10 城市。第二批进入综合管廊试点城市是：郑州、广州、杭州、景德镇、南宁等 15 城市，入围试点城市将获得一定额度的财政补助。根据《城市管网专项资金绩效评价暂行办法》，今年 1 月财政部会同住房和城乡建设部组织专家完成了中央财政支持地下综合管廊试点城市 2018 年绩效评价工作。经评价打分，南宁、景德镇市在第二批 15 个试点城市中排名分别为第一和第二，并要求他们查找不足、完善措施，以指导试点城市进一步做好相关工作。

2 综合管廊：初期投入高但综合效益大

综合管廊一次性投资大，但总体可以节省投资。城市地下综合管廊与传统的管线敷设方式对比有以下特点：一是城市地下空间有效利用。各类市政管线集约布置在综合管廊内，各类管线设计布置紧凑，使用功能完善合理，节约了城市用地，从而解决了传统的道路埋设，减少了地下各类管线对道路以下及两侧的占用面积。二是充分发挥地面道路功能。综合管廊的建设所用，可以完全避免各类管线敷设与维护，以及频繁挖掘道路对交通和市民出行所造成的严重影响，确保道路交通和市民出行通畅。三是方便入廊管线敷设、增减、维护。由于综合管廊内设有巡视检修功能和监控系统，管理和维护人员可以定期不定期，对综合管廊进行巡查、检修和维护，各类管线的增减也可以直接在综合管廊内进行，大大减少路面开挖修复的费用和工程管线的维护成本。四是可以延长"生命线"使用寿命。各类管线是老百姓的"生命线"，"生命线"由综合管廊保护起来，不直接与土壤和地下水接触，可以避免土壤和地下水对各类管线的直接腐蚀，可以相对延长各类管线的使用寿命。五是初期投入高但综合效益大。按已建成的金义都市新区综合管廊（二个仓）土建一公里投资4000万，支架、监控、报警、通风、照明、消防、排水、控制中心等一公里投资1200万，初期投入是高的，但综合效益分析，综合管廊节省投资的优势非常显著。法国巴黎的管廊已经运转200年了，运行还很好。同时综合管廊建设可以拉动经济增长，综合管廊在廊体单位公里造价约在0.56亿～1.31亿元之间，假设每年能建8000km的管廊，按每公里1.2亿元，就是1万亿投资。再加上拉动的钢材、水泥、机械设备等方面的投资，以及大量的人力投入，拉动经济作用明显。

3 综合管廊：可以打造城市和谐生态环境

综合管廊在国家政策推动和城市管理升级的双重驱动下，国内的综合管廊建设发展迅速，综合管廊已经迎来了建设和使用的高峰期。综合管廊可充分利用地下空间，节约地面空间，盘活土地资产，打造城市和谐生态环境。综合管廊可以囊括所有地下管道，统一有规划使用地下管廊空间。综合管廊的经济、社会、生态效益体现在以下几方面：一是节约宝贵的土地资源；二是消除城市"拉链路"，保障交通通畅；三是消除城市"蜘蛛网"，营造整洁环境；四是为城市地下空间开发利用提供基础。特别是在解决城市发展过程中，各类管线的维护、扩容造成的"拉链路"和空中"蜘蛛网"问题，发挥了极其重要的作用。综合管廊的建设，消除了通讯、电力等系统在城市上空布下的"蜘蛛网"及地面上竖立的电线杆、高压塔等，消除了架空线与城市绿化的矛盾，减少了路面、人行道上各种管线的检查井、室等，有力地改善了城市环境。高压走廊、架空电缆对比地下综合管廊，增强城市的防震抗灾防护能力。即使遭受强烈台风、雨雪、地震和常规武器爆炸等灾害，由于城市各类"生命线"敷设在综合管廊内，切实提高了"生命线"的抗灾能力，因而也就可以避免过去由于电线杆折断、倾倒、电线折断，或者埋设在地表的给水、热水等各类管线折断而造成的二次灾害。如果发生火灾时，由于不存在架空电线，综合管廊内有监控报警系统，可以及时迅速进行灭火活动，将灾害及时控制在最小范围内，从而有效提高城市的防灾减灾救灾能力。可以说，综合管廊改善了城市的生态环境和市民的生活环境，对提升城市总体形象，打造城市和谐生态环境起到了积极的推动作用。

某医药工业洁净厂房给水排水设计探讨

李晨峥　王　艳

中国航空规划设计研究总院有限公司

摘　要： 本文以某医药工业洁净厂房给排水设计为例进行探讨，结合医药工业洁净厂房的特点介绍给排水系统及消防系统设计。

关键词： 医药工业洁净厂房，生产、生活给水系统，生产、生活热水系统，纯化水系统，生产、生活排水系统，雨水排水系统，消火栓灭火系统，自动喷水灭火系统，移动式灭火器，七氟丙烷气体灭火系统

近年来，随着国内经济的快速发展，人民生活水平的不断提高，健康已成为广大人民群众的基本需求，受到广大人民群众的普遍关注，促进了我国医药市场的规模不断扩大，医药工业厂房的设计与施工逐渐增多。

1. 工程概况

该药厂位于云南省昆明市某高新技术产业基地，一期工程包括 1-A♯ 制剂生产厂房、1-B♯ 原料药精制生产厂房、1-C♯ 接待大厅、2♯ 原料药粗品生产厂房、3♯ 办公楼及后勤保障楼、4♯ 化学品库、5♯ 原料药回收厂房、6♯ 锅炉房、7♯ 门房、8♯ 门房。

本论文针对 1-B♯ 原料药精制生产厂房的给排水及消防设计进行探讨。建筑类别为多层丙类厂房，总建筑面积约 6249.97m²，建筑占地面积：5133.37m²，地上一层，局部两层，地上一层层高为 8.0m，局部二层层高均为 4.0m，局部出屋面部分 4.6m。

2. 给水排水设计

（1）生产、生活给水系统

1）给水水源及供水状况

本厂房水源为市政自来水，市政供水管网在厂区周围成环状布置，由市政给水管向厂区引入一根 DN200 的给水管，供全厂区生产、生活给水及消防用水，厂区入口处供水压力 0.25MPa，水质符合生活饮用水卫生标准。由于市政供水压力能够满足供水需求，因此厂房生产、生活用水由市政自来水直接供给。

2）设计用水量的确定

本厂房用水分为生活用水、工艺用水及生产生活热水，其中工艺用水量根据工艺专业提供的用点水量通过计算确定。

厂房总人数70人，根据《建筑给水排水设计规范》（GB 50015—2003）第3.1.12条规定，生活用水定额取50L/人·班，用水时间取8小时，小时变化系数取1.5。详细计算表格见表1。

生活用水水量表 表1

用水分类	人数	用水标准	用水时间	最高日用水量	平均时水量	K	最大时水量
	人	L/人·班	小时	m³/d	m³/h		m³/h
自来水	70	50	8	3.50	0.44	1.5	0.66

本厂房为医药工业洁净厂房，为保证给水管道内水质不被污染，厂房内洁净区外的给水支管均设有倒流防止器。经计算，生活用水最高日用水量为3.50m³/d。

工艺用水由设备生产用水及制取纯化水两部分组成。经计算，工艺用水最高日用水量为70.80m³/d。

（2）生产、生活热水系统

根据工艺条件，生产热水用水点每天需12小时持续供应热水，而生活热水每天只需1小时持续供水，因此，本厂房分别设置了生活热水系统和生产热水系统。

1）生活热水系统

生活热水主要用于淋浴。参照《建筑给水排水设计规范》（GB 50015—2003）表5.1.1-1，生活热水定额40L/人·次，本厂房人数70人，经计算最高日用水量2.80m³/d。

结合云南气象资料，本厂房位置处于夏热冬暖地区，生活热水系统采用空气源热泵。

在屋面设置热泵主机，在夹层热水机房设置储热水箱、加热水箱、配套热水循环泵及配套回水循环泵。

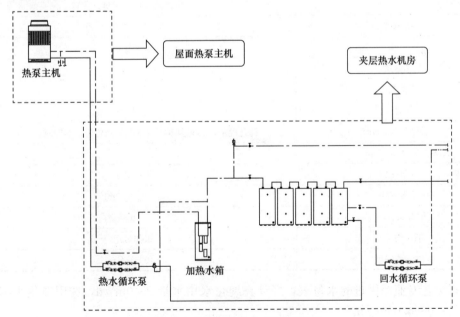

图1　空气源热泵热水系统原理图

2）生产热水系统

生产热水主要用于厂房内三合一（过滤、洗涤、干燥）、CIP等工艺设备。

125

根据工艺专业提供的水量表，生产热水最高日用水量17.21m³/d。本厂房生产热水采用循环热水系统，热源为工业蒸汽。

设备设置在厂房一层热水机房。循环水泵采用温度控制，在换热器出水管设置温度调节装置，设计温度可以根据生产要求设定，在生产运行前1个小时开始循环加热，启动循环泵，直到系统回水温度达到设计摄氏度后投入使用。

（3）生产、生活排水系统

医药工业洁净厂房排水与一般工业厂房排水不同，不仅有生活污水和生产给水，还有许多特殊水质的排水。

厂房污、废水排放系统采用分质分流的方式，污废水重力自流排入室外污水管。

生活污水经化粪池处理后排至厂区污水管道。

高温废水先排入室外降温池，再排入厂区污水管道。

酸碱废水单独排入厂区污水站的中和池内处理后再排至厂区。

防爆区排水在室外设置水封井，经水封井后再排入厂区污水管道。

以上所有污废水均通过厂区自建污水处理站处理达标后排入市政排水管网。

（4）纯化水系统

1）设计用水量的确定

本厂房工艺用水主要为纯化水，主要用于洁净区工艺设备用水及清洗。根据《医药工艺用水系统设计规范》GB 50913—2013，纯化水水质应符合如下规定和药品生产要求。

纯化水质量标准 表2

检查项目	纯化水水质
性状	无色澄清液体，无臭，无味
酸碱度	符合规定
pH	未作规定
硝酸盐	<0.000006%
亚硝酸盐	<0.000002%
氨	<0.00003%
电导率（$\mu s/cm$）	符合规定，不同温度下有不同的规定值，25℃时，<5.1
总有机碳 TOC（mg/L）	<0.5
易氧化物	符合规定
不挥发物	≤1mg/100mL
重金属（%）	<0.00001
细菌内毒素	未作规定
微生物限度	≤100 个/1mL

根据工艺专业提供过的水量表，经计算纯化水用水量29.0m³/d，选用纯化水制水设备产水量：$q=4.00$m³/h。

2）制备流程

制备纯化水的原水应达到饮用水标准，如果原水达不到饮用水标准，应先将原水进行处理达到饮用水标准。

纯化水制备的工艺流程如下：

原水→原水箱→原水泵→多介质过滤器→软化器→活性炭过滤器→保安过滤器→换热器→

→高压泵→反渗透→EDI系统→纯水箱→纯水泵→用水点→

经以上工艺流程处理后，出水水质电阻率大于 5MΩ·cm，管道设计为循环方式。

纯化水设备出水与储罐之间的管道应采用循环管路，降低微生物污染的风险。

根据《医药工艺用水系统设计规范》GB 50913—2013 第 4.3.4.1 条，纯水罐应采用无毒、耐腐蚀材料制造，本厂房采用 SS316L 不锈钢。

3）系统方案的确定

根据《医药工艺用水系统设计规范》GB 50913—2013 中的规定，纯化水循环输送管路长度通常不超过 400m，尽量采用单管循环输送；若总长度大于 400m 或循环供水管路的直径 DN 大于 65mm，需采用双管循环输送或二次分配系统循环输送。

本厂房占地面积较大且用水点较多，为采用单管循环输送，设计 2 套分配系统，使本厂房循环输送管路长度不超过 400 且管径不大于 65mm。

2 套分配系统分别包括：精致区一、精致区二和 QC、研发区。

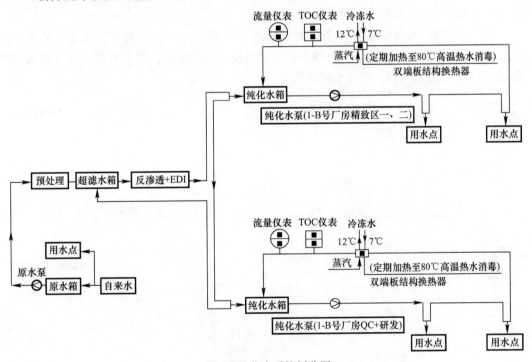

图 2　纯化水系统划分图

4）清洗、消毒及灭菌

根据《医药工艺用水系统设计规范》GB 50913—2013 第 4.5.2 条，纯化水储罐和输送系统应设置清洗、消毒设施。

多介质过滤器在运行一段时间后，由于表层截留了大量悬浮杂质，甚至造成滤料结成泥球，流经的水的压力损失将增大，并且部分截留物质可能透过滤层，污染出水水质，因此，多介质过滤器需定期反冲洗，以除去截留物。

活性炭过滤器经过一段时间的使用后，拦截在过滤器上流侧的有机物，会使活性炭使用后的水中微生物的指标超过处理前的进水指标，因此，活性炭过滤器应定期反冲和消毒，以降低活性炭过滤器上流侧的生物负荷。

经长时间运行后，即使预处理方法适当，反渗透膜仍不可避免地逐渐被浓水中的无机物、微生物、金属氢氧化物、胶体和不溶性有机物所污染。当膜表面污染物聚集到一定程度后，压差逐渐提高，产水量和脱盐率下降，因此，反渗透水处理装置需定期进行化学清洗及消毒，以保持正常运行和防止微生物滋生。

本厂房反渗透膜具有承受80℃以上的巴氏消毒的性能，因此采用巴氏消毒进行消毒和灭菌。

每个循环管路配备一台双端板结构卫生型壳管式换热器，用于管路巴氏消毒，系统进行消毒时，纯水罐内存水为储罐有效容积的25%，在一小时内用蒸汽将水升温至80℃。并在系统内循环运行1小时，保证系统所有温度传感器监测点温度不低于80℃。消毒完成后再由冷却水将储罐内水降至40℃排放。

5）检测和控制

根据《医药工艺用水系统设计规范》GB 50913—2013第4.6.3条，纯化水系统的工艺参数应进行监控，并应按取样标准操作程序规定设置取样口检测水质。出划水在线检测系统应具备水质超标时程序报警功能。

本厂房在纯化水分配系统设置了在线电导率、在线pH值、温度、压力、流速、流量、液位等监测装置并有显示、控制、记录的功能。在纯化水设备预处理设备了设置在线TOC、余氯、浊度、pH、电导率检测装置。

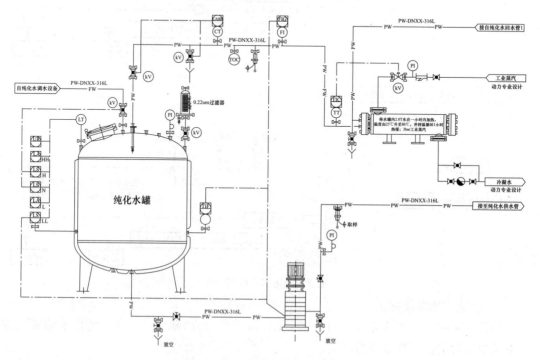

图3　纯化水管道仪表流程图

（5）雨水排水系统

根据《建筑给水排水设计规范》GB 50015—2003 第 4.9.2 条雨水流量根据下式计算

$$q_y = \frac{q_j \Psi F_w}{10000}$$

式中：q_y——设计雨水流量（L/s）；

$\quad\quad q_j$——设计暴雨强度（L/s·hm²）；

$\quad\quad \Psi$——径流系数；

$\quad\quad F_w$——汇水面积（m²）。

云南暴雨强度公式：

$$q = \frac{(12.74 + 35.94\lg P)}{(t + 22.31)^{0.873}}$$

设计暴雨重现期 5 年，设计降雨历时 $t=5$min，屋面径流系数为 0.90，降雨强度 $q=3.45$L/s·100m²。

因建筑美观及幕墙原因，雨水不允许在室内设置立管，本次设计采用外排，将 DN150 雨水管设置在建筑幕墙内。

本厂房因屋面造型无法设置溢流口，所以设置溢流雨水管作为溢流设施，确保总排水能力满足 10 年重现期的雨水量。

3. 消防设计

医药工业洁净厂房是一个相对密闭的建筑物，室内房间分隔多，通道狭窄而曲折，使人员的疏散和救火都比较困难，因此，消防设施就成为医药洁净工业厂房的一个重要组成部分。

本厂房建筑高度小于 24m，地上一层，局部两层，为多层丙类工业厂房，设置了室内外消火栓系统、自动喷水灭火系统、建筑灭火器及七氟丙烷气体灭火系统。

（1）消火栓系统设计

1）给水水源及供水状况

本工程水源为市政自来水，厂区周围供水管网成环状布置，拟从厂区市政引入一根 DN200 的给水管供本地块使用，市政压力 0.25MPa。水质符合生活饮用水卫生标准。

2）室外消火栓系统

本厂房按多层丙类工业厂房设计，根据《消防给水及消火栓系统技术规范》GB 50974—2014 第 3.3.2 条规定，室外消防水量 30L/s，火灾延续时间 3h。

3）室内消火栓系统

室内消火栓系统采用临时高压给水系统。本厂房按多层丙类工业厂房设计，根据《消防给水及消火栓系统技术规范》GB 50974—2014 第 3.5.2 条规定，室内消火栓系统水量为 20L/s，火灾延续时间 3 小时。消火栓的布置应保证室内任何一处均有 2 支水枪同时到达，水枪的充实水柱不小于 13m，栓口动压不小于 0.35MPa。

本厂房为医药洁净工业厂房，消火栓尽可能设置在非洁净区内，洁净区内的消火栓采用嵌入式安装。

（2）自动喷水灭火系统

根据《医药工业洁净厂房设计规范》GB 50457—2008 规定，医药洁净室（区）及其可通过的技术夹层和技术夹道内，应同时设置灭火设置和消防给水系统。因此，本厂房设置自动喷水灭火系统。

1）保护范围

本厂房按规范《自动喷水灭火系统设计规范》GB 50084—2017 设计。除水专业设备机房及不宜用水扑救的场所外，均设置自动喷水喷头。

2）系统设置

因医药洁净工业厂房造价高，设备仪器贵重，药品附加价值高，为防止管道泄漏或误喷，本厂房采用预作用式自动喷水灭火系统，在一层设有预作用报警阀，厂房设有两根DN150 自喷管道入口管，报警阀前设有 Y 型过滤器。在每个报警阀组的供水最不利点处设置末端试水装置；其他防火分区与楼层在供水最不利点处装设试水阀。

3）设计参数

自动喷水灭火系统设计参数表   表3

作用场所	厂房
系统类型	预作用系统
危险等级	中危险Ⅱ级
净空高度（m）	≤8.0
喷水强度（L/min·m²）	8
作用面积（m²）	160
喷头流量系数	80
喷头动作温度（℃）	68
最不利喷头出口压力（MPa）	0.10
系统流量（L/s）	36.00
持续喷水时间（h）	1.0

系统设有 3 套 DN150 的 SQS150 型地上式消防水泵接合器，与室外自动喷水管网相连，每个水泵接合器流量为 15L/s。

厂房一层下喷设置减压孔板，减压孔板孔径计算方法采用《自动喷水灭火系统设计规范》GB 50084—2017 第 9.3.3 条计算，

$$H_k = \xi \frac{v_k^2}{2g}$$

式中：H_k——减压孔板的水头损失（10^{-2}MPa）；

$\qquad v_k$——减压孔板后管道内水的平均流速（m/s）；

$\qquad \xi$——加压孔板的局部阻力系数。

经计算，减压孔板的孔径为 $d=67$mm。

（3）屋面消防水箱

在厂区 6#锅炉房屋面设有屋顶消防水箱间，内设消防水箱一座，贮存火灾初期消防用水量，根据《消防给水及消火栓系统技术规范》GB 50974—2014 第 5.2.1.5 条规定，

有效容积为 18m³。设有消火栓系统和自喷系统用增压稳压设备各一套，每套稳压泵参数：$Q=3L/s$ $H=20m$ $N=1.1kW$（一用一备），气压罐有效容积 220L。

（4）消防水池及水泵房

在厂区 1-A♯厂房地下一层设置消防水池及消防水泵房。

表 4

消防用水水量表

编号	消防系统	供水流量（L/s）	火灾延续时间（h）	供水量（m³）
1	室外消火栓系统	30	3	324
2	室内消火栓系统	20	3	216
3	自动喷水灭火系统	36	1	129.6
4	合计			669.6

厂区消防水池有效容积 1730m³（考虑二期预留），能够满足本厂房的设计要求。

（5）移动式灭火器

本厂房按《建筑灭火器配置设计规范》（GB 50140—2005）的要求设置移动式灭火器。

厂房全部选用磷酸铵盐干粉灭火器，每个消火栓箱处设置 2 具 MF/ABC4 手提式磷酸铵盐干粉灭火器。

配置灭火器按照以下原则：

空调机房、强弱电间适当位置设置 MF/ABC4 手提式磷酸铵盐干粉灭火器 2 具。变配电间设置 MF/ABC20 推车式磷酸铵盐干粉灭火器 2 辆。

灭火器设置在位置明显和便于取用的地点，且不得影响安全疏散。

（6）七氟丙烷气体灭火系统

1）气体保护区域

本厂房中一层总监控室及变配电站设置七氟丙烷全淹没气体灭火系统。

2）灭火方式

采用无管网组合分配全淹没灭火方式，即在规定的时间内，喷射一定浓度的药剂，使其均匀地充满整个保护区，能将任一位置的火灾扑灭。

3）设计参数

根据《气体灭火系统设计规范》GB 50370—2005 第 3.3.4 及 3.3.5 条规定，变配电站灭火设计浓度为 9%，总监控室灭火设计浓度为 8%。

根据《气体灭火系统设计规范》GB 50370—2005 第 3.3.7 条规定，变配电站设计喷放时间为 10s，总监控室设计喷放时间为 8s。

表 5

气体灭火防护区参数表

防护区	防护区体积（m³）	设计浓度（%）	喷放时间（s）	灭火剂设计用量（kg）	使用储瓶数（个）	泄压口面积（m²）	泄压口尺寸、数量
一层总监控室	300	8	8	152.15	70L×1（双瓶组装置）	0.082	670×325
一层变配电站	648.8	9	10	374.26	90L×2（双瓶组装置）	0.162	670×325 2 个

4. 小结

以上是针对某医药工业洁净厂房给排水及消防设计进行的探讨，其中，给水设计需保证生产给水和纯化水的水质质量；排水设计需根据排水水质的不同，采取不同的方式先进行处理后集中排放；消防设计需根据厂房性质和房间用途选用适合的消防系统进行保护。

医药工业洁净厂房由于其产品和建筑的特殊性，一旦发生事故将产生巨大的经济损失和人员伤亡，因此，对医药工业洁净厂房的给排水及消防设计时，一定要严格遵守《建筑给水排水设计规范》GB 50015—2003、《医药工艺用水系统设计规范》GB 50913—2013、《医药工业洁净厂房设计规范》GB 50457—2008、《建筑设计防火规范》GB 50016—2014等国家明确规定的相关条文，以确保厂房的生产安全。

参考文献

[1] 建筑给水排水设计规范 GB 50015—2003（2009 年版）中国计划出版社
[2] 医药工业洁净厂房设计规范 GB 50457—2008 中国计划出版社
[3] 医药工艺用水系统设计规范 GB 50913—2013 中国计划出版社
[4] 建筑设计防火规范 GB 50016—2014（2018 年版）中国计划出版社
[5] 消防给水及消火栓系统技术规范 GB 50974—2014 中国计划出版社
[6] 自动喷水灭火系统设计规范 GB 50084—2017 中国计划出版社
[7] 气体灭火系统设计规范 GB 50370—2005 中国计划出版社
[8] 建筑灭火器配置设计规范 GB 50140—2005 中国计划出版社
[9] 建筑给水排水设计手册（第二版）中国建筑工业出版社，2008

排　水　篇

居住建筑卫生间和阳台不降板同层排水概述

邱寿华　李　帅

昆明群之英科技有限公司

摘　要：近年来，同层排水技术呈现加速扩大应用的趋势，在国内多地已成为建筑排水管道的主流敷设方式，这也符合建筑排水行业的发展趋势，但当前的同层排水技术仍然有不少难题亟待解决，而本文介绍的不降板同层排水技术较好地解决了这些问题。

关键词：同层排水　不降板　卫生间　阳台

0　引言

如今，同层排水的发展已势不可挡，特别是在南方地区已占据主导地位，为了更好地规范和应用同层排水技术，住房和城乡建设部组织有关单位和专家编写了工程建设协会标准《建筑同层排水系统技术规程》[1] CECS 247：2008 和城镇建设行业标准《建筑同层排水工程技术规程》[2]。最新的 CECS 363—2014《建筑同层检修（WAB）排水系统技术规程》及 14S307《住宅厨、卫给水排水管道安装》，里面更是详细介绍及规范了不降板同层排水系统。先后于 2004 年和 2011 年进行过国内同层排水技术应用调查，调查显示渗漏、反味、层高压抑和维修困难仍然是当前同层排水面临的主要技术难题。

关于同层排水技术的文章也非常多，这些文章多从设计、施工、改进等方面进行探讨以更好的应用同层排水技术，但大都是针对出现的问题采取"防"的措施，很少有采取"治"的有效措施，而本文要介绍的不降板同层排水技术即从"治"的角度去解决当前同层排水存在的问题。

另外，现行《住宅设计规范》[3] GB 50096—2011 第 8.2.8 条规定"污废水排水横管宜设置在本层套内。"和《健康住宅建设技术要点》（2004 年版）2.4.7 条规定：排水支管应以本户为界。现如今住宅产品类型丰富，涵盖了住宅综合体、高层、洋房、别墅、酒店等很多产品，经常会出现厨房、卧室、客厅、餐厅上方是卫生间的情况，此时采用同层排水系统可满足规范要求，同时对于卫生间上下层相对应的情况，采用同层排水亦可避免隔层检修，有利于物业维护管理。

1　不同的同层排水方式

在这里，将国内同层排水方式分为三种模式：第一种以我国降板或局部降板为主要特点，卫生器具采用下排水方式，将排水管道及配件敷设在降板区域内，为方便表达，暂将这种型式命名为传统降板模式（图 1 右）；第二种是以少降板、隐蔽式安装排水管道为主要特色，卫生器具采用后排水方式，将大便器的水箱、排水管道及配件敷设在卫生器具后面的夹墙内，暂将这种型式命名为夹墙敷设模式（图1左）；第三种即本文所述的不降板同层排水，和夹墙敷设模式的最大区别在于无需任何降板，暂将这种型式命名为不降板模式（图1左）。

图1　同层排水不同方式

卫生间、厨房和阳台应用不降板同层排水技术的特点和做法将在下面分节介绍，表1列出了卫生间传统降板模式、夹墙敷设模式和不降板模式综合对比情况。

不同同层排水方式综合对比　　　　　　　　　　　　　　　　　　　　　表1

	传统降板模式	夹墙敷设模式	不降板模式
降板高度（mm）	300～500	100～150	0
坐便器	下排水	后排水	后排水
渗漏积水几率	大	小	小
卫生死角	有	无	无
支管堵塞几率	大	小	小
排水口调节	无	无	可调节
防虫防溢	无	无	有
维护成本	高	较高	低
层间净高	小	较大	大
综合造价	高	较高	低
水封安全性	低	较高	高

从表1可以很明显地看出，不降板模式占有很大的优势，是值得推广应用的同层排水技术，既节省了建筑材料（如钢筋、混凝土、陶粒、防水涂料等）的使用，又提高了建筑舒适卫生性，符合绿色住宅、健康住宅的建设要领。

2　卫生间不降板同层排水

卫生间是人们日常生活中使用频率较高的场所之一，但同时也是建筑排水系统出现问题的最多的场所之一，而首当其冲的是地漏，地漏往往是排水系统的薄弱环节也是容易被忽视的环节，也是同层排水技术应用的难点所在。

传统降板模式存在积漏水普遍、层高净高小、存水弯容易堵塞、清通困难等很现实的问题，而且无法保证使用轻质材料（如陶粒、焦渣等）回填降板区域，施工中有发现直接将建筑垃圾回填的现象，而不降板模式解决了以上所有问题并且降低了综合造价。

　　不降板同层排水系统的核心部件是排水汇集器及 L 形侧排水地漏见图 2。排水汇集器水封容量大（达到 1050mL），设有重力止回阀有效防止水封蒸发，并且共用水封具有同层检修功能。

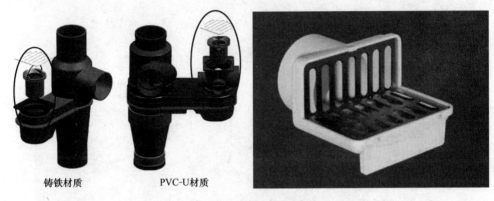

铸铁材质　　　　　　　PVC-U材质

图 2　排水汇集器及 L 形侧排水地漏

　　不降板同层排水系统横支管采用污、废分流，所有废水横支管共用水封见图 3，共有水封能实现主动补水，不易干涸，且污水管（大便器）的排水不会影响废水管的水封，排水更为安全，不会产生反溢出现象，房间不易产生异味、虫鼠不易跑入房间。所有横支管在排水汇集器处共用一个水封，不设存水弯，所有器具连接均选用弯头，大大减少排水管道堵塞点，堵塞率低。

图 3　不降板同层排水系统原理图

　　为了便于直观了解，卫生间装修整体效果和管道布置分别见图 4 和图 5。值得一提的是，二次装修时存在地漏因无法适应不同的装修高度而需要拆除的情况，这不仅增加成本，而且施工操作麻烦，考虑到这一点，侧排地漏增加了柔性位置调节器，可以根据二次装修的需要进行不同高度的连续调节，非常方便。

　　因不降板同层排水系统没有沉箱，所以再无沉箱积水。且由于该系统的无需降板，大幅度降低土建成本及施工难度见图 6，大幅度提升了空间使用高度见图 7。

图 4 卫生间不降板同层排水效果图

图 5 卫生间不降板同层排水管道布置图

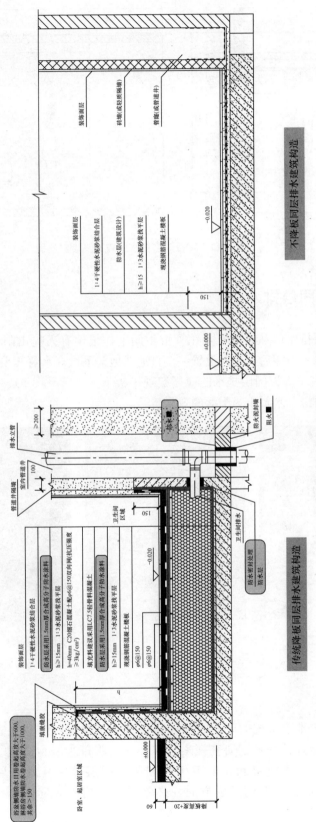

图6 传统降板和不降板同层排水的建筑工造对比图

不降板同层排水建筑构造

装饰面层

砖墙(或填充轻质隔墙)

管窑(或管道井)

装饰面层

1:4干硬性水泥砂浆结合层

防水层(建筑设计)

h≥15 1:3水泥砂浆找平层

现浇钢筋混凝土楼板

150

-0.020

±0.000

传统降板同层排水建筑构造

排水立管

管道井隔墙

室内管道井

100

防水密封处理

防水层

卫生间排水

防火封堵墙

阻火圈

卫生间区域

150

-0.020

装饰面层

防水层采用1.5mm厚聚合物干防水涂料

h≥15mm 1:3水泥砂浆找平层

h=40mm C20细石混凝土配ρ6@150双向网抗压强度≥3kg/cm²

填充料建议采用LC7.5轻料混凝土

防水层采用1.5mm厚聚合物干防水涂料

h≥15mm 1:3水泥砂浆找平层

现浇钢筋混凝土楼板

ρ6@150

ρ6@150

填缝缝胶

浴盆侧墙防水日用卷起高大于600,淋浴侧墙防水卷起高度大于1000,其余≥150

防水:起居室区域

±0.000

60

卫生间地坪+20

≥200

防火

≥200

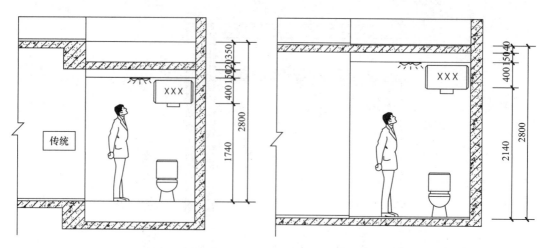

图7 传统降板和不降板同层排水的空间高度对比图

3 阳台不降板同层排水

一直以来，同层排水似乎都被局限在了卫生间上，很少有人提出阳台同层排水的概念，在禁止使用钟罩式地漏后，阳台设置一个直通式地漏下设存水弯几乎成了一个统一的模式（图8），而阳台不降板同层排水的应用实现了板下无支管（图9）、同层清通、排水口高度可调、防虫防溢、水封不易干涸的效果。

图8 阳台异层排水

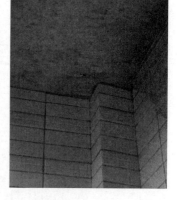

图9 阳台不降板同层排水

4 结束语

近年来，对建筑排水系统的研究颇为火热，特别是在以特殊单立管排水技术开发应用为背景条件下展开的一系列研究探索工作，如立管排水能力测试、水封特性、特殊单立管等，把这些技术成果和住宅卫生间和阳台同层排水技术成果相结合，符合"绿色建筑"和"健康住宅"的发展方向，必将对今后国内建筑排水系统的发展产生深远影响。

参考文献

[1] CECS 247，建筑同层排水系统技术规程［S］

[2] CJJ 232，建筑同层排水工程技术规程［S］

[3] GB 50096—2011，住宅设计规范［S］

[4] 《健康住宅建设技术要点》（2004 年版）

[5] GB 50015—2003（2009 年版），建筑给水排水设计规范［S］

[6] CJ/T 186—2003，地漏［S］

[7] CECS 363—2014，建筑同层检修（WAB）排水系统技术规程

[8] 14S307 住宅厨、卫给水排水管道安装

地漏和盥洗设备共享存水弯技术

李云贺　华　敏　吴克建　任少龙　潘志铭　屠金玉　俞文迪

摘　要： 实践证明在中国的排废系统采用分兵把守、依靠地漏的存水弯是解决不了其水封干涸所衍生的反问题。地漏和盥洗设备共享存水弯技术的排废系统，包括唯一设置在横支管下游靠近排水管处、战略要地的存水弯；排废系统、包括存水弯的管道夹角不小于 90°；地漏为直通式地漏，或能起双重防止冒臭气的防干涸地漏、如磁性密封翻斗式地漏。盥洗设备经常排水使存水弯"保证有足够的水封"，堵塞了可清通，防干涸地漏还具有防返溢和防下水道蟑螂，地漏的反问题基本上都能解决。降低了排废系统建设成本，是一项住户和房地产商等多方得益的技术。

关键词： 横支管存水弯　清通　磁性密封翻斗式地漏

引言

《给水排水》2001 年第 27 卷第 6 期和第 11 期分别刊登《关于地漏问题的讨论》以及《关于地漏问题的讨论的有关情况介绍》，到现在过去了近 20 年。现在地漏标准已经制定，钟罩式地漏禁止使用，但是当时提到的某些问题仍旧存在。由于"地漏虽小，却涉及千家万户，关系到人们健康和环境卫生"[1]，给排水界一直在为此奋斗。地漏虽然"只是排水配件，而非卫生器具"[2]但也属于废水排除系统一部分。专利申请号 201710736089.1《一种排水管下游设置存水弯的排除废水系统》，在前人成果的基础上，提出了地漏和盥洗设备共享的横支管存水弯技术，以期从排除废水系统着手来解决地漏与排除废水系统有关的反问题。

1　《关于地漏问题的讨论》所提到的有些反问题至今没有解决

地漏排水是正问题，与之伴生的冒臭气和存水弯堵塞等等就是反问题。

1.1　地漏冒臭气问题

地漏的选择原则归纳有以下几点即结构简单，水力条件好，任何时候都应该保证有足够的水封，且该水封不能被人为破坏。[3]即使采用《建筑给水排水设计规范 2009 年版》GB 50015—2003（下称《建水规》）所推荐的具有防干涸功能的地漏，也只有减缓水封干涸、而不能"任何时候都应该保证有足够的水封"。"无论何种地漏（不包括多通道地漏等能补水地漏），内水封或外水封都有水封蒸干散发臭气的共同缺点，必须及时补水。但补水是个麻烦事，懂专业的人有时也会忘记补水，直到闻到臭气才想起补水。不懂水封作用的普通住户还不知臭气来自何方！"[4]

1.2 地漏存水弯堵塞问题

①它排除的是地面水，水质有时比其他任何器具的都差，固体物、纤维物多，易在存水弯中沉积；②相邻两次排水的最大时间间隔比其他器具的都长，使得沉积积实、不能由下次的排水自清。[5]上述是地漏的存水弯堵塞的机理。和地漏配套的 DN50 S 形、P 形存水弯如果堵塞了，由于其管道夹角只有 45°，手摇疏通弹簧不能通过清通。对于异层排水只能到下一层拧开存水弯的清扫口来清通，或许会出现《建水规》2003 年版条文说明 4.3.8 住宅即作为业主的私人空间，有拒绝他人进入的权利，下排式卫生器具一旦堵塞，清通即成问题。[7]同层排水存水弯堵塞了，要清通也非易事。

1.3 局限于地漏是难以解决地漏问题

存水弯术语：在卫生器具内部或器具排水管段上设置的一种内有水封的配件。[7]对于地漏来说，就是：在地漏内部或地漏排水管段上设置的一种内有水封的配件。"在美国，许多地方当局规定设计中必须使用注水器（Trap Primer）来定时补水。有些地方则允许用深水封（Deep Trap）来代替补水器。所谓深存水弯，是指水封深度等于或大于 4 英寸（10cm）的存水弯。"(6)但是该技术过于复杂，成本高，耗水用电，似乎不适合中国国情。《建水规》只是规定地漏的存水弯深度是 50mm，没有要求设置通气管，更谈不上使用注水器，在可见的将来也不可能改变。实践证明，就地漏来解决地漏的反问题，是很难的。

2 横支管存水弯排除废水系统

2.1 排污系统和排废系统存水弯设置应有区别

在军事上，有的在战略要地设卡，也有分兵把守，这和防御目的以及防守力量有关。分兵把守的前提是每一个关口要有足够的防御力量，污水排出系统（简称排污系统）采用分兵把守的策略是正确有效的，因为大小便器经常排污冲洗，所以它的存水弯始终有水，一能够建立有效的水封来阻隔臭气，二可以浸润便器，避免粪便黏附。然而废水排出系统（以下简称排废系统）采用分兵把守的策略，起码在中国、包括香港不合适，这是因为没有像美国那样给地漏配置注水器，地漏不可能"任何时候都应该保证有足够的水封"，造成在地漏的存水弯这个关口上兵力不足，达不到防御的目的。

2.2 横支管存水弯废水排除系统

既然排废系统不适合采用分兵把守的策略，那为什么不能采用战略要地设卡策略？这样的策略比比皆是，而且是行之有效的，比如在火车站乘客在检票口检票再去坐火车，观众在剧场入口检票后才能看戏，水闸设在支流口以防河水泛滥等等。

为什么地漏就不能和盥洗设备共享一个存水弯呢？能不能够把这个共享存水弯设置在

战略要地呢？发明专利《一种排水管下游设置存水弯的排除废水系统》就从这样的常识思路上的推导出来的。盥洗设备和地漏都不设存水弯，将它们的器排管连接到横支管上，在横支管的下游设置一个存水弯，由盥洗设备和地漏所共享。所谓横支管，是连接器具排水管至排水立管的管段[7]，这个共享的存水弯称为横支管存水弯。"原全国建筑排水研讨会主任委员胡鹤钧的——主要观点有：①管式存水弯的地漏其水力性能、排水能力优于钟罩式地漏。"[2]，因此横支管存水弯采用管式存水弯，由于组装在一起、不能拆解，所以"且该水封不能被人为破坏"。排废系统、包括存水弯管道的夹角不小于90°；为了满足该排废系统需要，提高工效和降低成本，提出了新型管件。

整个排废系统只有一个存水弯，通常设置在横支管的下游，它的流出端连接到排水立管，或者污废水合排系统的横支管，即相当于在排废系统的入口处这一战略要地上设卡。因为盥洗设备经常排水，废水既是排废系统排出的对象，又是建立水封的资源、守卫关卡的士兵，就能做到"任何时候都应该保证有足够的水封"，将臭气阻挡在排废系统之外，卫生器具、地漏及器排管无需设存水弯，即不必分兵把守。这也符合建水规 4.2.7A "卫生器具排水管段上不得重复设置水封"[7]。

医疗卫生机构同一房间内的卫生器具不得共用存水弯，[7]可以将一个房间的卫生器具、如洗手盆和地漏的器排管连接到一个设有横支管存水弯，组成一个分系统，再连接到排水立管，这样既符合建水规，地漏又不会散发臭气。

为保证存水弯的水封功能，对于没有盥洗设备的排废系统，应有定时注水装置。

2.3 横支管存水弯和排水管道

《建水规》条文说明 4.1.2 在建筑物内把生活污水（大小便污水）与生活废水（洗涤废水）分成两个排水系统。由于生活污水特别是大便器排水是属瞬时洪峰流态，容易在排水管道中造成较大的压力波动，有可能在水封强度较为薄弱的洗脸盆、地漏等环节易造成破坏水封，而相对来说洗涤废水排水是属连续流，排水平稳[7]。以及条文 4.3.6A
厨房间和卫生间的排水立管应分别设置。[7]即不同的排水管内压力波动是不同的，对存水弯的水封破坏也各异。为此，提出了 3 种不同的对横支管存水弯。图 1 为 90°V 形存水弯，水力性能、排水能力好，抗水封破坏能力比较低，适合与厨房和卫生间污废水分流的废水排水立管配套。它是由 45°弯头、一个 90°弯管（图 4、新管件）和由带插口45°弯头（图 5、新管件）构成，简单零件和组装成本低。90°弯管也可以用 90°弯头加两截管子替代，也能铸造整体的 90°V 形存水弯。带插口 45°弯头相当于粘结有一截管子的45°弯头。图 2LP 形存水弯，Long p 形存水弯，它是由两个 90°弯头、一截管子、长 45°弯管（图 6、新管件）和由带插口 45°弯头构成。将来可用带插口 90°弯头（图 7、新管件）、相当于粘结一截管子后的 90°弯头，也能铸造整体的 LP 形存水弯。由于它的底部管道有两个分别是 90°和 135°的夹角，之间有一段水平管，它的抗水封破坏能力不低于P 形存水弯。图 3 设有防虹吸通气管的倒马鞍形存水弯，它包括两个 45°斜三通、两个短 45°弯管（图 8、新管件）、一个长 45°弯管（图 7）和一个 45°弯头，也属于 90°V 形存水弯。可以铸造成整体的。它抗水封破坏能力最高。后两种存水弯适合与废污水合流的排水管配套。

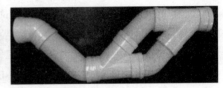

图1 90°V形存水弯　　　图2 LP形存水弯　　　图3 设有防虹吸通气管的倒马鞍形存水弯

图4 90°V形弯管　　　图5 带插口45°　　　图6 长45°弯管　　　图7 带插口
　　　　　　　　　　　弯头　　　　　　　　　　　　　　　　　　　　　90°弯头

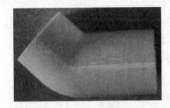

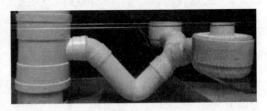

图8 短45°弯管　　　图9 双45°斜三通　　　图10 带插口45°弯头和双45°斜三通组装案例

2.4 注塑的带插口45°弯头和双45°斜三通管件

双45°斜三通的两个45°斜三通插入带插口45°弯头后再连结两根相向的管子。图10是它们的组装案例，可以提高工效和节省材料，两个地漏的排水都流向存水弯，防止废水窜向对面的管道。

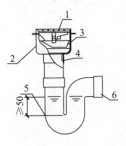
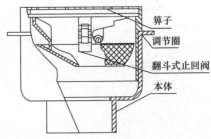
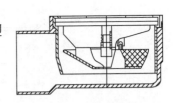

图11 CJ/T 186　　　图12 磁性密封翻斗式地漏　　　图13 直埋（横排）式磁性
《地漏》插图　　　　　　　　　　　　　　　　　　　　　密封翻斗式地漏

1. 箅子；2. 本体；3. 磁性翻
斗式附件；4. 调节段；5. 存水
弯管；6. 排出接口

2.5 地漏

无需设存水弯的地漏，一是直通式地漏，二是《建水规》4.5.10提出的：应优先采用具有防涸功能的地漏，即无存水弯的防（干）涸地漏。条文说明"目前研发的防涸地漏中，以磁性密封较为新颖实用，地面有排水时能利用水的重力打开排水，排完积水后能利用永磁铁磁性自动恢复密封，且防涸性能好，故予以推荐。"[7]属于防干涸地漏的磁性密封翻斗式地漏符合推荐要求。该地漏也纳入2016年修编的CJ/T 186《地漏》行业标准（图11）[8]。

2.5.1 磁性密封翻斗式地漏和翻板式地漏排水机理不同

翻板式地漏是没有聚集水功能的翻板来封堵，当小量含有杂质的废水流入，水就从地漏排水口和翻板之间的缝隙流出，杂质留在里面并会干结，影响密封性且很脏。而磁性密封翻斗式地漏（下称翻斗式地漏）用的是翻斗，翻斗是容器，处在平衡状态的翻斗在磁性材料之间的吸引力作用下向上提，提高封闭能力。而当小量含有杂质的废水流入，水就积攒在翻斗内，翻斗内需要更多的水才能形成大于配重和磁性材料间力矩的力矩，使翻斗翻侧，磁性材料间的吸引力随距离加大而锐减，翻斗的摆动角度加大，倾倒的水量更高，翻斗更容易摆回平衡状态。翻斗在翻侧倾倒废水过程中不停地摆动，相当于簸箕在水的冲洗下不停簸动，杂质不会滞留更不会干结在地漏内，排水部分是干净的，即自清能力最高。

2.5.2 流量传感器型翻斗式地漏以及堵塞传感器型翻斗式地漏

图14为复合流量传感器和堵塞传感器型翻斗式地漏，也可以分解为流量传感器型翻斗式地漏以及堵塞传感器型翻斗式地漏。对于住宅的正常排水以及异常排水、堵塞能够通过住户手机显示和报警，也能够为大数据技术服务。翻斗本身是一种量具，翻斗式地漏在排水过程中翻斗会摆动，其频率和水流量有关；此时第一磁铁和第一干簧管将水流量转化为电开关信号，即成为流量传感器型翻斗式地漏。如果水流量大时会处倾斜状态，就持续发出开的信号。在住宅难免有水管、管件爆裂，以及盥洗设备忘了关闭而溢出流到地面长时间的积水，它就能发出报警。另外对于不允许地面有积水的场合，可以作为水浸传感器。排水管和存水弯会排水不畅、甚至堵塞，地漏内水位上升，第二磁铁随浮子上升接近第二干簧管，堵塞传感器型翻斗式地漏就将水位信息转化为电信号。

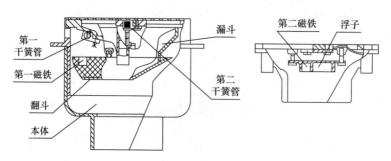

图14 复合流量传感器和堵塞传感器型翻斗式地漏

2.6 敷设

2.6.1 无通气管敷设

图15为异层和深沉降同层立管排废水系统，其中洗手盆以及垂直下排的翻斗式地漏的废水通过垂直的DN50器排管流入横支管，再流经靠近排水立管的90°V形横支管存水弯流入排废水立管。由于器排管中间没有S形存水弯，横支管端部没有P形存水弯，能缩短器排管的长度，还可提升横支管和吊顶的高度，增加了卫生间的空间以及降低沉降层深度。

图16为同层废水立管排水系统，采用的DN50直埋（横排）式翻斗式地漏。整个横

支管只有存水弯比较低，因为靠近污水管的沉降层一般都比较深，处置横支管存水弯难度比较小。其他包括地漏基本在一个水平面上，直埋式翻斗式地漏的接管承口和管件承口外径相同，高出承口部分埋在装修的水泥和瓷砖里，所以沉降层的深度只要能满足管子管件就可以，是最浅的沉降层。

图 15　异层和深沉降同层立管排废水系统

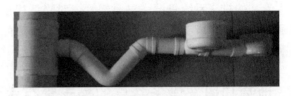

图 16　同层立管排废水系统

图 17、图 18 是分别采用 LP 形存水弯和设有防虹吸通气管的倒马鞍形存水弯的异层污水及污废合流立管排水系统，也可用于沉降层较深的同层排水。

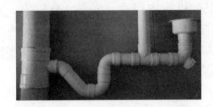

图 17、18　采用 LP 存水弯和设有防虹吸通气管的倒马鞍形存水弯异层污水及污废合流立管排水系统

图 19、图 20 和图 21 列举了几种不同方式的同层污废合流横支管排水系统。污水面一定要低于存水弯的入口，以防横支管的污水流入存水弯。其中有图 19 中的存水弯通过位于异径管上方的 DN50 的承口连接到排除污水横支管。图 20 中的存水弯通过向上倾斜 45°的异径三通的 DN50 承口垂直连接到排除污水横支管，存水弯大致与横支管等高。而图 21 中的存水弯通过向上倾斜 45°的异径三通的 DN50 承口、带插口 45°弯头和 90°弯头等平行连接到排除污水横支管，存水弯高于横支管。如果改用垂直排水的翻斗式地漏也可以是异层及深沉降层同层污废合流横支管排水系统。

图 19　用异径管连接的同层合流横
支管排水系统

图 20　用异径三通垂直连接同层合流横
支管排水系统

图 21　用异径三通平行连接同层合流横支管排水系统

图 22　横支管存水弯通气管敷设

盥洗设备和洗衣机的排水软管也可以插入有洗衣机排水口的翻斗式地漏来排水。

2.6.2　通气管敷设

废水排向污废合流的排水立管、横支管的排废系统，横支管存水弯的水封会被破坏，如果设通气管，水封会更安全。传统的排废水系统有多个存水弯，就需要设多根通气管。而本专利的排废系统只设一根通气管，对降低建设成本是有利的。比如图22横支管存水弯通气管敷设，横支管和排水立管之间有顺水三通，通气管连接此三通中间的倾斜向上承口和双立管中的通气管的异径三通。

3　地漏和盥洗设备共享的横支管存水弯技术评估

3.1　符合建水规并采纳建水规和专家推荐的技术

横支管存水弯技术符合建水规：4.2.7 医疗卫生机构内门诊、病房、化验室、试验室等处不在同一房间内的卫生器具不得共用存水弯。[7] 也就是说，在其他场合是可以共用存水弯的，共用存水弯技术已经广泛使用，比如 CJ/T 186 地漏行业标准中有多通道地漏。

条文说明 4.5.10 直通式地漏下装存水弯，其排水性能水力条件最好，其堵塞几率最低，工程造价最便宜，应在工程中优先采用。横支管存水弯采纳了此技术，存水弯是专家认可的管式存水弯。

3.2　任何时候都保证有足够的水封，且该水封不能被人为破坏，双重防臭及防返溢功能

正常生活时盥洗设备的存水弯在"任何时候都保证有足够的水封"，在横支管存水弯排废系统中所有废水都经过共享的横支管存水弯排水，建立水封的概率更高，这是第一道臭气防线。

由于地漏本身无需水封功能，就不存在人为破坏问题。还因为翻斗式地漏有较高的封闭能力，能够向上透过地漏的空气量小，因此有较高的防干涸能力，也有一定的防臭能力，这是第二道臭气防线。《建水规》之所以"以活动的机械密封替代水封的做法应予禁止"，是因为一是活动的机械寿命问题，二是排水中杂物卡堵问题，保证不了"可靠密封"[7]，并没有否定机械密封防臭的功能。活动机械密封阻隔气体流动的技术在各个领域普遍使用，至于建筑给水排水领域，只不过是因为有排水，才有可能应用存水弯来实施水封技术。机械密封还能够阻止下水道的蟑螂等生物进入室内，为彻底灭绝蟑螂的必要条件。避免影响室内环境。

翻斗式地漏也能抑制液体向上通过，所以有一定的防返溢作用。

3.3　水力条件好，降低噪声及堵塞的可能性，实现排水管道的可清通

因为横支管存水弯采用的是管式存水弯，它的水力性能、排水能力较优，自清能力强。排水时的噪声不高于 P 形存水弯。如果采用 90°V 形存水弯，废水是沿着 90°V 形存水弯的 45°斜坡向下淌，噪声会更低。这样存水弯内沉淀的杂质少，再加上经常存水的，避

免了"使得沉积积实、不能由下次的排水自清",即降低了堵塞的可能性。图22可清通LP存水弯,其他两种存水弯更容易用手摇疏通弹簧清通。由于整个排废系统都是由夹角不小于90°的管道组成,横支管存水弯即使堵塞了,只要拿掉直通式地漏的算子,或者翻斗式地漏的算子及翻斗式止回阀,把手摇弹簧软轴插入,边摇动边深入,就能清通堵塞。而要清通最常用DN50的S形、P形存水弯堵塞,无论异层排水、墙外敷设和同层排水,要清通都十分麻烦。

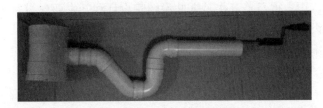

图23　可清通的LP形存水弯

3.4　凡是需要排除地面积水的场所,都可以设地漏

建水规条文说明4.3.8B——(1)地漏在同层排水中较难处理,为了排除地面积水,地漏应设置在易溅水的卫生器具附近,既要满足水封深度又要有良好的水力自清流速,所以只有楼层全降板或局部降板以及立管外墙敷设的情况下才能做到。4.5.7本次局部修订不强调在卫生间设地漏。在不经常从地面排水的场所设置地漏,地漏水封干涸丧失,易造成室内环境污染。[7]但是卫生间和厨房地面很有可能积水,比如有"卫生器具连接软管爆管的隐患",一旦发生,没有地漏排水就会引起水患。现在地漏无需"满足水封深度",不会冒臭气就不需要担心地漏造成室内环境污染,所以凡是需要排除地面积水的场所,都可以设地漏。如果设置有流量传感器型翻斗式地漏,可以对如连接软管爆管所引起的超长时间排水报警。

3.5　结构最简单,省工、节材与节水

不用注水装置也能解决地漏冒臭气问题,可以节省建设费用,方便日常管理以及节省电和水。

因为卫生器具和地漏的器排管可以就近直接连接到横支管,所以能符合《建水规》4.3.3"自卫生器具至排出管的距离应最短,管道转弯应最少"[7]的要求,也节省管材。

同层排水与横支管存水弯排水系统处存水弯部分相关沉降层最浅,降低建设费用。

卫生器具和地漏都不设存水弯。

新型管件省工省料。

3.6　地漏和盥洗设备共享存水弯技术的其他用途

该技术有可能解决一些原来比较棘手的问题。比如有一家涉及客轮给排水业务的公司囿于卫生间的楼板厚度不够高,安置带存水弯的地漏成了难题。采用该技术就可以在靠洗手盆附近的墙边设置侧墙式地漏,器排管连接到下一层卫生间洗手盆的存水弯上以实现共享。不但解决了地漏的设置问题,还有可能进一步降低卫生间楼板的厚度和轮船的造价。

结语

实践证明在中国的排废系统采用分兵把守、依靠地漏的存水弯解决不了其反问题。现在把地漏和盥洗设备共享的横支管存水弯设置在臭气的入口处，采用战略要地设卡，是回归常识且有效的技术，地漏的反问题基本上都能解决。这是一项多方得益的技术，首先是居住环境得到保护，用户得益，其次是据此设计院设计和开发商建设基本无缺陷的排废系统，不但降低了建设成本，还可以提高档次。

本技术必定有不完善处，需要不断完善。

参考文献

[1] 华东建筑设计研究院有限公司 马信国，陈龙英. 地漏问题的讨论 制订地漏产品标准刻不容缓. 给水排水，2001 年第 27 卷第 6 期

[2] 关于地漏问题的讨论的有关情况介绍. 姜文源 《给水排水》2001 年第 27 卷第 11 期

[3] 地漏问题的讨论 地漏水封的重要性《建筑给水排水设计规范》国家标准管理组 张淼 给水排水，2001 年第 27 卷第 6 期

[4] 清华大学 王继明. 地漏问题的讨论 对钟罩式地漏的评议 给水排水，2001 年第 27 卷第 6 期

[5] 建设部建筑设计院 赵世明. 地漏问题的讨论 地漏讨论 给水排水，2001 年第 27 卷第 6 期

[6] 卢安坚. 美国建筑给水排水设计. 北京：经济日报出版社，2007 年 1 月第一版

[7] 建筑给水排水设计规范 GB 50015—2003 2009 年版. 北京：中国计划出版社，2010 年 5 月

[8] 《地漏》CJ/T-186—送审稿

塑料检查井埋地工程受力分析

周敏宏　　周敏伟

江苏河马井股份有限公司

摘　要：本文简述了塑料检查井埋地试验的基本情况，并结合压力传感器和电阻应变片从不同角度对塑料检查井受力进行了分析，整理出了部分埋地试验数据，并对实验数据进行了分析，总结了塑料检查井应用中受力特点及影响因素。

关键词：塑料检查井　埋地试验　压力传感器

经过近 10 年的发展，我国塑料检查井从最初的国外引进、自主研发、推广应用，到现在已经具有相当规模，其中小区塑料检查井已经得到市场广泛认可，并且在工程中大量采用[1]；市政塑料检查井正处于加快推广应用的关键时期。由于缺乏实际工程试验数据，在标准制定过程中缺乏第一手资料，导致标准中部分技术指标存在较大争议。为了分析塑料检查井在实际使用过程中的受力分布情况，江苏河马井股份有限公司、中国石化北京化工研究院、南京聚航科技有限公司联合对塑料检查井的使用进行了实际工程埋地试验。

1. 样品来源

试验选用的主要原料和样品如表 1 所示。

主要原料名称和来源　　　　　　　　　　　　表 1

样品名称	规格	生产厂家	牌号/材质
塑料检查井	SLJ-1000×300	江苏河马井股份有限公司	PPB
中空壁井筒	DN700，SN4	江苏河马井股份有限公司	HDPE
中空壁井筒	DN1000，SN4	江苏河马井股份有限公司	HDPE
收口锥体	DN1000×700	江苏河马井股份有限公司	HDPE

2. 仪器与设备

试验采用的主要仪器和设备如表 2 所示。

主要设备名称和型号　　　　　　　　　　　　表 2

设备名称	型号/参数	生产厂家
材料试验机	4466	美国 instron 公司
压片机	T-25	日本东邦

续表

设备名称	型号/参数	生产厂家
电阻应变片	Br120-2AA	南京聚航科技有限公司
压力传感器	YE2539	南京聚航科技有限公司
动态应力测量分析系统	JHDY-1040	南京聚航科技有限公司

3. 试验方案

3.1 电阻应变片安装位置选择

由于井筒采用的是 HDPE 中空壁缠绕管材，DN700 SN4[2] 和 DN1000 SN4，井筒的内侧和外侧均有空心部分和实心部分，因此，电阻应变片的安装位置对数据有直接的影响。为了分析电阻应变片的安装位置对数据的影响，实验组设置了对比试验。该实验将电阻应变片分别设置在 DN700 SN4，长度为 300mm 的井筒内侧的空心和实心位置，井筒外侧空心和实心两个位置，安装完成后，对井筒进行 45°和 90°（应变片和压板夹角）环刚度测定，以观察不同应变片位置的应变大小，具体见图 1～图 3。

图 1　外侧空心和实心　　图 2　内侧空心和实心　　图 3　对比分析测试过程

通过对井筒的环刚度测定，不同电阻应变片得到的应变如表 3。

不同应变片所对应的应变值　　　　表 3

试验角度	内侧空心，μm	内侧实心，μm	外侧空心，μm	外侧实心，μm
45°	720	632	140	144
90°	1190	1046	762	657

从表 3 可以看出，在不同的试验角度下，电阻应变片与试验机压板角度越大，相应的应变越大。在相同的试验角度下，内侧的应变比外侧应变试验结果大，且内侧空心处比内侧实心部分更为敏感，因此，内侧空心处是电阻应变片安装的最佳位置。

3.2 压力传感器及应变片安装方案

首先，为了得到工程中塑料检查井底座的实际受力情况，我们分别在检查井井筒承口

152

位置和井底座底部外侧分别安装四个压力传感器，以便直接分析受力情况。

其次，为了分析回填土、地下水等对井筒、井底座的综合作用，我们按照填埋深度1m、2m、3m……7m，在井筒和收口锥体上安装电阻应变片。为了消除填埋过程偏心加载的影响，在井筒同一横截面上，对称安装四个应变片来解决这一问题，具体测点分布示意图如图4所示。

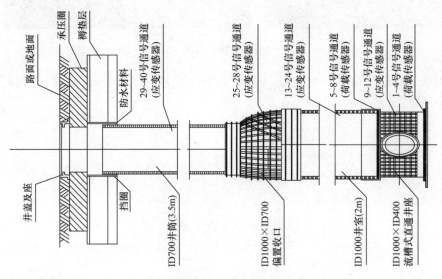

图4　埋地检查井测点位置示意图

电阻应变片安装及数据采集系统见图5。

图5　安装现场图片

3.3　施工回填

为了保证应力传感器和整个试验组件受力均匀，首先我们在最底层浇注了厚度为20cm的混凝土地基，待混凝土地基硬度达到要求后，将整个组件按试验方案安装后，开始回填。回填过程中，我们采用粗砂在整个试验组件周围100~200mm范围内回填，周围约2m范围内为原状土人工分层回填，分层厚度约300mm，蛙跳人工夯实，2m范围以外为机械回填，挖机夯实，具体见图6。

图 6　施工回填

路面承压圈设计荷载等级为城-A级，钢筋净保护层为25mm，混凝土强度等级为C30，承压圈安装结构示意图见图7。

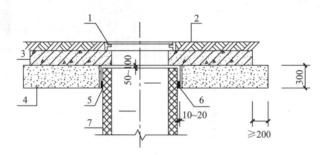

注：单位为mm；1：井盖及井座；2：路面；3：承压圈；4：褥垫层；5：沥青麻丝；6：挡圈；7：井筒。

图 7　承压圈安装示意图

4. 结果与讨论

由于该压力传感器和电阻应变片灵敏度高，数据采集频率高，达3000次/min，总数据量十分庞大，因此，本文仅通过关键时间节点的数据进行分析。在对电阻应变片的数据处理中，为了消除试样偏心带来的影响，采取对称安装方案，因此在数据处理中，同一水平面上的结果取平均值进行处理。首先我们对压力传感器数据结果进行分析。

4.1　压力传感器受力分析

首先，我们对安装在塑料检查井底部的压力传感器（通道1-4）进行了数据采集，并绘制成曲线，具体见图8。同时对曲线上区别不大的部分数据进行了整理，具体见表4。

通道 1-4 部分试验数据　　　　　　　　　　　　　　　　表4

时间	通道1，kg	通道2，kg	通道3，kg	通道4，kg	总和，kg
12：05	340	172	143	126	781
12：17	311	202	138	127	778
12：20	270	231	139	128	768
12：25	278	219	137	129	763
12：45	237	227	136	128	728

时间	通道 1，kg	通道 2，kg	通道 3，kg	通道 4，kg	总和，kg
12：45	237	227	136	128	728
13：58	322	357	166	152	997
14：01	123	337	462	159	1081
14：17	194	409	502	168	1273
14：51	208	834	417	208	1667
15：57	863	1272	736	309	3180

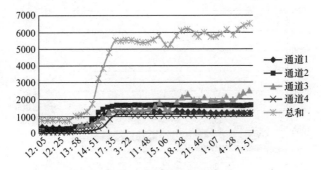

图 8　检查井底部受力曲线

从表 4 和图 8 曲线可以看出，在回填初期各通道即有力值显示，表明检查井底部受到井座、井筒以及在检查井承口位置两块钢板（安放通道 5-8 压力传感器）的综合作用，总力值达到 780kg，与实际称重质量基本一致。回填初期，表 4 中通道 1 数据比其他通道大，说明整个组件在安放过程中，并不是完全垂直状态，实际受力情况为局部受力较大，因此，在实际工程施工过程中，应尽量使施工材料垂直，平衡受力。

从曲线 8 还可以看出，随着填埋深度的增加整个井底座受到的压力在逐渐增大，并在 16：00 左右突然增大至 3100kg 附近，分析其原因，主要由于井筒和井底座采用弹性密封圈连接，井筒与井底座并非充分接触，整个井筒并没有完全作用在井底座上，随着覆土深度的增加，覆土的下曳力使井筒下沉，充分接触时，整个井底座受力突然增大至 5500kg 左右。随着填埋深度增加，井底座受力逐渐增加至 6700kg，并逐渐达到平衡状态。

塑料检查井承口位置压力传感器（通道 5-8）数据见表 5 和图 9。

通道 5-8 部分试验数据　　　　　　　　　　　　　　　　　　　　　　表 5

时间	通道 5，kg	通道 6，kg	通道 7，kg	通道 8，kg	总和，kg
12：05	16	7	89	22	134
12：17	15	11	82	23	131
12：20	13	19	65	25	122
12：25	12	14	64	22	112
12：45	11	12	72	23	118
12：45	11	12	72	23	118

时间	通道5，kg	通道6，kg	通道7，kg	通道8，kg	总和，kg
13：58	9	10	89	42	150
14：01	6	9	97	43	155
14：17	8	9	90	42	149
14：51	9	32	148	81	270
15：57	7	181	271	187	646
16：47	6	305	350	354	1015

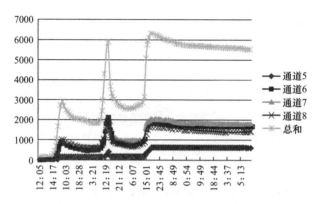

图9　检查井底部受力曲线

从表5数据可以看出，回填初期，四个压力传感器数据较小，随着填埋深度增加，回填土下曳力使井筒和井座完全接触后，压力突然增大至3000kg左右，对应了图9曲线中第一个峰值。随后逐渐达到新的平衡，管土共同作用使该位置受到的压力缓慢降低。

通过气象记录，26日下午逐渐开始下雨，并由小雨转至阵雨，使已经回填的覆土转变为泥水混合物。根据欧洲标准BS EN1359.2：2009中结构完整性原理，地下水会大大增大对地下构筑物的压力，从而导致图9中出现的第二个峰值，并一度达到5800kg。随着气象转晴，地下水位的降低，组件所受的压力逐渐降低，达到平衡。直至回填工程的继续，组件所受的压力逐渐增加，最大达到6300kg左右，此后，压力略有降低，直至测试组件与覆土完全达到平衡。从各通道数据可以看出，井筒与井底座连接也不是十分垂直，导致通道5数据明显小于其他通道，在实际工程中，应尽量避免出现类似情况。

综上所述，在没有地下水地区，埋深不超过7m塑料检查井工程中，检查井底部受到井筒和覆土的综合作用，最大压力不超过7000kg，即70kN。检查井承口位置受到的最大压力不超过6500kg，即65kN。

4.2　电阻应变片应变分析

在对电阻应变片数据处理中，首先将同一水平面的数据进行平均，以便消除安装和施工过程引起的偏心影响。其次，在进行曲线拟合过程中，将变形规律类似的通道进了对比，以便分析不同深度对井筒的作用，具体见图10-13。同时对曲线上重点数据进行了整理，具体见表6。

时间	通道 9-12με	通道 13-16με	通道 17-20με	通道 21-24με	通道 25-28με	通道 29-32με	通道 33-36με	通道 37-40με
12：20	149	187	115	40	80	66	47	−1
12：25	193	272	254	72	158	86	49	−1
12：45	213	265	232	60	176	38	50	−1
12：45	213	265	232	60	176	38	56	−1
13：58	117	268	−188	−15	42	−108	−36	−1
14：01	1033	453	−467	−133	−113	−295	−111	−4
14：17	1029	453	−738	−372	−973	−635	−123	−4
14：51	1029	453	−948	−529	−1153	−840	−443	−4
15：57	1029	453	−816	−717	−1272	−916	−443	−4
16：47	1029	453	−973	−761	−1344	−952	−443	−4
17：35	1029	453	−1081	−992	−1345	−987	−443	−4
17：50	1029	453	−1081	−1101	−1339	−1185	−443	−4
20：42	1029	454	−1081	−1176	−1303	−1320	−443	−5

注：正数代表应变片拉伸，负数代表应变片压缩，曲线中相同。

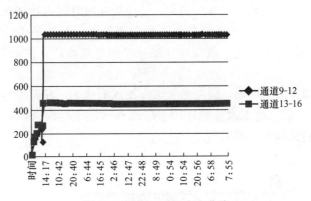

图 10　通道 9-16 的应变曲线

通道 9-12 中应变片安装在检查井底座内壁，其变形大小和井底座加强筋结构有直接关系，加强筋合理，则外力引起的变形较小，反之则相反。通道 13-16 则安装在井筒和井底座连接部位，井筒内壁，影响其变形的因素，不仅与井底座承口结构有关，还与井筒环刚度等级有关。从图 10 曲线和表 6 中数据可以看出在回填初期，由回填土引起的变形量很小，随着回填深度的增加，泥土下曳力使井筒和井底座充分接触后，整个井筒重量直接作用在井底座上，使井底座变形增大，使变形数值突变。从曲线中可以看出，通道 9-12 变形数据比 13-16 的变形数据更大，分析其原因主要是井底座承口结构抵挡了部分回填土对通道 13-16 的压力。

从曲线中可以看出，随着回填深度的增加，变形量却并没有进一步增大，井底座最大应变不到 1100με，结果表明回填过程中覆土对井底座和井筒在水平方向上作用力并不大。

从图 11 可以看出，各通道变形由拉伸逐渐转变为压缩，作用力由井筒自身的压力转变为回填土的挤压力，且由于天气降雨等因素，回填土挤压力随着时间的推移逐渐增大，使变形逐渐增大。直至地下水位降低，挤压力随之降低，以及塑料本身的回弹性，出现曲线中的突变。随着回填深度的增加，覆土对井筒的作用力逐渐增大，使应变进一步增大，逐渐达到平衡。

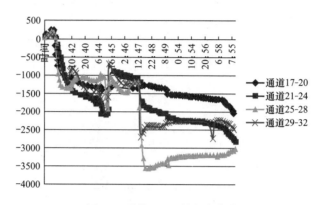

图 11　通道 17-32 的应变曲线

从图 11 中还能看出，应变最大的地方，并不是填埋最深的通道 17-20，而出现在收口锥体位置，通道 25-28。收口锥体结构为偏心式，受到垂直土压力、横向挤压力已经上部垂直压力等综合作用，导致该部位变形最大，且应变在短时间内达到最大值，产生塑性变形，应变最大至 $3600\mu\varepsilon$ 左右。由于材料本身的回弹性，以及新平衡的建立，应变并没有逐渐升高，反而逐渐降低。因此，收口锥体加强筋的合理性，直接关系整个工程的成败，显得尤为重要。

曲线表明，填埋深度的增加，应变最大值反而逐渐减小，其原因与地下水位有关（常州地区地下水丰富），此时地下水位的作用大于埋深回填土的综合左右。因此，在实际工程中，地下水是材料选取的重要因素。

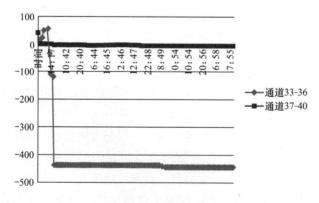

图 12　通道 17-32 的应变曲线

图 12 可以看出，在井筒顶端，回填土较浅，对井筒的作用力有限，呈现出一条近似直线，且变形量很小。而在埋深 1m 左右，覆土对井筒的作用力不能忽略，但相比起其他位置，该位置的作用力仍有限，应变最大为 $450\mu\varepsilon$ 左右。

综上所述表明，在整个测试组件在回填过程中，受力最大的位置在收口锥体部分，井筒受力最大位置在收口锥体上下 1m 范围附近，由覆土和地下水综合作用。

通过对使用材料 HDPE 的测试，得到其拉伸弹性模量 E＝803MPa，取最大应变 3600，其所受应力 $\sigma=E\varepsilon=803\times3600=2.89MPa$，远远小于 HDPE 的压缩强度和弯曲强度。结果表明，采用 HDPE 材质，环刚度为 SN4 的井筒，完全满足塑料检查井实际施工要求，且与欧洲标准 BS EN 13598.2：2009 要求一致（BS EN 13598.2：2009 要求井筒环刚度大于 2 即可）。

5. 结论

通过塑料检查井埋地试验研究，并对数据进行分析后得出以下结论：

1. 塑料检查井在实际使用过程中，井底座承受压力与地下水位有直接关系，与欧洲标准要求一致。

2. 在没有外力作用下，塑料检查井所受综合压力在回填完成前三天左右变化最大，达到平衡后，长期使用过程中压力并不会持续增长。

3. 在没有地下水情况下，埋深不超过 7m 塑料检查井工程中，检查井底部最大压力不超过 70kN。检查井承口位置受到的最大压力不超过 65kN。

4. 与其他井筒位置相比收口锥体承受较大的应力，其结构和强度直接影响整个构筑物的使用寿命。

5. 使用材料模量超过 800MPa，采用 SN4 等级的井筒，完全满足检查井工程使用要求。

6. 塑料检查井埋地受力大小与所用的材质、结构、回填土均匀性有直接影响。

参考文献

[1] 杨伟才. 我国塑料管道的应用现状及发展前景 [J]. 工程塑料应用，2007，35（5）：5-8.

[2] Technical Committee PRI/88. BS EN14830：2006 Thermoplastics inspection chamber and manhole bases—Test methods for buckling resistance [S]. British：BSI，2006.

[3] Technical Committee CEN/TC 155. BS EN 13598-2：2009 Plastics piping systems for non-pressure Underground drainage and sewerage— Unplasticized poly（vinyl chloride）（PVC-U），polypropylene （PP）and polyethylene（PE）Part 2：Specifications for manholes and inspection chambers in traffic areas and deep underground installations [S]. British：2009.

同层排水双通道地漏功能性测试与研究

张志红

厦门威迪亚科技有限公司

摘 要： 地漏作为连接排水管道系统与室内地面的重要接口，是住宅中排水系统的重要部件，它的性能好坏直接影响室内空气的质量，对卫浴间的异味控制非常重要。威迪亚同层排水多通道地漏在排速，水封自动补水，防臭防反溢等重要功能上具有优良特性。本文将根据国家标准的要求对该地漏产品进行测试与研究。

关键词： 同层排水 地漏 水封 防臭 防反溢

1 前言

地漏是整个同层排水系统管道配件中重要的组成部分，排除的是地面水，水质比其他任何器具都差，固体物、纤维物多，毛发，易沉积物等，它的好坏直接影响整个系统的铺设，更关系到千家万户的健康和环境卫生。目前市场上的国产地漏大多是机械式，水封式地漏即很少见，有水封式地漏的水封深度又不足 50mm，也不符合建筑设计规范，只有部分高端品牌的地漏，水封才能达到 50mm。然而，大多数地漏虽然水封高度满足要求，却在地漏排速、水封稳定性上存在短板，又没有防反溢与水封补水的功能，在使用时很不方便。威迪亚开发了一款市场上急需的、高流量、耐负压、高自清能力、具有防反溢与水封自动补水功能的同层排水地漏。

2 地漏基本结构介绍

本款高流量防臭可补水防溢双通道地漏，包括算子、过滤网、算子支撑板、防返溢组件、水封形成管组件、地漏体组件，水封形成管组件设置在地漏体组件内，与地漏体组件配合用于形成水封，防返溢组件设置在水封组件顶部，防返溢组件包括支撑架、密封膜片、防返溢块，密封膜片安装在防返溢块上表面，防返溢块通过转轴转动连接在支撑架上，支撑架安装在水封组件顶端。地漏可以将排水管径做成与排水管道管径一致，排水截面积大大增加，加上良好的地漏体结构设计，使排水流速增大。见图 1。

1. 算子
2. 过滤网
3. 算子支撑板
4. 防反溢组件
5. 水封形成管组件
6. 引流管
7. 地漏体
8. D50堵头

图 1 同层排水双通道地漏基本结构

3 功能测试方案确定

3.1 地漏地面排水流量测试

1. 将地漏固定在排水流速测试水槽内；

2. 向水槽内加水，当水平面越过地漏上表面流入地漏体内时，水槽中的水将通过地漏体排出水槽；

3. 调整水槽进水速度，当水面深度恒定在地漏排水口上方 15mm 时（保持 10～15min），用供水管处的流量显示器读出流量，其数值即为地面排水流量。

要求：CJ/T 186—2003 标准：流量≥1L/s，GB/T 27710—2011 标准：流量≥0.5L/s。

详见图 2。

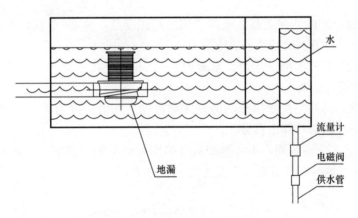

图 2 地面排水流量实验装置

3.2 水封深度与稳定性能测试

3.2.1 水封深度测试

测量水封管，记录高度 H_1。往地漏的水封部分注水，直至水从地漏排出口流出。测量水封管内的水面到水封管上端面的距离，记录距离 H_2。水封深度 $H = H_1 - H_2$。见图 3。

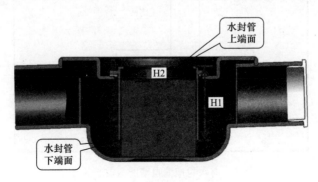

图 3 水封深度测试图

要求：GB/T 27710 标准：水封地漏的水封深度应不小于 50mm。

3.2.2 水封稳定性测试方法

1. 将地漏水平固定在水封稳定性能测试台上，并联接密封；

2. 给地漏水封加满加水；

3. 调整管道内负压，到−400Pa，保持 10s；

4. 卸除负压，测量剩余水封深度 h。

要求：GB/T 27710 标准：地漏达到水封深度时，在排水口处施加真空度为（0.4±0.01）×10^{-3}MPa 的气压，并持续 10s 时，地漏中的水封剩余深度应不小于 20mm。见图 4。

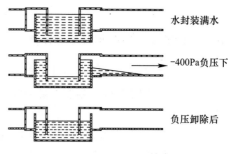

水封装满水

−400Pa负压下

负压卸除后

图 4　水封稳定性实验装置

3.3　有水封地漏自清能力测定

1. 打开地漏箅子或地漏盖板，地漏达到水封深度后，将 30 个直径 4mm 尼龙球放入地漏的水封部位，再盖上地漏箅子或地漏盖板。

2. 塞住试验装置的水槽排水口，水槽内装入 5L 水；拔出排水塞，待全部水排出后，计算排出地漏的尼龙球数。

3. 反复三次，计算三次排出地漏的尼龙球数的平均值。再用该平均值，除以总球数 30 得出其数值，然后再计算出百分比。

要求：GB/T 27710 标准：不可拆卸清洗的水封地漏的自清能力应能达到 90% 以上；可拆卸清洗的水封地漏的自清能力应能达到 80% 以上。

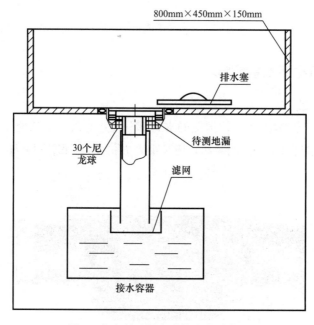

800mm×450mm×150mm

排水塞

30个尼龙球

待测地漏

滤网

接水容器

图 5　有水封地漏自清能力实验装置

162

4 结果与分析

4.1 取五个地漏样品做地面排水流量测试，从表 1 可以清楚地看到样品的排水流量均大于 1.0L/s，满足标准要求，能快速排除地面积水。

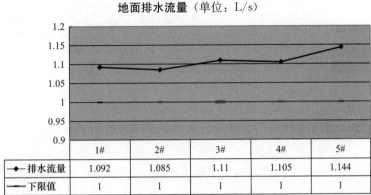

地面排水流量（单位：L/s）　　　　　　　　　　　　表 1

	1#	2#	3#	4#	5#
排水流量	1.092	1.085	1.11	1.105	1.144
下限值	1	1	1	1	1

4.2 水封测试

4.2.1 取 30 个地漏样品测量水封深度，水封深度均＞50mm 且 $Cpk=1.11>1$，符合要求。见表 2。

水封深度　　　　　　　　　　　　表 2

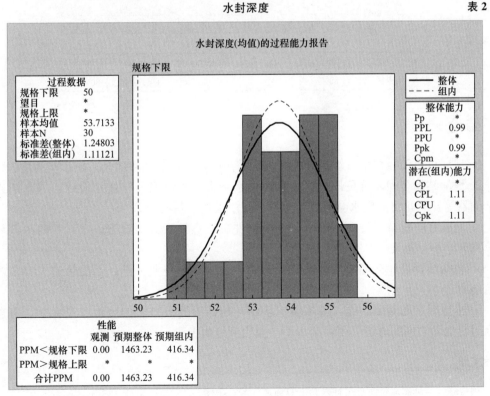

4.2.2 取 5 个地漏样品进行水封稳定性测试，负压卸除后剩余水封高度均＞20mm，满足标准要求。见表 3。

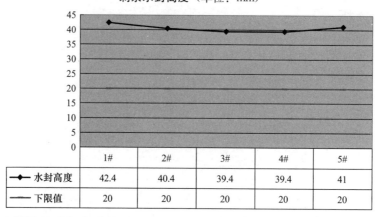

剩余水封高度（单位：mm）　　　　　　表3

	1#	2#	3#	4#	5#
◆ 水封高度	42.4	40.4	39.4	39.4	41
— 下限值	20	20	20	20	20

4.3　取 5 个地漏样品进行自清能力测试，从表 4 中可以看出自清能力＞80％，符合标准要求。见表 4。

有水封地漏自清能力　　　　　　表4

	1#	2#	3#	4#	5#
◆ 自清能力	100%	100%	98.90%	100%	98.90%
■ 下限值	80%	80%	80%	80%	80%

5　结论

1. 地漏排水管径与排水管道管径相同，结构优化，排水面积增大，排水能力增强；

2. 地漏结构合理，抗负压抽吸，水封贮水量大，耐蒸发，有进水设计，进水端连接的洁面器等器具排出的废水会直接补充到水封中去，水封稳定。

3. 地漏有防返溢组件，常态下防返溢组件会一直处于关闭状态，水封中的水被与大气隔离开，不易蒸发。

4. 地漏结构设计合理，各过水截面都能符合国家与行业标准，不易堵塞，有很好的自清能力。

5. 本地漏有防返溢功能，进水端连接的洁面器等器具排出的废水流量大时，会自动将水封与地面之间的通道关闭，废水不会溢出到地面上去。

参考文献

［1］　周俊峰. 一种高流量防臭可补水防溢双通道地漏：中国，CN 201420240138.4. 2014-10-29

［2］　GB/T 27710—2011 地漏

［3］　CJ_T 186—2003 地漏

卫生间同层排水系统的防水体系研究

关文民

宁波世诺卫浴有限公司

摘　要： 建筑卫生间同层排水系统，自从进入我国以来，得到了各界的支持与发展。然而，在实施过程中，出现了许多渗漏和积水问题。因此，有必要对同层排水系统相关的防水体系进行研究，以完善我国的相关法规和同层排水系统的技术体系。

关键词： 同层排水　卫生间防水　CJJ 232—2016　积水排除

我国在 21 世纪初开始推广同层排水系统以来，出现了许多同层排水标准及相应图集，尤其是地方标准图集。市场上出现了更多的各种各样的做法，不胜枚举。但是，大量的产生降板积水和漏水的事故案例，直接制约了同层排水的发展。

经过工程调查和理论研究，笔者发现这不仅仅是施工质量问题，更为严重的是设计方案问题。为此，笔者进行了产品研发和工程实例应用，结合国外的标准和技术，探讨了国内的同层排水的防水体系。

1. 我国现行的国家标准做法

国家标准图集 12S306《住宅卫生间同层排水系统安装》，是目前市场上相对比较科学的标准之一，在各地方标准的基础上做了大幅的改进。其中的第 87 页和 88 页的说明，基本上描述了我国的同层排水，划分为降板式同层排水及非（微）降板式同层排水。用一个更通俗易懂的话来理解，就是下排式同层排水，和墙排水式同层排水。

如图 1 所示，降板同层排水，是做两次防水，一次是在底层，一次是在面层。两次防水在墙体翻边位置交叉，共同承担墙面防水的作用。

如图 2 所示，降板回填层内敷设管道，是不采用管卡固定在地面上，以防止对防水层的破坏。管道穿越面层防水后，与洁具相连接。回填层内不设置不可维修的存水弯。立管需要管井或者管窿。

如图 3 所示，小降板回填层内敷设地漏时，需要对地漏所在区域做两次防水；对于其他区域，可以做一层防水。

2. 现行的防水体系中的问题分析

在我国的建筑卫生间防水体系中，无论是隔层排水，还是同层排水，目前在国家标准和法规中，都存在着一个共同的现象，就是注重"堵"，忽略"疏"。

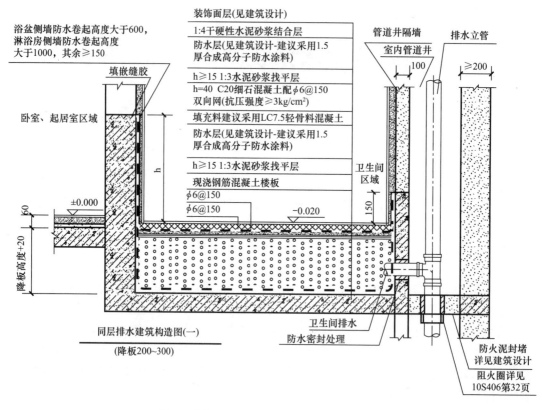

图1 降板200mm以上同层排水建筑构造图

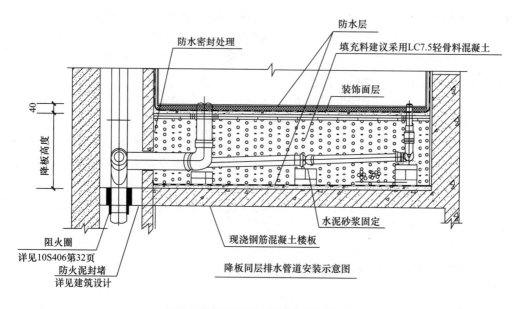

图2 降板同层排水管道安装示意图

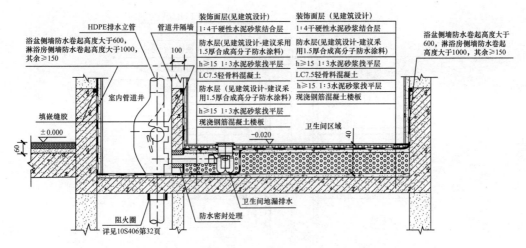

图3 降板100mm同层排水建筑构造图

如图3所示，在同层排水系统的安装中，地漏与面层防水层之间的关系，并没有得到足够清晰的说明。并且，在防水层之上，完成面之下，这个区间的水到底应该如何疏导，也是没有完全阐述清楚的。

如图4所示，隔层排水地漏的安装中，防水是严密地堵住全部的可能漏水点。在地漏附近，也是面层粘接材料。

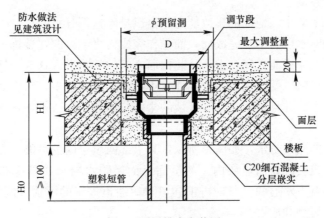

图4 隔层排水安装图

如图5所示，隔层排水支管的安装中，防水是严密地堵住全部的可能漏水点。在支管的周围，也是面层粘接材料，并且设置了阻水圈。

从上述所有的安装中，我注意到一个问题，就是无论对于同层排水来说，还是隔层排水来说，在完成面与面层防水层之间的可能存在的水，都会长期困在那里而只能依靠蒸发。

如图2所示，同层排水系统的底层防水层之上至面层防水层之间，如果存在有水，都会长期困在回填层内，形成一个水池。当水池积满水后，开始产生危害。

从产品技术这个角度来说，无论是哪一层防水，如果防水层长期泡在积水中，都是有很大风险的。

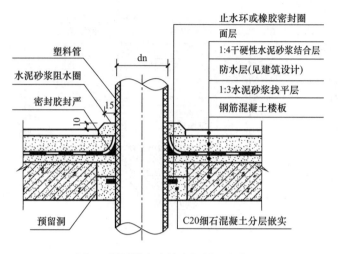

图中标注文字：

止水环或橡胶密封圈
面层
1:4干硬性水泥砂浆结合层
防水层(见建筑设计)
1:3水泥砂浆找平层
钢筋混凝土楼板

塑料管
水泥砂浆阻水圈
密封胶封严
dn
预留洞
C20细石混凝土分层嵌实

图5　隔层排水支管穿越楼面安装图

3. 防水的基本原则

无论是什么样的排水系统和建筑构造，只要涉及防水安装，就要考虑到"疏""堵"结合。所谓"疏"，就是要排水，排除这个区域的水；所谓"堵"，就是做好防水，堵住这个位置的水的可能渗漏。

对于完成面之上的水，地漏的排放能力是足以排除这部分水的。

然而，真正的防水层并不在完成面，而是在完成面之下，即在装饰面（瓷砖）及粘接层之下。在防水层与完成面之间，水会从装饰面之间的间隙进入这部分区域。如果水在这部分区域不能及时排除，就会长期滞留。如果不考虑蒸发的发生，那么面层防水层就会长期处于水的浸泡状态。并且，困在这个区域的水会与部分污物（例如皮屑）一起造成二次污染。

对于同层排水的底层防水，如图1所示，其上部回填层内的可能存在的水，如果不能排除，日积月累，也会困在回填层内。甚至满至面层防水层。如果这部分水不能排除干净，且这部分水伴有下水道的臭气，再汇同渗水源通道进来的污物（例如皮屑等），那就很有可能造成二次污物和危害。

因此，为了防止二次污染和危害，每层防水区都需要有相应的产品以排除该区域的水，而且不留残余。排除该区域的水的结构，不得直接连接到臭气区。这样，对于隔层排水和同层排水，除了要排除完成面之上的水，还要排除装饰面之下，防水层之上的水。对于同层排水这样具有两层防水的建筑构造，就不但需要排除完成面以上和完成面之下面层防水层之上这两部分的水，还要排除面层防水层之下和底层防水层之上的水。

4. 同层排水防水的基本做法

排除地面完成面之上的水，这是各国各地区都在做得比较清晰的工作。

排除面层防水层与完成面之间的水，在国外已经有标准可查了。图6为日本标准JIS

A4002—1989 对面层积水排除的地漏结构要求。在面层防水层的最低处，设置了积水排放孔，以排除面层积水。该排放孔位置地漏水封的上方，不会有臭气串通现象。

在欧盟标准中，对于面层防水的积水排除，也是有类似结构的，如图 7 所示。其中，在面层防水结合法兰盘（11）的根部，设置了渗水孔，以排除面层积水。

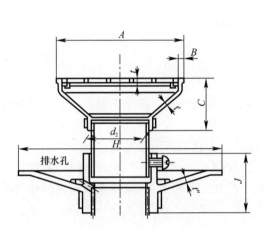

图 6　日本标准中的面层积水排除结构要求

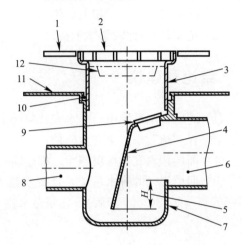

图 7　欧盟标准中的面层积水排除结构要求

注：10--weep hole（渗水孔）

对于面层积水排除结构，美国标准则更为详细要求。ASME A112.6.3—2001 不仅规定了渗水孔，而且还规定了渗水孔的尺寸和数量。

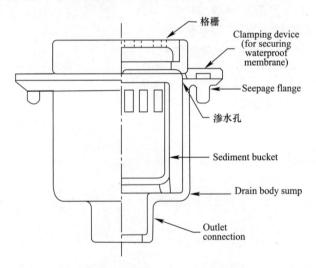

图 8　美国标准中的面层积水排除结构要求

欧洲、美国和日本这些发达国家对面层积水排除，都是有要求的，足以说明积水排除的重要性。因此，我国的建筑防水体系中，面层积水排除也应该纳入技术要求中。

既然面层积水需要排除，那么，具有中国特色的同层排水系统中，底层的防水层的积水排除也应该有相应措施。当面层积水已经得到有效排除后，从技术上来说，回填层内是不应该有污水产生的。这个前提是：管道不可以有断裂情况产生，面层积水需要排除。在这种情况下，回填层内即使有水出现，也应该是冷凝水或者痕量的地面渗水。这些水，日积月累起来是可怕的，如果能够及时排除，它却是没有严重污染性的。

因此，回填层内的积水，采用清水排除的措施，至少在目前是合理可行的。我国2016年颁布的标准CJJ 232—2016的第3.3.13款对底层积水排除是有明确规定的，即不允许臭气有进入回填层的可能。相关机构也颁布了底层积水排除措施，CSP16-2S1《CSP台口积水排除系统安装》，比较科学地提供了底层积水排除的技术方案。

5. 结论和建议

（1）同层排水系统中，防水安装与排水系统需要有效结合，疏堵兼顾，不可以简单地以"堵"代"疏"来解决防水问题；

（2）面层积水和回填层积水，都是需要排除的，并且不得出现残留；

（3）回填层内的排水系统，需要严禁有断裂和漏水的可能。产品的选择，需要执行GB 50015—2003(2009年版)《建筑给水排水设计规范》中的第4.3.8B条对材料的选择的规定。

参考文献

[1] CJJ 232—2016《建筑同层排水工程技术规程》中的第3.3.13款
[2] GB 50015—2003(2009年版)《建筑给水排水设计规范》中的第4.3.8B条第4条款
[3] 12S306《住宅卫生间同层排水系统安装》中的第87页和88页。
[4] 04S301《建筑排水设备附件选用安装》中的第23页
[5] 10S406《建筑排水塑料管道安装》中的第34页
[6] ASME A112.6.3-2001《Floor and trench drains》中的第2页
[7] DIN EN 1253-1：2015《Trapped floor gullies with a depthwater seal of at least 50mm》中的第5页
[8] JIS A4002—1989《Floor Drain with Traps》中的第10页
[9] CSP16-2S1《CSP台口积水排除系统安装》

阀 门 篇

开放管路阀门内漏监测报警系统的研究

刘全胜　马奕炜　卫　兴

北京特种工程设计研究院

摘　要： 本文在分析某些开放管路的控制阀门内漏造成的安全隐患和经济损失的基础上，设计了一种构造简单、安全可靠、通用性强的阀门内漏监测报警装置。通过特殊的管路设计，安装该监测该装置后，能将阀门内漏的液体收集到报警装置中，防止液体的无组织流失，收集到报警装置中的液体能触发装置报警。该装置能有效预防开放管路阀门内漏造成的经济损失和安全隐患，同时能及时发现内漏，方便及时修复。

关键词： 开放管路　阀门内漏　监测报警装置 HSE 安全管理

1. 前言

在日常生产生活中，存在很多开放管路，如加油站的加油枪，消防系统的消火栓，卫生间厨房的水龙头等，都是通过阀门控制其开闭来获取需要的流体，如果控制阀门发生内漏就会造成切断流体不彻底，轻则发生如水龙头漏水等小事故，给生活带来不便和水资源浪费，重则发生如加油站加油枪泄露，化工厂化工品泄露等严重事故，造成重大安全隐患和经济损失，如果发现不及时还可能造成重大事故。

2. 开放管路阀门内漏监测报警系统的管路设计

为了保证开放管路阀门发生内漏时，渗漏的液体不会从开放管路的出口漏出，把控制阀门安装在竖直管道上，液体从下向上流过阀门，在阀后设一个 DN25 的导液管路，导液管路的末端接至排水监测器中。如果阀门发生内漏，内漏的液体会顺着导液管排至排水监测器中，而不会流到开放管路的出口，造成液体泄漏。在压力较高的液体管路中，控制阀前可设置一个防水锤泄压管路，当控制阀门快速启闭时，开闭水锤造成的压力波动，可以打开持压泄压阀，释放管网的超压，消除开闭阀水锤对管路系统造成的影响。典型的开放管路阀门内漏监测系统管路设计如图 1 所示。

图中自动阀前的手动阀处于常开状态，持压泄压阀在低于其设定压力时处于关闭状态，超过设定压力时打开泄压（该阀为防水锤所设置，在此文中不做多述）；自动阀后的手动阀处于常开状态，只要自动阀发生内漏，所有的内漏水均会从该管路排至排水监测器内，可最大限度地保证系统的可靠性、安全性。

排水监测器是该系统的一个关键部件，渗漏的液体进入该装置后，可触发该装置的报警系统，向控制中心报警，以保证内漏问题及时被发现，内漏阀门能及时被维修。但是，目前市场上不存在能符合设计要求的成型产品，为此专门开发了一个成型产品，并申请了国家专利（ZL2016210866488.5，201610855315.3）。

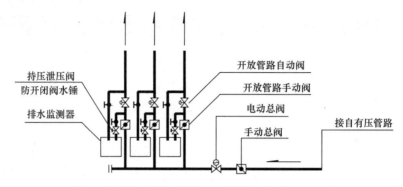

图1 典型的开放管路阀门内漏监测系统管路流程图

3. 排水监测器的研发

为了提高通用性、可靠性和便于维护性，排水监测器的设计应考虑以下几个问题：1、排水监测器应能快速方便地安装和拆卸；2、排水监测器应能接纳开放管路自动阀前的防水锤排水和阀后的防自动阀内漏排水，并能对排水来自何处精确地区分；3、排水监测器的报警装置应简单、可靠，对开放管路自动阀阀体内漏排水的监测灵敏度高，当报警后维护人员到达现场进行维修时，能方便简单地对系统进行复位。排水监测器的构造图如图2所示。

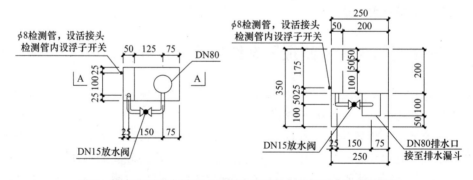

图2 排水监测器大样图（左侧为平面图，右侧为A-A剖面图）

排水监测器分大小两个排水槽，开放管路自动阀内漏排水先排到小排水槽内，待小排水槽排满后经溢流孔溢流至大排水槽，通过大排水槽排至与排水管道系统连接的排水漏斗内；防水锤排水直接排至大排水槽，最终排至排水漏斗。在小排水槽靠近底部的侧壁上开一个 Φ8 的小孔，小孔上焊接螺纹短管，通过活接头与排水监测管连接，排水监测管内设液位开关，当水位升高时触发浮子开关进行报警。在对开放管路自动阀维修后，可以打开小排水槽底部的手动排水阀，排掉小排水槽内的积水，使排水监测器重新复位。排水监测器的排水口位于大排水槽的底部，接出一个DN80的排水短管，设备安装时只需把排水口直接插入事先预留的排水漏斗内，再把开放管路自动阀前后的排水管接至各自的排水槽内即完成了安装，安装检修十分方便。小排水槽的容积仅有 0.75L，只要开放管路自动阀有微小的渗漏就会被排水监测器捕捉到，设备极其灵敏。监测管内的信号监测元件为液位开关，该装置系简单的无源 2 线制电子元件，价格便宜、结构简单、安全可靠、防水防潮，在给排水行业中应用于水池、水箱的液位控制元件，运行十分可靠。此外，液位开关还作为液位控制元件，广泛应用于各种工业产品中，长期实践证明十分可靠。

排水监测器设计精巧，构造简单，没有采用复杂的电子监控设备，仅依靠合理的水路设计，利用最简单的电子元器件就完成了对管路系统漏水的精确可靠的监测。而且该设备加工方便，通用性高，安装检修复位极其方便，便于在各发射场内推广，从而大大提高各发射工位消防系统的可靠性和安全性。

4. 结束语

通过对发射工位现有消防系统的工程改造，安装排水监测器，可有效监控消防系统的内漏，控制系统内漏对火箭造成的影响。在此基础上，可以修改发射前消防系统工作流程，从而大大提高发射工位消防系统的可靠性、安全性。

参考文献

[1] 发明专利，液体管路阀门内漏监测装置及其使用方法和应用，201610855315.3
[2] 实用新型专利，液体管路阀门内漏监测装置，ZL 201621086488.5

螺纹磁性软密封闸阀的失效模式和影响分析

沈 伟

江苏竹箦阀业有限公司

摘 要：讨论螺纹磁性软密封闸阀在使用过程中出现的各种失效模式及产生的原因，分析了对阀门工作的影响程度，提出了相应的预防和解决措施。

关键词：磁性可锁闸阀 失效模式 影响分析

1 概述

螺纹磁性软密封闸阀是主要运用于市政供水领域的管道控制阀门，可切断和疏通管道内的介质。这类阀门采用特制的钥匙，利用磁极同性相斥，异性相吸的原理，控制阀盖中的销子，影响压盖以及阀杆的转动，来启闭阀门，以达到强制切断和疏通管道内介质的目的。为了保证管道网络的正常启闭和控制，需进行螺纹磁性软密封闸阀的失效模式与影响分析（Failure modes and effects analysis-FMEA）。

失效模式是一项在产品出售给客户之前，用于确定、识别和消除在系统、设计、过程和服务中已知和潜在的失败、问题、错误的工程技术。其目的是：（1）确定与产品相关的工艺设计、制造过程中潜在的故障模式；（2）确定产品及与产品相关的工艺装备、制造或装备过程中的故障起因，确定减少故障发生或故障的控制变量；（3）编制潜在故障模式分析表，为技术、质量及车间部门采取纠正和预防措施提供对策。本文讨论了螺纹磁性软密封闸阀的各种失效模式及产生原因，分析了失效形式的影响程度，提出了相应的原因和控制措施。

2 失效模式及原因

螺纹磁性软密封闸阀作为管道系统中的重要控制部位，失效模式主要体现在阀门体壳渗漏、密封面泄露、阀门启闭卡阻、阀盖罩空转等。图1为螺纹磁性软密封闸阀结构示意图。

2.1 阀门体壳渗漏

阀门体壳渗漏是指在阀门在安装进管道后，在管道中的介质流经阀门过程中，表现在阀门外表面部

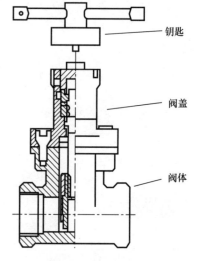

图1 螺纹磁性软密封
闸阀结构示意图

位的渗漏。这是螺纹磁性软密封闸阀常见的失效模式之一。体壳渗漏的现象包括：铸造的毛坯有气孔或缩孔缩松、连接螺纹破损、中平面泄漏、阀盖罩处泄漏等各处的泄漏。体壳渗漏的缺陷将导致介质从阀门的泄漏处直接从管道内流出，造成浪费以及环境的污染。

2.1.1　铸造的毛坯有气孔或缩孔缩松

阀门的主要部件，如阀体、阀盖等是由铸造而成的。造成铸件气孔的原因主要是铸造过程中充满气体，在表面皮下位置；缩孔和缩松产生的原因包括铁液收缩前膨胀量大、型腔壁移动、球化处理使铁液的过冷度加大等。

2.1.2　连接螺纹发生破损

作为螺纹连接方式的阀门，其管螺纹部位尤其重要，它是连接阀门和管道的重要部位。可能存在加工过程中遗漏螺纹加工工序、抛丸时钢丸损伤螺纹、喷涂的粉末进入螺纹处、安装不紧密的原因，会直接导致连接螺纹部位发生破损。

2.1.3　中平面泄漏

中平面是阀盖与阀体的连接面，由两个内六角螺栓和 EPDM 橡胶圈组装而成。由于阀盖铸件的密封圈槽的深度偏小或者深度不均匀、阀门装配的扭矩过大导致密封圈压出等原因会导致阀门的中平面泄漏。

2.1.4　阀盖罩处泄漏

阀盖罩处泄漏的介质主要是介质通过阀杆和衬套的间隙窜进阀盖的上腔，通过橡胶垫、紧圈等从阀盖罩与阀盖的间隙处流出。其泄漏的原因可能涉及橡胶垫压缩余量不够、紧圈螺纹间隙过大、阀杆 O 型圈的间隙过大等等。

2.2　密封面泄漏

密封面泄漏失效模式是指在阀门正常关闭情况下，介质从闸板和阀体密封面之间泄漏。这是螺纹磁性软密封闸阀最常见的失效模式之一。原因主要有阀体铸件开档尺寸过大、EPDM 包胶闸板尺寸偏小、密封面附着异物、闸板橡胶硬度高导致压缩余量小等。密封面泄露直接导致阀门的关闭失效，不能达到截断介质的作用。

2.3　阀门启闭卡阻

螺纹磁性软密封闸阀是利用定制的钥匙才能实现阀门的启闭，因此与阀门启闭有关的阀杆安装的垂直度、闸板的压缩余量、压盖与阀杆的位置配合、销的长度、销的表面光洁度、弹簧的弹性模量、销孔的深度、销孔内的清洁度、磁钢的强度、磁钢的位置、磁钢的安装极性等等都有可能导致阀门启闭的卡阻。

2.4　阀盖罩空转

阀盖罩是在阀盖上端，用来保护阀门磁性控制部位的外壳。阀盖罩的空转是指钥匙的旋转，始终不能提升闸板，开启阀门，只是停留在表面的旋转，没有达到功能性作用。导致阀盖罩空转的有多种原因：①阀盖罩与阀盖连接的销脱落。②磁钢的位置有偏差、磁钢的安装极性相反、磁钢的强度减弱。③阀杆与闸板的连接螺纹脱落。

3 失效模式的原因和过程控制

根据螺纹磁性软密封闸阀失效模式进行分析，总结出其原因和过程控制见表1。

失效模式的原因和过程控制　　　　表 1

失效模式	严重度 S	失效模式原因	频度 O	过程控制	检测难度 D	风险度 RPN
铸造毛坯有气孔	8	浇铸过程中充有气体	2	及时浇铸，控制停放时间	5	80
铸造毛坯缩孔缩松	8	1. 铁液收缩前膨胀量大	2	控制浇铸温度	6	96
		2. 球化处理使铁液的过冷度加大	2			
		3. 型腔壁移动	1	改善浇冒口安装位置	8	16
连接螺纹破损	7	1. 螺纹加工工序遗漏	1	全数检验	2	14
		2. 抛丸时钢丸损伤螺纹	5	增加抛丸螺纹保护塞	5	70
		3. 喷涂的粉末进入螺纹处	5	增加抛丸螺纹保护塞	5	70
		4. 安装不紧密	2	安装时缠绕生胶带	1	14
中平面泄漏	7	1. 阀盖铸件的密封圈槽的深度偏小或不均匀	4	造型检验是否错型错边	6	168
		2. 阀门装配的扭矩过大	4	使用扭矩扳手，定期检验	5	140
阀盖罩处泄漏	7	1. 橡胶垫压缩余量不够	5	检查阀盖孔成型刀的尺寸及磨损	6	210
		2. 紧圈螺纹间隙过大	2	环规进行检验	3	42
		3. 阀杆 O 形圈的间隙过大	2	检验 O 形圈槽的尺寸精度	1	14
密封面泄漏	5	1. 阀体铸件开档尺寸过大	6	控制浇铸铁水温度；检验泥芯尺寸	7	210
		2. EPDM 包胶闸板尺寸偏小	6	检验闸板包胶模具的磨损	8	240
		3. 密封面附着异物	4	清除异物	5	100
		4. 闸板压缩余量小	6	控制橡胶的硬度	5	150
阀门启闭卡阻	8	1. 阀杆安装的垂直度	2	按照作业指导书装配顺序	3	48
		2. 闸板的压缩余量	3	检验闸板的尺寸	4	96
		3. 销的长度及销的表面光洁度	5	控制销长度的尺寸误差，去除毛刺	3	120
		4. 弹簧的弹性模量	5	检验弹簧的弹性模量	5	200
		5. 销孔的深度	6	控制钻头的定位及去除毛刺	4	192
		6. 销孔内的清洁度				
		7. 磁钢的强度	8	检验磁钢的磁性强度	5	240
		8. 磁钢的位置	7	检验磁钢的开启功能	8	112
		9. 磁钢的安装极性	7		2	112
阀盖罩空转	8	1. 磁钢的位置有偏差、磁钢的安装极性相反、磁钢的强度减弱	7	检验磁钢的开启功能	2	112
		2. 阀杆与闸板的连接螺纹脱落。	2	检查闸板的内螺纹	1	16

4 结语

根据分析失效模式的原因和过程控制表，可以为厂家和客户提供常见的螺纹磁性软密封闸阀失效模式的分析和主要的控制手段、解决办法。不同的阀门，可以根据各自的具体情况，确定最终的风险度（RPN）值进行评估，从而采取相应的措施进行控制。

参考文献

［1］ GB/T 8464—2008 铁制和铜制螺纹连接阀门［S］
［2］ 蒋军成. 事故调查与分析技术. 北京：化学工业出版社
［3］ GB/T 7826—2006. 系统可靠性分析技术—失效模式与影响分析（FMEA）程序［S］
［4］ 韩之俊 . 江苏省企业首席质量官培训教材 . ［M］. 江苏省质量协会质量研究专业委员会

FGP4X 型复合式高速进排气阀在给水管道中的作用及使用案例

王华梅

山东建华阀门制造有限公司

摘　要： 分析了输配水管道和城市管网中空气的来源和危害，阐述了 FGP4X 型复合式高速进排气阀对避免管道爆裂、减少管阻，保证管道流量，增加管道使用寿命，降低给水管道工程成本的重要作用。并以山城重庆的特殊地貌为例，介绍了 FGP4X 型复合式高速进排气阀的突出作用。

关键词： 复合式高速进排气阀　气阻　爆管　水锤　二次排气

1　概述

输配水管道和城市管网中往往会存在空气，从而加大沿程摩阻，水头损失加大，出水量小；加大局部阻力，易产生爆管；形成气阻时，甚至水泵不能按设计流量出水。为改善气阻问题、防止爆管，在输配水管道和城市管网中选择合适型号的进排气阀，对避免管道爆裂、减少管阻，保证管道流量，增加管道使用寿命，降低给水管道工程成本特别重要。

2　复合式高速排气阀

复合式高速进排气阀是一种同时具备大、小进排气孔，当管道空管充水时实现快速排气，（排尽气后具有自动封水功能）当管道产生负压时又能快速进气，且在工作压力下可排出管道中集结的微量空气的进、排气装置。型号编制见图 1。

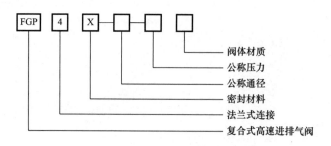

图 1　复合式高速进排气阀型号的编制

3 管道中空气的来源

3.1 直接进气，初始未充水的管道或管道使用中放空时的进气。

3.2 自由状态空气的进入，如管道进口，负压管道系统或设备封闭不严，以及当管道系统中形成负压时空气从排气阀排气管等处进入空气。

3.3 溶解在水中可释放出来的空气，清水中水溶解的空气有2%，污水中有3%。

4 管道中空气的危害

4.1 加大沿程摩阻：气泡使水的流动体积变大，水与管壁相对流速加大，即摩阻水头损失加大，则水泵扬程提高，出水量减小。

4.2 加大局部阻力：气泡集聚成为气囊，使管道流水截面减小，增加了水头损失，当这些气泡集聚成有压气囊时，极易产生爆管。

4.3 形成气阻时，甚至水泵不能按设计流量出水，管道沿程起伏较大，形成多个较大的跌水，多个顶端气阻高差叠加，接近或达到水泵扬程时出水困难甚至管道终端出口不出水。

综上所述：输配水管道和城市管网进排气问题十分重要，如何避免管道爆裂、减少管阻，保证管道流量，增加管道使用寿命，降低给水管道工程成本，对于进排气阀的选型特别重要。

5 FGP4X型复合式高速进排气阀的主要优点

5.1 特点

5.1.1 排气压力高。允许排气压力（即阀门内外压差）高达40m水柱以上，高于国内外同类产品。JISB2063标准规定，排气压差达到0.01MPa之前不可将浮球吹起堵塞大孔口，美国样本标出的排气压差是0.07MPa，标准未做规定，但发展目标是空气动力型复合式排气阀。国内生产的排气阀绝大多数没有试验，空气闭阀压力大多在0.035～0.05MPa最高是0.1MPa，德国样本标出的排气压力是0.08～0.1MPa，新颁布的行业标准规定空气闭阀压力是≥0.1MPa，而FGP4X型高速进排气阀，最大排气速度可达到340m/s（声速），并改进原浮球为浮桶，空管充水时间大大缩短并可适应紧急供水，管道抢修，深井泵出口等各种复杂工况。

5.1.2 排气量大。该种阀的排气量大于国内绝大多数生产厂家生产的阀门，比已颁布的行业标准还大约30%以上。

如DN100排气阀的排气量达到120m³/min（10m水柱压力时）以上，远远大于国内外同类产品，目前处于领先地位，由于排气量大，可以有效地缩短空管充水时间。

5.1.3 水锤防护功能好。FGP4X型进排气阀提供水锤防护方法是独特的，是任何中、外生产厂家所没有的，具有我国自主知识产权（专利），旧的安装方式是用在某一处大小孔口的排气阀分装方式，现在一处只装一个排气阀，阀下加短管的方式，进一步节省投资和便于管理，为国内外首创。

5.1.4 有专用进排气性能试验装置。可有效保证出厂的每一台进排气阀都能达到要求。

5.1.5 独特的内胆结构。完全可以保证管道压力不大于 0.02MPa 条件下自行关闭，以免跑水漏水。

5.1.6 进排气阀中设有水冲自闭装置。不会发生冒水而不能自闭问题，短时间停泵、停水，则立刻恢复供水，保证管道的正常运行。

5.1.7 工作安全可靠。阀门内部构件全部用不锈钢制成，外配滤网防护、结构紧凑、工作安全可靠，经过多年大量实用证明，其事故发生概率极小，无需维修。

5.1.8 防腐性能好，安全卫生。阀门所有零部件、密封件均采用无毒无害材料，阀门内外防腐采用无毒无害静电喷涂环氧树脂（喷涂前首先进行铸件抛丸除锈，除锈等级为 Sa2.5 级，即自亮级），漆膜厚度 0.3～0.5mm，然后电炉烘烤固化，具有很强的附着力，防腐性能好，时效长，避免对水造成一次污染，其阀门材料的卫生条件符合 GB 17219 1998《生活饮用水输配水设备及防护材料的安全性评价标准》要求。

5.2 主要性能

FGP4X 型复合式高速进排气阀是一种给水管道专用的进排气阀，该阀门具有以下功能：

5.2.1 在空管充水时，自动地排出管内大量的空气，以免使未排净的空气在管道内形成气囊阻碍水的流动。

5.2.2 有二次排气功能，在压力管道运行中，能自动排除水中析出的空气，以免阻水。

5.2.3 在管道发生负压时，能自动快捷的进气，以免对管道出于负压过大而发生失稳、破坏。

5.2.4 在使用得当时，能消除管道上由于停泵水锤产生拉断水柱的破坏性，以保证管道安全运行。

5.2.5 在管道放空时，能自动大量地进气，使放水加快，缩短停水时间。

综上所述：FGP4X 型复合式排气阀目前在国内行业内处于领先水平，其技术性能、产品的优越性特别是在地形高低不平，管线起伏、压差比较大的地区使用表现更为突出。

6 在山城重庆的使用案例

重庆地处山城，供水系统较复杂，水厂出水压力均在 0.9MPa 以上，最高达到 1.2MPa，管线起伏大，供水标高（黄海）180～600m 不等，这在运行管网中极易产生气阻，如不及时排除管内空气，其气阻逐渐形成有压气囊，从而引发爆管。

在重庆水司江南营管所所辖经济开发区第 5、6、7 小区供水主管网为 DN300、DN400、DN500，由于地理环境条件影响，及管内空气不能及时排除，在 2014 年爆管多次，重庆水司管网部门针对这一情况，对该地区供水进行认真分析，并结合重庆市供水特点，即管网在承受大压力情况下，管内气流、主要气团流和气泡流在该区域管线中逐步形成有压气囊，又没有及时排除，所以造成爆管。针对这一情况，重庆水司对国内各生产排气阀厂家进行了解，并最终选择了适合重庆地区情况的 FGP4X 型复合式高速进排气阀进行试用，直到 17 年 9 月前为止，江南该片区再未发生过爆管事故。

重庆市丰收坝水厂出水 DN1400 输水管道在 2015 年出现多次爆管，经过认真分析，爆管主要原因是该 DN1400 管道所经地区起伏大，该管道虽也根据情况分别在不同位置安装了 DN200 的排气阀，但由于该管道水压大、流速快、原排气阀虽在工作，但却不能将管内空气及时排出、排尽，而引发爆管，针对这一现象，重庆水司对该条管线上原有的排气阀全部更换为山东建设华阀门制造有限公司生产的 FGP4X 型复合式排气阀，此后该条管线未发生爆管。

重庆水司目前正在实施旧管网改造工作，在实施旧改工作中接合重庆市供水特点，在选用新型球墨铸管同时，大量配套选用此 FGP4X 型复合式高速进排气阀，重庆水司输配水管道的爆管持续多年未再发生因管内空气聚集而爆管的事情。

7　结语

在山城重庆的使用实践证明，FGP4X 型复合式排气阀能自动排气、二次排气、快速排气，且具备自动大量排气作用，能消除管道上由于停泵水锤产生拉断水柱的破坏性。产品特性在地形高低不平，管线起伏、压差比较大的地区使用表现更为突出。

参考文献

[1]　张新萍，郑莉玲 . 长供水管道水泵出口阀门的选择《电网与清洁能源》2009 年 04 期
[2]　GB 17219 1998《生活饮用水输配水设备及防护材料的安全性评价标准》
[3]　孙兰凤. 空气阀在长管道供水系统水锤防护中的应用研究 2005

关于空气阀在线检测在水系统中的意义

何　锐

安徽红星阀门有限公司

摘　要： 探讨空气阀的功能如何实现在线监测，充分暴露空气阀在输水管线中的重要性以及产品潜在缺陷，为管网动态水力模型的建立提供核心数据，为水力分析研究提供一线数据资料。

关键词： 空气阀　在线监测　水力分析

空气阀在水系统中的应用日益广泛，关于空气阀的功能定义，目前并不统一。一些专家专注于空气阀的排气性能，希望空气阀能将水系统中的空气尽可能地排出，因此国内将空气阀称之为排气阀；另一些专家认为空气阀除了具有排气能力，还需要具备水锤防护能力，认为将空气存留在管道中，更加有利于管线水锤防护。当前的现状是，水系统用户认为两种功能需求都是需要的，随之产生的关于空气阀性能需求就复杂起来。

实际应用中，水系统管网中到底需要空气阀具备哪些功能，这些功能对于管网运行有哪些好处，目前的理论有很多，包括水力模型的理论计算，都有各自相关的证明。然而，真实情况真的与理论计算相符么？笔者经过多年水系统项目中关于空气阀应用的成果对比，发现实际情况总是与理论计算存在较大差异。因此笔者认为，当前水系统中关于空气阀的在线实时监测非常关键，只有真实的数据支撑，才能证明相关理论的合理性，以及具体水系统管网的真实需求。

空气阀的功能分别有稳态过程的初期大量排气、运行连续微量有压排气和瞬态过程的停泵负压吸气以及涉及水锤的瞬间发生过程，这些过程空气阀分别起到各种不同作用。设计的时候对空气阀的这些功能都是有明确要求的，理论上讲，如果空气阀能起到这些作用，对保护管线安全、提升管线运行效率能起到很大作用。然而，实际上目前几乎所有输水管线，都没有对空气阀的这些稳态、瞬态过程功能是否正常进行实时在线检测。因此该检测的意义是非常大的，不管是对于主体的具体项目，还是空气阀产业，以及水利设计院，甚至整个水系统理论研究，都是非常有力的支持。

1. 检测项目

1.1　初期通水，空气阀大量排气，空气阀排气量、空气关闭压差或吹堵压力是否满足工况需求？多大的空气阀排气孔口能满足工况需求？目前设计院对空气阀选型都是根据经验选配，到底是什么情况，国内与国外的技术理论分歧很大。

1.2　管线运行过程中，析出的微量空气到底有多少，需要多大的有压微量排气量，才能确保管道拐点不集气，不影响输水效率？

1.3 系统正常停泵以及事故停泵瞬间，空气阀快速开启补气，开启速度实际为多少？瞬时的管线负压为多少？空气阀开启补气后，是否有消除管线负压？空气阀补气能力是否满足需求？当水柱弥合的瞬间，是否有弥合水锤产生？水锤强度是多少？

2. 检测方法

如图1所示，空气阀组的配置有空气阀（含微量排气阀、复合式排气阀、注气微排阀、三阶段空气阀等阀种），以及检修阀。检测方案如下：

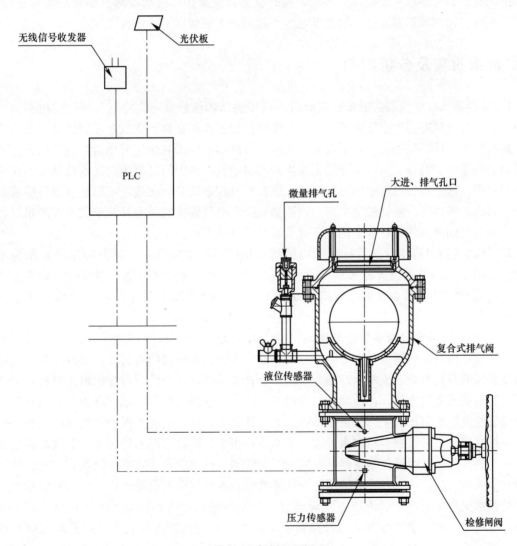

图1　空气阀组配置

2.1 在空气阀下端的检修阀上，安装液位传感器和压力传感器，其中液位传感器检测测试点是处于空气状态还是水状态，压力传感器检测测试点的瞬时压力状态，有正压、负压以及零压状态；

2.2 测试模块 PLC 收集两个传感器实时反馈的信号，以时间轴为线，以传感器的信号发送步长为数据步长，实时记录测试点的状态信息，该信息通过通信模块发送回中央控制平台；其中通信模块利用 GPRS、GSM 等。

2.3 传感器、测试模块 PLC 以及通信模块的供电可采用小型光伏供电系统或高能电池供应，光伏供电模块可确保系统 10 年以上的可靠电力供应，高能电池能确保系统 5～6 年的不间断电力供应。

2.4 要实现实时监测、反馈液位数据和压力数据，液位传感器和压力传感器的精度要求很高，尤其是压力传感器，测试范围从负压真空状态至超出工作压力至少 5 倍的正压，这个范围对压力传感器来说是相当高的，同时反馈速度要快，这些检测数据都是实时数据，数据网络传输的延迟不能高，检测延迟也不能高，否则数据不一定真实。

3. 数据收集及分析判断

3.1 初期通水，空气阀大量排气，此时液位传感器的信号显示为空气，压力传感器显示的压力为排气压差，当空气阀发生吹堵，则液位传感器还是显示空气，压力传感器则会产生瞬时快速升压；如果空气阀无吹堵，当压力传感器产生瞬时快速升压时，则液位传感器显示的却是水。另外，从零压开始至发生瞬时快速升压的中间过程为空气阀持续大量快速排气过程，这个稳态过程中的压力升值，就是排气压差的变化曲线，可以从该曲线中读取空气阀的真实排气压差到底是多少，该数据对研究空气阀排气能力具有至关重要的指导作用，为空气阀大排气孔口选型提供了真实有力的数据支撑。

3.2 管线运行过程中，微量排气孔口持续排出微量压缩空气，当液位传感器显示为水时，说明空气阀节点位置并未集气，当液位传感器显示为空气，则可判断空气阀节点集气，可直接示警该节点微量排气功能缺失，有可能微排孔不工作，或者微排孔选型不合理。

3.3 系统正常停泵以及事故停泵瞬间，空气阀快速开启补气，压力传感器记录的数据显示为负压，该负压的持续时间，与液位传感器由水转变为空气的时间差，可认定为空气阀负压补气的开启时间，该时间即为空气阀负压补气延时，这个延时对管线瞬态过程水力分析具有至关重要的作用；在持续补气过程中，压力传感器的负压显示，即为空气阀补气后消除管线负压的直接效果，该负压是否达到设计要求，是否能起到保护管线负压失稳，检测系统直接将负压数据显示出来反馈至控制室；当水柱弥合，压力传感器检测的数据从负压转变为正压，此时液位传感器显示的水、气状态，可判断是否有空气隔断，当液位传感器显示为空气时，压力传感器的压力变化遵循弥合水锤周期震荡规律，其压力升值稳定且在管线承受范围以内，则说明空气阀通过截留空气消除弥合水锤有效果，反之，则无效果，说明空气阀选型不合理；当液位传感器显示为水时，则可判定空气阀无空气隔断功能，同时此时的压力传感器可准确记录此时的瞬时水锤升值，这个水锤升值到底是多少，直接反映了弥合水锤到底是否在产生危害。同时，当管道中吸进的空气自通过微排阀缓慢排出的过程，一样通过液位传感器检测，这个排气时间是否会影响系统恢复通水，可以通过检测的数据直观判断。

4. 空气阀与管线系统关联

空气阀的在线检测，仅是整个系统中，处于管线的部分环节，当空气阀数据能纳入整个系统数据，可与泵站控制系统、管线调流、末端放空、分流等系统统筹考虑，从而建立真实的全输水系统动态水力模型，空气阀节点的参数与泵站、调流、放空等工况相结合，可以分析出很多系统层面的特性，甚至可以与设计院计算的静态水力模型进行对比分析，修正设计参数，合理配置设备及系统参数，为项目可靠高效运行提供有力支撑。另外，该动态水力模型对于研究大型输水系统的各种特性具有重要意义，甚至有可能确认并改变目前国内输配水行业水力研究方向。

消防末端测试阀

王朝阳　连超燕

宁波华成阀门有限公司

摘　要： 介绍了一种消防末端测试阀，该阀主要应用于自动喷水灭火系统的末端试水装置，产品有机地结合了球阀、泄水阀和试水接头，并且在阀盖上连接有安全阀，产品结构紧凑、设计合理，能够实现末端试水和保护系统管路免受高压破坏的功能，具有漏点少、占地面积小、管路安装方便等特点。

关键词： 消防　末端测试阀　三通球阀　安全阀

1　概述

自动喷水灭火系统是目前世界上公认最有效的自救灭火方式，该系统具有安全可靠，经济实用，灭火成功率高等优点。自动喷水灭火系统末端试水装置是喷洒系统的重要组成部分，通过此装置可以检测整个系统运行状况，《自动喷水灭火系统设计规范》GB 50084—2017 条文说明中对此装置作用做了详细的诠释："为检验系统的可靠性，测试系统能否在开放一只喷头的最不利条件下可靠报警并正常启动，要求在每个报警阀的供水最不利点处设置末端试水装置。末端试水装置测试的内容包括水流指示器、报警阀、压力开关、水力警铃的动作是否正常，配水管道是否畅通，以及最不利点处的喷头工作压力等。"末端试水装置应由试水阀、压力表以及试水接头组成。试水接头出水口的流量系数，应等同于同楼层或防火分区内的最小流量系数洒水喷头。末端试水装置的出水，应采取孔口出流的方式排入排水管道。另外，《自动喷水灭火系统设计规范》GB 50084—2017 4.3.2 条还规定自动喷水灭火系统应设有泄水阀（或泄水口）、排气阀（或排气口）和排污口等。

传统的试水装置结构上基本是一位式两端接口螺纹直通球阀或闸阀，与试水接头、泄水阀等连接形成一管多阀蜘蛛网式渠道，管路复杂，占地空间大、漏点多，操作不便。

2　消防末端测试阀结构

如图 1 所示，消防末端测试阀包括三通球阀、安全阀和排水管。三通球阀由阀体、阀盖、密封垫、阀球、阀杆、O 形圈、手柄、螺母、窥视镜等组成；阀体上设置有进水口、排水口、引水口、观测孔；阀球上设置有三个孔，两个大孔为通水孔，一个小孔为测试孔，通过手柄，阀球可以在腔体内 180 度旋转；窥视镜安装在观测孔上；安全阀安装在阀盖上，安全阀由安全阀阀体、阀座密封垫、螺钉、弹簧座、弹簧、锁紧螺母、阀盖密封垫、安全阀阀盖等组成；安全阀阀体上设置有出水口，安全阀出水口与三通球阀引水口之间连接有排水管。

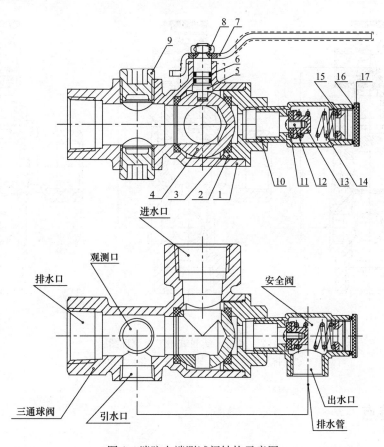

图 1　消防末端测试阀结构示意图

1—阀体；2—阀盖；3—密封垫；4—阀球；5—阀杆；6—O 形圈；7—手柄；8—螺母；9—窥视镜；10—安全阀阀体；11—阀座密封垫；12—螺钉；13—弹簧座；14—弹簧；15—锁紧螺母；16—阀盖密封垫；17—安全阀阀盖

3　工作原理

阀门开关动作通过拧动手柄带动阀球动作，手柄头部指向阀体上的排水口时，阀球通过连通阀体上的进水口和排水口，阀门处于全开状态，如图 2 中（1）所示，可以快速检测消防系统运行状态时的压力和流量，看系统内的压力流量能否达到消防要求；当手柄顺时针方向旋转 90°，球体转动，手柄头部指向阀体上的进水口时，阀体进水口通过阀球上的测试孔与阀体上的排水口相通，阀门处于测试状态，如图 2 中（2）所示，此时可以模拟检测在喷淋头打开状态下的压力和流量，检测管路系统能否在开放一只喷头的最不利条件下可靠报警并正常启动；当手柄顺时针方向再旋转 90°，球体转动，手柄头部指向阀盖上连接的安全阀时，阀体上的进水口和排水口被阀球隔断，阀门处于关闭状态，如图 2 中（3）所示，此时，如果管路系统内压力超过安全阀设定压力时，安全阀打开，阀体进水口通过安全阀阀腔和排水管与排水口连通，阀门排水泄压，以保护管路系统不被高压破坏，当管路系统内压力低于安全阀设定压力时，安全阀关闭，阀门关闭不排水，防止水资源浪费。

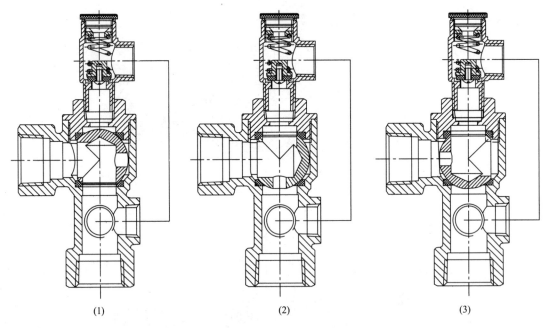

（1）   （2）   （3）

图 2　消防末端测试阀工作原理图
（1）排水状态　（2）测试状态　（3）关闭状态

4　阀门特点

4.1　阀门采用三通球阀的结构形式，把球阀、泄水阀和试水接头有机地结合在一起，使产品既有切断功能，又有泄水功能，并且还有测试功能，达到结构紧凑、漏点少、占地面积小，方便与管路连接安装的设计目的。

4.2　阀球测试孔的大小相当于一个标准喷头的放水口，其出口的流量系数与同楼层或防火分区内的最小流量系数喷头相同，在相同的工作压力下，其流量也和喷头一致。现在市场通用的标准喷头的流量系数 $K=80$，按照设计规范规定的最不利末端要有 0.05MPa 的工作压力，这样通过计算，此喷头的流量就达到了 1.00L/s。所以本阀门在上述 0.05MPa 的工作压力下，打开装置，管网流量也能达到 1.00L/s，从而达到测试系统可靠性的目的。

4.3　三通球阀的阀盖上设置有安全阀，安全阀的排水口通过水管与三通球阀阀体上的引水孔相连，当消防系统里的压力超过安全阀的设定压力时，安全阀打开排水，排水口出来的水通过水管和三通球阀阀体上的引水孔从三通球阀的排水口排出，可以保护消防管路系统不被高压破坏。

4.4　阀体上设置有观测口，观测孔上安装有窥视镜，可以对管路内的水流情况进行实时监测。

190

5　结语

本产品与同类产品技术相比，采用三通球阀的结构形式，把球阀、泄水阀和试水接头有机地结合在一起，使管路结构紧凑、漏点少、占地面积小，方便管路连接安装。阀盖上设置有安全阀，可以保护消防管路系统不被高压破坏。产品可在宾馆、写字楼、酒厂、电站等场所自动雨淋灭火系统安装，用于模拟检测在喷淋头打开状态下的压力和流量，检测管路系统能否在开放一只喷头的最不利条件下可靠报警并正常启动，确保消防管路系统处于安全可靠的状态。

压差原理倒流防止器

虞之日　陈思良

泉州沪航阀门制造有限公司

摘　要： 凡是倒流防止器要满足向下游供水的必要条件，进口压力必须大于下游压力，而且这个供水压差（$\Delta P = P_1 - P_2$）远远大于国标 GB/T 25178—2010《减压型倒流防止器》，"7.9.2条：进水腔处于正常压力供水状态，无论水是否从倒流防止器内流过，进水腔与中间腔的压力差应符合：$P_1 - P_2 > 14\text{kPa}$，且泄水阀应不泄水。"的规定。

既然有这个供水压差，是否可以摒弃国内外采用的，通过进口压力水克服弹簧阻力的机械损失而减压，来满足7.9.2条所规定的压差呢？答案是肯定的。

所谓压差原理：就是利用这个供水压差，通过双室控制机构，控制其当：$P_1 - P_2 > 14\text{kPa}$ 时，开启倒流防止器进水腔的阀瓣，进口压力水不需要克服弹簧阻力而造成的机械损失流进中间腔，摒弃了国内外普遍应用的通过进口压力水来减压的减压原理，而达到节能之目的。

关键词： 压差原理倒流防止器　双室控制机构　直通式阀体　独立工作止回阀　倒流　防倒流　水头损失　零倒流

1　压差原理倒流防止器的结构型式

（1）产品国内外结构现状

目前国内、外较典型的减压原理（减压型）倒流防止器的结构见图1，压差原理倒流防止器的结构见图2。

按图1和图2所示，减压原理（减压型）倒流防止器与压差原理倒流防止器两种产品结构的相同点在于：主要工作部件都由两个独立工作止回阀和一个泄水阀所组成，所谓独立工作止回阀是指两个止回阀，在服从于工况需要而工作时无不干扰。

两种产品的结构最大区别在于：

1）减压原理（减压型）倒流防止器是由两个独立工作的直流式止回阀相串联所组成；压差原理倒流防止器是由两个独立工作止回阀直通式结构所组成。

2）图2所示的压差原理倒流防止器在进水腔和中间腔之间增设了一个由进水阀瓣3、活塞（或膜片）4和缸体14，并由进水止回阀阀杆6组成一体的双室控制机构驱动部件。

3）减压原理（减压型）倒流防止器工作时，由进水腔的压力水 P_1 作用在进水阀瓣上，阀瓣克服进水止回阀弹簧产生机械损失进入中间腔而减压，使 $P_1 > P_2$ 来满足标准 GB/T 25178—2010 第7.9.2条的规定，这就是减压原理核心理论。

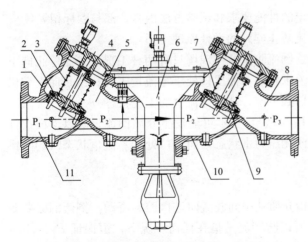

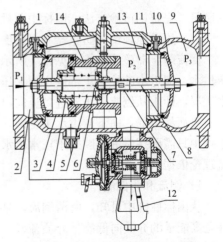

图1 减压原理（减压型）倒流防止器结构图

1—进水止回阀；2—进水阀瓣；3—进水止回阀弹簧；4—进水止回阀阀杆；5—中间腔；6—泄水部件；7—出水止回阀弹簧；8—出水腔；9—出水止回阀阀杆；10—出水止回阀部件；11—进水腔

图2 压差原理倒流防止器结构图

1—阀体；2—进水腔；3—进水阀瓣；4—活塞；5—进水止回阀弹簧；6—进水止回阀阀杆；7—出水止回阀弹簧；8—出水止回阀阀杆；9—出水腔；10—出水阀瓣；11—阀盖；12—泄水部件；13—中间腔；14—缸体

压差原理倒流防止器工作时，见图2所示，因活塞的左侧为 P_1，右侧为 P_2 加弹簧作用力，在 P_1 的作用下，活塞向右移动，将阀瓣推开。

P_1 除产生正常的过流损失外，没有机械损失，便使 $P_1 > P_2$。满足了标准 GB/T 25178—2010 第7.9.2条的规定。这是压差原理倒流防止器节能于减压原理倒流防止器的核心理论（详见设计原理）。

4）同规格的倒流防止器体积，压差原理的不大于减压原理的 1/2。

（2）产品标准

《减压型倒流防止器》GB/T 25178—2010 是我国现行的产品标准（下称国标）。压差原理倒流防止器的设计，都以该国标的要求为依据。

相关的国外主要产品标准有：

a）美国于 20 世纪 50 年代，在双止回阀的基础上研发了《减压原理倒流防止器组件》（REDUCED-PRESSURE PRINCIPLE BACKFLOW PREVENTION ASSEMBLY），并制订了相应的产品标准，经数次修订成为至今的美国国家标准 ANSI/AWWA C511（下称美标）。该标准中使用的都是美制计量单位，且没有试验方法。

在美国，该标准不作为产品质量优劣的判定依据，产品质量优劣由联邦各州决定。此标准只是对产品在美国生产的最低质量要求。

b）1998 年澳大利亚/新西兰发布了 AS/NZS 2845：1998《反流抑制装置性能要求》的标准。

该标准将美制计量单位转换成了 ISO 标准，主要性能要求基本上与美标相仿。

c）2003 年欧洲 CEN 组织发布了由 20 个国家参与编制的 EN 12729：2002《用于由饮用水倒流而产生的污染-可控制减压原理倒流防止器—B 类—A 型》标准。（下称欧标）

欧标将 ANSI/AWWA C511 中所有性要求及计量单位全部等效的转换为 ISO 标准，

并制订了完整的试验方法。国标中所规定的性能要求和试验方法内容，都与欧标相等效。

（3）压差原理倒流防止器（下称倒流防止器）的设计原理

倒流防止器整体结构参见图 2 所示。倒流防止器在现场只有两种工况，一是停止向下游供水，即进水腔处于正常供水或无压力水状态，而出口处于零流量工况；二是向下游供水工况，即水从倒流防止器进口流向出口到下游，从内部流过的工况状态。

显而易见的，向下游供水工况时，$P_1 > P_2 > P_3$ 不可能发生介质倒流。所以下面设计原理中只需要探讨进水腔处于正常供水或无压力水状态，而出口处于零流量状态时的防倒流理论依据。

1）倒流和防倒流

从国标性能中可知，所谓倒流，是指介质从中间腔流向进口腔的流动。倒流的必要条件是高能量的介质向低能量介质流动，所以防倒流是指在任何工况下，恒保证 $P_1 - P_2 > 14$kPa 的必要条件不变。

至于因各种原因造成下游压力增高并超过了进口压力，而且出水止回阀发生泄漏的情况下，介质将由下游经过出水腔流入中间腔的倒流，这不属于标准所界定的倒流范畴。因为此时发生的倒流虽也会影中间腔压力 P_2 的改变，当不能满足 $P_1 - P_2 > 14$kPa 条件时，按国标 7.10.2 条规定，将导致泄水阀泄水和大气相通，P_2 就下降，从而保证 $P_1 - P_2 \geqslant 14$kPa 条件不变，有效防止介质倒流。

同样道理，若 P_1 因压力波动或各种原因下降时，也会改变 $P_1 - P_2 > 14$kPa 条件，此时防倒流必要条件被破坏，泄水阀即开启泄水和大气相通，P_2 下降恢复 $P_1 - P_2 \geqslant 14$kPa 条件不变。

从上述可知，无论是进口压力下降或下游压力上升，而且进、出水止回阀发生泄漏的情况下，通过泄水阀有效的泄水平衡和调节，都能保证 $P_1 - P_2 > 14$kPa 必要条件不变，并且泄水阀将自动关闭，有效防止了介质倒流。泄水阀的自动开启调节与平衡防倒流的必要条件，是防倒流的充分条件。

2）设计原理

① 根据国标 7.9.2 条所规定："进水腔处于正常压力供水状态，无论水是否从倒流防止器内流过，进水腔与中间腔的压力差应符合：$P_1 - P_2 > 14$kPa，且泄水阀应不泄水。"

$P_1 - P_2 > 14$kPa 这仅仅是防止倒流的必要条件，$\Delta P = P_1 - P_2$ 的上限是多少呢？

根据 7.8.1 条规定，"在零流量状态，进水腔压力 P_1 与中间腔压力 P_2 之差（$P_1 - P_2$）不应小于 20kPa，此时进水止回阀应紧闭不泄水。"显然，此规定将 $\Delta P = P_1 - P_2$ 的压差提高为 $P_1 - P_2 \geqslant 20$kPa 了。

又根据 7.9.1 条规定，"为防止泄水阀在零流量状态时过量排水，当上游进水端压力在 ±10kPa 范围波动时，泄水阀应不泄水。"波动绝对值为 20kPa，向上波动 10kPa 时，中间腔压力也将跟着上波 10kPa，再向下波动 20kPa 时，中间腔压力是不会向下波动的，为了保持 $P_1 - P_2 \geqslant 15$kPa 使泄水阀不泄水，在零流量状态时 ΔP 至少应：$P_1 - P_2 \geqslant 30$kPa，这就是要符合 7.9.2 条规定的上限。它同时满足了国标 7.8.1 条、7.9.1 条和 7.9.2 条的规定，再根据水头损失的要求，决定 $\geqslant 30$Pa 上限的极值。

② 防倒流必要条件：$P_1 - P_2 \geqslant 30$Pa 的数学模式：

$$P_1 - P_2 = h_f \tag{1}$$

194

式中：P_1——进水腔供水压力（MPa）；

$\qquad P_2$——中间腔介质压力（MPa）；

$\qquad h_f$——弹簧对 P_2 的压力增量（弹簧的弹力/作用面识）（MPa）。

设定 $P_1-P_2=30\text{kPa}$，代入（1）式：$\qquad h_f=30\text{kPa}$

因为弹簧的作用面积是已知的活塞或膜片的有效面积，这样就不难完成弹簧的设计。且满足（1）式的设计数学式了。这就是倒流防止器，防倒流必要条件的数学模式。

③ 倒流防止器防倒流的充分条件：

泄水阀自动开启泄水和关闭是防倒流的充分条件，国标 7.10.2 条 a）和 b）款规定了：

a）"在零流量状态，因中间腔压力 P_2 上升或进水腔压力 P_1 下降，导致泄水阀始动泄水时，应满足 $P_1-P_2\geq14\text{kPa}$，此时中间腔应与大气相通。"

b）"当泄水阀自动关闭时 $P_1-P_2>14\text{kPa}$。"

中间腔压力 P_2 上升往往是因为下游压力上升，且出水止回阀泄漏所致。或因进水腔压力 P_1 下降，都将改变 $P_1-P_2>14\text{kPa}$ 的初始条件。根据 a）条规定，当 $P_1-P_2\geq14\text{kPa}$，时将导致泄水阀始动泄水，因此时中间腔与大气相通，P_2 就随之下降。当 $P_1-P_2>14\text{kPa}$ 时，泄水阀自动关闭使初始条件不变。

显然当 $P_1-P_2>14\text{kPa}$ 的初始条件不能满足时，泄水阀自动泄水，维持 $P_1-P_2>14\text{kPa}$ 条件不变。泄水阀泄水和自动关闭是倒流防止器防倒流的充分条件。

④ 泄水阀泄开启泄水和自动关闭的数学模式

按图 2 所示，泄水阀部件 12，其左侧采用的驱动敏感元件是膜片式的（也可采用活塞结构），膜片左上侧与进水腔相连接注入 P_1 的压力水，膜片右侧与中间腔相通注入 P_2 的压力水并与弹簧的弹力同时作用在膜片的右侧。此时膜片两侧的数学模式为：

$$P_1-P_2=h_{f1} \qquad\qquad (2)$$

式中：P_1——进水腔供水压力（MPa）；

$\qquad P_2$——中间腔介质压力（MPa）；

$\qquad h_{f1}$——弹簧对膜片右侧 P_2 的压力增量（弹簧的弹力/膜片有效面积）（MPa）。

设定 $P_1-P_2=15\text{kPa}$，代入（2）式：$\qquad h_{f1}=15\text{kPa}$

因为膜片的有效面积是已知的，这就不难完成弹簧的设计。且满足（2）式的设计数学式了。这就是倒流防止器，防倒流充分条件的数学模式。

（4）工作原理

1）当压差原理倒流防止器处于零流量状态时，$\Delta P=P_1-P_2$ 符合式（1），有效防止介质倒流。

当下游阀门开启，倒流防止器向下游供水时，出水腔和中间腔的压力都迅速下降，P_1-P_2 的压差加大，式（1）的等式不成立，活塞（见图 2 中件 4）左侧压力大于右侧，即活塞带动阀瓣向右移动被开启，P_1 压力水无需减压流入中间腔、流向下游，并产生过流损失。

这时无论流量多大，P_1-P_2 都将不小于 30kPa。随着流量增加，过流损失也增加，活塞两侧的压差也增加。当阀瓣全开时，缸体端面顶住阀瓣定位端面，弹簧的左右合力为零，活塞克服弹簧的阻力为零，压力水流动时只有过流损失。这就是压差原理倒流防止器在流动时，水头损失小于减压原理的原因。

2）要停止向下游供水时，下游阀门逐渐关闭，中间腔 P_2 也随之上升，弹簧将阀瓣逐渐推向左侧阀座方向，当满足式（1）时，主阀就恢复关闭状态。

3）因各种原因使进口压力下降，或因下游增压且出水止回阀泄漏使中间腔压力上升，这两种情况都将改变式（1）等式的平衡，当 $P_1-P_2>14kPa$，且式（2）所论证的泄水阀关闭条件 $P_1-P_2>15kPa$ 被破坏时。式（2）即处于不平衡状态，泄水阀开始自动开启泄水，中间腔和大气相通，P_2 随之下降。当 $P_1-P_2>14kPa$ 时，泄水阀即自动关闭。

（5）关于水头损失

1）减压原理倒流防止器水头损失大，虽是国内、外共同关注的重大节能课题，然而至今尚未解决，原因在于减压原理倒流防止器结构和性能要求所决定的客观事实，这可从标准要求中求解。

根据对标准的分析，在零流量时，进水阀弹簧的机械阻力为：$P_1-P_2\geqslant30kPa$，按国标 7.8.2 条关于出水止回阀紧闭性能规定："在零流量状态，中间腔压力 P_2 与出水腔压力 P_3 之差（P_2-P_3）不应小于 7kPa，此时出水止回阀应紧闭不泄水。"

所以，即使是零流量状态，减压原理倒流防止器两个止回阀的弹簧机械阻力之和就达到 37kPa。当进水腔阀瓣开启供水时，弹簧继续被压缩，阻力成线性增加，机械损失将增至 40kPa 以上。再加上介质流进中间腔的过流损失，P_1-P_2 的水头损失可达到 $60\sim70kPa$。介质流经出水止回时的过流损失和出水止回阀弹簧继续被压缩水头损失不小于 10kPa。在给水排水领域的工况流速，即使设定水的流速不大于 2.5m/s，其水头损失必定在 80kPa（8m·H_2O）以上。

所以对于减压原理（减压型）倒流防止器，若不从结构上创新，或工作原理上的变革，要满足标准的各项性能要求，而达到倒流防止器唯一的零倒流功能，无论从理论上证明和实践验证，要大幅减小水头损失，都是不可能的。

2）笔者从资料中获悉，美国学者杰西·斯特利克在《灌溉用喷水器设计研讨会 第二阶段》发表题为《倒流防止器》的论文中，报道在应用中减压原理倒流防止器压力损失为 $8\sim12psi$（$5.6\sim8.6m$·H_2O）。其他诸如日本、意大利等国的样本资料中相似工况下水头损失都在 $7\sim10m$ 之间。上述数据没有涉及时间流速。根据调查，我国给水排水领域的供水流速不大于 2.5m/s。

根据边界层理论，对水头损失的影响，产品的公称尺寸大的损失较小，公称尺寸小的反之。还与流道设计、流速大小等因素有关，所以在国内、外标准中规定，在 3m/s 流速下，无论产品公称尺寸大小，都允许最大水头损失不大于 0.1MPa（10m·H_2O）也不足为怪了。

3）压差原理倒流防止器水头损失

压差原理倒流防止器水头损失见图 3 供读者参阅，纵坐标是相对于流速的水头损失，因受边界层的影响，对于公称尺寸小的，损失应略高于公称尺寸大的。

同样采用压差原理工作，水头损失主要决定于介质的过流损失，所以影响水头损失大小的因素还包括阀体流道的几何形状和表面相对粗糙度。

图 3 中的 10kPa 等于 1m 水头（1m·H_2O），水头损失是指 P_1-P_3 之差。各种规格产品的流量（m^3/h）和流速的关系为：流速（m/s）乘以输水管道的截面面积（m^2），再乘以 3600 即可。

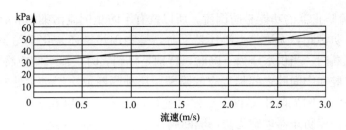

图3　压差原理倒流防止器水头损失通用曲线图

（6）压差原理倒流防止器

a）减压原理倒流防止器水头损失大是国内外未解决的普遍性问题，本公司也投入了各方资源，经共同努力，研发了专利产品压差原理倒流防止器。专利号为：ZL 2013 1 0718280.5 和 ZL 2013 2 0855732.X。图2所示的进口处设置的双室控机构是专利的核心技术。

b）压差原理倒流防止器之所以节能，是因为由活塞推启阀瓣至全开，进口 P_1 的压力水无需克服弹簧的机械损失，只有过流损失就进入中间腔，而达到节能之目的。

c）压差原理倒流防止器产品特点

c.1. 零倒流；

c.2. 由双室控制机构控制供水压差，开启阀门，节能不低于25%；

c.3. 直通式结构体积小；

c.4. 无需从管道中拆卸即可进行全面维修；

c.5. 除阀体、阀盖和密封橡胶外，所有零部件和紧固件均为不锈钢或铜合金。

c.6. 阀体内设计成圆柱形流道，面积曲线平滑，扩散（收缩）角不大于5°。

（7）讨论

减压原理倒流防止器是20世纪50年代由美国首先研发、应用于交叉连接管网中，防止介质倒流的优秀产品。CJ/T 160—2002《倒流防止器》是我国第一册颁发的行业标准，十几年来不少生产企业、用户和有关设计院所，由不知道到了解，由不熟悉到应用。现在已经成为共知的重要防倒流控制设备了。由于种种复杂的变化过程，虽然取得了巨大进展，但有些概念性的东西还不是很统一，为了正确指导用户和市场，更好应用，笔者想提出如下几个看法供大家讨论。

a）双止回阀和倒流防止器是截然不同的两种产品。

倒流防止器的唯一功能就是中间腔的水对于进水腔之间实现零倒流，若不能从理论上和实践中证明零倒流，无论在结构和外型上何等相似，都不能冠命为各种形式的倒流防止器。

国内不少不能证明零倒流的双止回阀，都冠名形形色色的×××倒流防止器，不利于设计院所的选择，更有碍于现场应用和倒流防止器的发展。这些所谓的倒流防止器实质上只能称为双止回阀。

在美国规定得十分明确，倒流防止器的标准是 ANSI/AWWA C511，双止回阀的标准是 ANSI/AWWA C510。美国学者卢安坚著的《美国建筑给水排水设计》一书中，第五章第二节"防止交叉连接污染"中也明确规定了两种外形相似产品的功能特征。

b）防倒流的实质是防止中间腔向进水腔的倒流，不是从出水腔流向中间腔的倒流。

c）因为倒流防止器的功能是防倒流，所以就有了防止倒流污染的效应。

所以它不是防污阀，无论是上游还是下游，是物理污染还是化学污染它都不能防止。它也不是空气隔断阀，当供水压力下降时，特别是降到零时，泄水阀应将中间腔的水排空成空室，使进水腔和中间腔之间形成空气隔断。这种隔断取决于进水处阀瓣的密封程度，若管内产生真空时，倒流防止器也无法保证能破坏真空，所以它也没有真空隔断阀的功能。因此不要将倒流防止器理解为防污隔断阀。

d）因为倒流防止器的最大社会效益是保障人民身体健康，而泄水阀泄水时和大气是相通的，所以一般不提倡在矿坑下安装，若要安装，矿坑内应有十分有效的排水渠道，要严格防止泛滥成灾。在阀门井内安装时同样要有排水渠道，一般情况下，都安装在地面之上。

因为泄水阀开启时与大气相通，所以有放射性或化学污染的环境中应避免安装。切切防止上游饮用水被污染。

e）一台合格的倒流防止器，如果泄水阀不间断的滴水，不是它的缺点，恰恰是它与双止回阀截然不同的优点。这是一种有故障的预警信号，有这种信号时，应对进、出水止回阀和泄水阀的阀瓣密封进行检查维修，或检查弹簧特别是进水止回阀的弹簧是不是疲劳了。

管　道　篇

钢制管道阴极保护技术应用

陈　建　曹志涛　宋方琛

青岛豪德博尔实业有限公司

摘　要： 钢制管道埋地时刻受到土壤介质的腐蚀作用，管道的腐蚀行为属于电化学腐蚀范畴，也就是说埋地钢制管道的腐蚀是以腐蚀电池的形式进行的，最常见的有氧浓差电池、盐浓差电池等。防止腐蚀正是针对阻止腐蚀电池而言，腐蚀电池有三个要素，即存在着不同电极电位的阴、阳两个电极；两电极同处在一个电解质体系中；两电极之间有电子连接通路。对管道施加阴极保护就是消除阴、阳极之间的电位差，破坏第一要素。阴极保护技术是应用最广泛也是最成功的一种金属防腐蚀技术。

关键词： 腐蚀　阴极保护　牺牲阳极法　外加电流法　技术要求

0　引言

　　1972 年，美国腐蚀工程师协会（NACE）估计每年损失 100 亿美元，到 1976 年每年损失接阴极保护材料近 700 亿美元，1982 年损失 126 亿美元。考虑到国家高速公路、水、废水、废气、地下储罐等因腐蚀造成的污染，每年的损失是 3000 亿美元，占 GDP 的 5％。1998 年，我国工程院历时 3 年对全国的腐蚀进行调查，调查结果表明我国腐蚀造成的损失达 5000 多亿元。金属是从矿石中提取出来的，在提炼过程中必须要给它一定的能量，使其处于高的能量状态。材料基本规律总是趋向于最低的能量状态，因此金属都是热力学不稳定的，具有和周围环境（如氧和水）发生反应的趋势，以达到较低的、更稳定的能量状态，如生成氧化物，从而造成钢管的腐蚀。

　　对于所有的金属的腐蚀倾向理论上采用电位的概念进行比较。电位负的金属，活性较强，容易发生腐蚀。电位正的金属活性相对较弱，腐蚀倾向性小。

　　阴极保护技术是指通过电化学的方法，在金属管道上连接或焊接电位较负的金属如铝、锌或镁。阳极材料不断消耗，电位向负向移动，释放出的电流供给被保护金属构筑物而阴极极化，从而实现保护，以达到在环境介质中处于阴极，即被保护状态的地位的一种方法。

　　阴极保护技术是一种电化学保护技术，其核心是在电解质环境中，将金属的电位向负向移动，以达到免蚀电位。

1　阴极保护原理

　　自然界中大多数金属是以化合状态存在的，通过炼制被赋予能量，才从离子状态转变成原子状态，为此，回归自然状态是金属固有本性。我们把金属与周围的电解质发生反应、从原子变成离子的过程称为腐蚀。

每种金属浸在一定的介质中都有一定的电位，称之为该金属的腐蚀电位（自然电位），腐蚀电位可表示金属失去电子的相对难易。腐蚀电位愈负愈容易失去电子，我们称失去电子的部位为阳极区，得到电子的部位为阴极区。

阳极区由于失去电子（如铁原子失去电子而变成铁离子溶入土壤）受到腐蚀，而阴极区得到电子受到保护。阴极保护的原理是给金属补充大量的电子，使被保护金属整体处于电子过剩的状态，使金属表面各点达到同一负电位，金属原子不容易失去电子而变成离子溶入溶液。有两种办法可以实现这一目的，即牺牲阳极阴极保护和外加电流阴极保护。

2 牺牲阳极保护技术

牺牲阳极阴极保护技术是一种防止金属腐蚀的方法见图1，即将还原性较强的金属作为保护极，与被保护金属相连构成原电池，还原性较强的金属将作为负极发生氧化反应而消耗，被保护的金属作为正极就可以避免腐蚀。

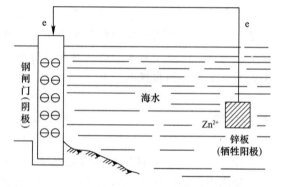

图1 牺牲阳极阴极保护技术示意图

2.1 优点：

A：不需要外部电源，一次投资费用偏低；

B：且在运行过程中基本上不需要支付维护费用；

C：保护电流的利用率较高，不会产生过保护；

D：对邻近的地下金属设施无干扰影响，适用于无电源的长输管道和分散管道的保护；

E：保护电流分布均匀，利用率高，具有接地和保护兼顾的作用；

F：施工技术简单，平时不需要特殊专业维护管理。

2.2 缺点：

A：驱动电位低，保护电流调节范围窄，保护电流不可调；

B：使用范围受土壤电阻率的限制，高电阻环境不宜使用，即土壤电阻率大于 $50\Omega.m$ 时，一般不宜选用牺牲阳极保护法；

C：在存在强烈杂散电流干扰区，尤其受交流干扰大时不能使用，阳极性能有可能发生逆转；

D：有效阴极保护年限受牺牲阳极寿命的限制，消耗有色金属，需要定期更换；

E：对覆盖层质量要求高。

2.3 施加方法：

对于钢管来说牺牲阳极主要有镁合金牺牲阳极、铝合金牺牲阳极、锌合金牺牲阳极。

（1）镁合金牺牲阳极主要应用于高电阻率的土壤环境中，其电位为一1.75V；

（2）铝合金和锌合金主要用于水环境介质中，其电位为一0.8V；

（3）锌合金也可用于土壤电阻率小于5Ω的环境中，其电位为一1.1V。

3 外加电流保护技术

外加电流（强制电流）阴极保护技术是通过外加直流电源以及辅助阳极见图2，是给金属补充大量的电子，使被保护金属整体处于电子过剩的状态，使金属表面各点达到同一负电位，使被保护金属结构电位低于周围环境。该方式主要用于保护大型或处于高土壤电阻率土壤中的金属结构管道，如长输埋地管道。

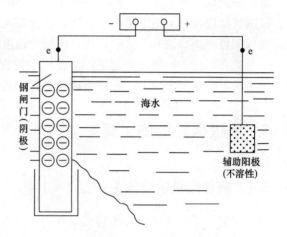

图2 外加电流保护技术示意图

3.1 优点：

A：驱动电压高，能够灵活地在较宽的范围内控制阴极保护电流输出量，适用于保护范围较大的场合；

B：在恶劣的腐蚀条件下或高电阻率的环境中也适用；

C：选用不溶性或微溶性辅助阳极时，可进行长期的阴极保护；

D：保护范围大，当管道防腐层质量良好时，一个阴极保护站的保护范围可达数十公里；

E：对裸露或防腐层质量较差的管道也能达到完的阴极保护；

F：保护装置寿命长。

3.2 缺点

A：一次性投资费用偏高，而且运行过程中需要支付电费；

B：阴极保护系统运行过程中，需设阴极保护站，日常需要严格的专业维护管理；

C：需要可靠外部电源，离不开外部电源，需常年外供电；

D：对邻近的地下金属构筑物会产生大的干扰作用，特别是辅助阳极附近；

E：在需要较小电流时，无法减少最低限度的装置费用。

3.3 施加方法

外加电流保护（强制电流）主要由电源、控制柜、辅助阳极、焦炭（碳素）填料、电缆、控制参比电极、电位测试桩、电流测试桩、保护效果测试片、电绝缘装置、电绝缘保护装置。

4 选择阴极保护的原则

应根据防腐层质量、土壤环境、现场条件和运行管理等因素，进行技术经济分析，综合考虑确定。管道防腐涂层的质量和电阻率是影响保护范围和保护电位均分布的关键，同时管道沿线土壤电阻率的大小也会对保护电位的分布产生影响。在实施阴极保护时，确保管道的电连续性以及管道与外界的电绝缘性是至关重要的。而绝缘的形式不是唯一的，输水钢管的两端采用绝缘十分重要，而采用橡胶绝缘垫层的形式在技术上是可行的。管道采用外加（强制）电流法阴极保护时，恒电位仪选应根据防腐层质量、阳极接地电阻和土壤电阻率测试情况而定，选择不同电压电流比的恒电位仪。管道采用牺牲阳极法保护时，阳极的选择应根据土壤电阻率来确定。在土壤电阻率较低地段要合理选择阳极的埋设位置，确保阳极距离管道有一定的距离，保护管地电位均匀分布。

综合考虑，一般原则如下：工程规模大宜采用强制电流，规模小则宜采用牺牲阳极。当土壤电阻率大于 $50\Omega \cdot m$ 时，或管道覆盖质量差，一般宜采用外加（强制）电流。

5 阴极保护的施工规定

5.1 牺牲阳极系统施工规定

根据施工条件选择合理的施工方式，立式阳极宜采用钻孔法施工，卧式阳极宜采用开槽法施工。施工前应对表面进行处理，清除表面的氧化膜及油污。阳极连接电缆的埋设深度不应小于 0.7m，四周垫有 5～10cm 厚的细砂，再覆盖水泥护板，电缆长度应有足够的余量。阳极电缆可直接焊到被保护的管道上，也可通过测试桩中的连接片相连。连接应采用铝热焊接技术，焊点应重新进行防腐绝缘处理，防腐材料与防腐等级应与原有覆盖层一致。电缆和阳极钢芯双边焊缝长度不得小于 50mm，焊接后应采取保护措施，防止断裂。阳极端面、连接部位及钢芯要做防腐绝缘处理。填料包其厚度不应小于 50mm，厚度应一致、密实。

5.2 外加（强制）电流系统施工规定

检查整流器或其他电源，以保证其内部接线牢固，电源的额定参数应与施工规范相符。检查外加（强制）电流辅助阳极的材质、尺寸、导线电缆长度、阳极接头等。与整流器相连的导线应与供电电源一致，在交流回路中安装外部短路开关，整流器外壳接地可靠。对于热电发生器应安装反向电流装置。辅助阳极要求垂直、水平埋地，回填的填充物料应保证阳极四周没有空隙，还应避免阳极和电缆损伤。在启动电源之前，必须核对阴极电缆与保护构筑物相连可靠。通向地床的阳极电缆的地下接头数量应尽量减少，连接应牢固，导电良好，绝缘可靠。所有电缆应避免损伤绝缘物质，应有足够的松弛度。

6 结束语

近年来，阴极保护的上述两种方法，都是通过一个阴极保护电流源向受到腐蚀或存在腐蚀，需要保护的金属体，提供足够的与原腐蚀电流方向相反的保护电流，使之恰好抵消金属内原本存在的腐蚀电流。加强管道的阴极保护必将延长管道的使用寿命。

参考文献

[1] 给水涂塑复合钢管 [J]. 住房城乡建设部 2008-11-01.

[2] GB/T 23257《埋地钢质管道聚乙烯防腐层》.

[3] 陈洪源，等.《管道设备与技术》2012（4）.

[4] 王向农.《防腐保温技术》2009（3）.

[5] 程书旗.《腐蚀与防护》2006（6）.

[6] 钢制管道溶解环氧粉末内防腐层技术标准 [G]. 石油天然气公司 98-06-01.

[7] 水工金属结构防腐蚀规范 [H]. 水利部 SL105-2007.

5M1E质量管理法在聚乙烯燃气管道系统生产中的应用

张永杰　曹摈

山东建安实业有限公司

摘　要：聚乙烯燃气管道质量的优劣不仅影响到管道的安全运营和使用寿命，还直接或间接影响着城镇的公共安全。由于聚乙烯管道某些质量特性无法通过有效的后续检验来判定，因此在聚乙烯管道生产过程中要进行全面质量控制，本文从人机料法环测六个方面对聚乙烯燃气管道生产过程进行精细化质量控制。

关键词：聚乙烯燃气管道　5M1E　质量控制

聚乙烯管道同金属管道相比，具有耐化学腐蚀、质轻、寿命长、易施工、抗冲击性和抗震性好、环保、易成型等优点，已广泛用于城市燃气管道系统中。《聚乙烯燃气管道工程技术标准》GJJ 63—2018的实施和煤改气等国家政策的出台，更是大大地促进了聚乙烯燃气管道系统的应用。统计数据表明，聚乙烯管道的漏损率不到万分之二，远远低于球墨铸铁管、3PE钢管的漏损率。目前聚乙烯燃气管道主要应用于城镇中低压燃气管网，尤其在使用天然气的地区应用最为广泛。因此聚乙烯燃气管道系统被称为现代城市的"生命线"。聚乙烯燃气管网分布在城镇的各个角落，周边的人口、商业和企业众多，它的安全可靠运行直接影响人民生命、财产安全及和谐社会的构建。在我国城镇管网中埋地聚乙烯燃气管道因产品质量问题及安装不规范导致的泄漏事故和质量安全事故还时有发生，甚至还发生了爆炸事故。这给城镇公共安全带来了严重的隐患，因此，聚乙烯管道系统质量优劣，直接关系到燃气管道的安全运营和使用寿命，影响公共安全。

人、机、料、法、环、测。简单地说就是5M1E分解法：人员（Man）：操作者应对质量的认识，技术熟练程度，员工素质等；机器（Machine）：生产机械辅助设备、测量仪器的精度和维护保养状态等；材料（Material）：材料的等级、成分、物理性能、化学性能等；方法（Method）：生产工艺、操作规程等；环境（Environment）：工作场所和生产场所的温度、湿度、照明和清洁条件等；测量（Measurement）：主要指测量时采取的检测设备和检测方法。5M1E是现代企业精细化管理的最常用手段之一。

本文从人、机、料、法、环、测（5M1E）6个生产制造、现场管理要素上，提出了控制聚乙烯燃气管道质量的具体措施，从而保证聚乙烯燃气管道产品的质量。

1. 人：作为生产的主体，是影响产品质量中最关键的因素，是质量管理的核心，人的能力，态度和素质决定了产品的质量，技术水平的高低，制度的制定，设备的选择，原料的选择，工艺流程的选择，检测方法的选择，检测的频率和现场环境的管理，无一不体现人的重要性。

人是生产管理中最大的难点，由于性格特点不一样，技术水平不一样，对待工作的态度，对产品质量的理解不一样，因此我们在生产聚乙烯管材管件时，要选择培养有责任心，有很强的质量意识，并懂得聚乙烯管道加工技术的人负责生产现场工作；加强员工的技术培训，质量意识培训，素质教育培训。做到生产和检验过程中事事有人管，并责任到人，建立良好的绩效考核系统。最终提高聚乙烯管材管件的产品品质。

主要控制措施：（1）生产人员符合岗位技能要求。（2）对特殊工序应明确规定特殊工序操作，检验人员应具备的专业知识和操作技能。按特殊设备制造许可证要求，考核合格后持证上岗。（3）操作人员能严格遵守公司制度和严格按工艺文件操作，对工作和质量认真负责。（4）检验人员能严格按工艺规程和检验作业指导书进行检验，做好质量检验记录，并按规定报送。

2. 机：是指生产中所使用机械设备、工具、辅助设备。设备性能是影响产品质量的关键因素之一，一个企业的发展离不开先进的技术和先进的设备。高品质的原料是生产高品质的基础，但同时也要有先进的生产设备作保障，才能将材料的优异性能转移到产品中去。先进设备是生产高质量产品的重要保障，先进的设备不但能降低劳动强度，提高生产效率，而且能提高产品质量。

（1）生产设备

生产设备要具有一定的自动化程度，中心控制系统能迅速收集分析来自主机重力计量系统，牵引机，切割机，翻料台和测厚系统等控制单元有关信息，对分析结果进行处理，实现自动控制。生产设备中，最为关键的两个部分就是挤出机的螺杆设计和牵引系统的稳定性。它是聚乙烯的产品和尺寸控制中至关重要的因素。

（2）干燥设备

原料中水分含量的高低直接影响到产品的外观，质量和焊接口质量，最直接的体现是原料中的水分含量高时，会在管材表面、端面出现气泡、凹陷，会影响管材的耐压强度。聚乙烯燃气管材、管件生产采用的专用混配料来进行生产，国内使用的原料大部分是进口原料，由于黑色的混配料容易吸收空气中的潮气，加上国外的原料海运、通关，存储时间长，原料中水分含量都会偏高。因此在原料投入使用前对 PE 原料中水分含量进行检测，尤其在夏季相对湿度较高时，黑色混配料更容易因含炭黑而吸水，因此在生产前必须对原料进行干燥处理。目前干燥方式有普通热风干燥和除湿干燥两种。热风干燥受相对湿度的影响较大，在夏季时，干燥效果较差，无法达到预期。除湿干燥机是先通过分子筛除去循环热风中的水分，再利用非常干燥的空气来进行除湿工作。它可以缩短烘料时间，提高烘料效果，干燥后的原料中水分含量可降低 50～160mg/kg，远低于国家标准要求（国家标准要求原料中水分含量小于 300mg/kg）。很多厂家为了节约成本采用普通热风干燥机，根本达不到预期目的。从而造成产品质量不达标。

因此我们应选用高性能的生产设备和干燥设备，进而保证产品的质量。

3. 料：原材料的性能是其制品及工程质量的基础，在聚乙烯管道加工过程中，原料性能的优劣对聚乙烯管道性能起着举足轻重的影响。尤其燃气管道专用料有明确而严格的质量性能要求：材料的长期静液压强度、耐慢速裂纹增长、耐快速裂纹扩展能力和断裂伸长率是燃气管道专用料的几个最为关键的指标。不同牌号的原料、不同原料生产厂家生产出的原材料物理机械性能差别很大。经过二十余年的发展和技术进步，目前在我国得到广泛使用和认可的原材料主要是：Borealis（北欧化工）的 HE3490LS（PE100 级）、ME3440（PE80 级）；LyondellBasell（巴塞尔）CRP100Black（PE100 级）；IneosPolyolefins（英力士）公司 TUB121N3000（PE100 级）；Total（道达尔）XS10B（PE100 级）；Sabic（沙比克）的 P6006（PE100 级）；上海石化的 YGH041T（PE100 级）；独山子石化的 TUB121-N3000（PE100 级）。燃气用埋地用聚乙烯管道用料禁止使用白＋黑方式混料生产或者擅自添加其他不符合国家标准要求的回用料。所以采购原料的部门一定要严格把关，严禁把非燃气管道用的原料放入到燃气原料区域，并且标志明显。并且所有的原料在采购过程中严格按照流程进行检验、入库、保管、标识，对生产中的原料要按批号进行管理，并建立可追查制度，同时设立不合格品管理办法，保证使用原料的纯洁性。

4. 法：是工艺方法和生产过程中所遵循的规章制度，聚乙烯燃气管材、管件属于特种设备管理范畴。生产企业都有相对应的质量手册和程序文件。它包括作业指导书、操作规范、工艺文件、设计图纸、生产计划和检验标准等。在聚乙烯燃气管材、管件的生产过程中一定要严格按照操作操作规程和作业指导书去操作设备和制定正规有效的生产管理办法、质量控制办法和工艺操作文件。区分关键工序，特殊工序和一般工序，有效确立工序质量控制点。如原料入厂检测、干燥工序、挤出工艺温度和参数设定、定型冷却中的真空度设定、管材在线外观、壁厚、外径等尺寸偏差测量。我们只要按"法"办事，坚持精益求精的精神，一丝不苟的工作作风，就能生产出优质的产品，才能使不良品得到有效控制。生产企业要建立学习和培训制度，制度的执行不能只依赖个人的自觉性，通过学习来实现创新、增加业务能力、提高素质，只有这样，才能做更好的产品。

5. 环：指工作场所环境和生产环境，工作场所环境指各种产品、原料材料的摆放、工具、设备的布置和现场管理的 7S（整理、整顿、清扫、清洁、素养、安全、节约）；生产环境指具体生产过程中针对生产条件对噪声、温度、湿度、无尘度等要求的控制。聚乙烯燃气管材，管件所用的原材料、半成品、成品要分类存放，而且做好防潮、防尘措施（管材加防尘帽），成品摆放高度不宜过高，且不能阳光直射，保持生产环境整洁，干净、有序，地面平整畅通，整个生产及工作区域按 6S（比 7S 少一个节约）管理制度有效执行。脏、乱、差是落后的代名词，在这样的环境里是生产不出合格产品的，做为燃气管道生产企业要按照 5S 以上标准进行管理控制。

6. 测：是指产品生产命周期内所使用的检测方法和检验设备，确保产品的稳定性和一致性。首先要有先进的检测设备和工具，并对这些工具定期进行校准和检定，使之确保测定的准确性。聚乙烯燃气管道系统实验室主要使用的检测设备有：熔体流动速率仪、密度计、水分测定仪、碳黑含量测定仪、热风干燥箱、电子万能拉伸试验机、静液压试验机、DSC 差热分析仪、慢速裂纹测定仪等。在燃气管材生产过程中，G5＋要求有超声波测厚仪在线测量管材的外径、厚度等指标。生产过程中一般要求在线质检员每小时对管材进行测量一次，并做好记录；班组长每 2 个小时对管材抽检一次；质检部部每 4 个小时巡检一次并做好巡检。管材出库时质检还做最后的抽检（就是要建立三级检验制度，即原料检测，在线检测、出厂检验，同进实行监检制度）另外，每批管材在出厂时都要按 GB 15558.1—2015 所规定的出厂检验项目进行全部检验，检验合格后同时还要有第三方检验报告才能发给客户使用（监检报告大多由当地的质检局特种设备监督制造科检验后出具）。

产品质量是企业的生命，是企业生存和发展的基础。作为生产企业，一定要具有强烈的社会责任感，把产品质量放在首位，"细节决定成败"，我们的生产质量管理应该从关注人、机、料、法、环、测这些细节入手，从点滴做起，从我做起，从现在做起，强化执行力，内修素质，只有这样，才能把企业做精、做细、做大、做强，才能在激烈的市场竞争中占据优势地位，才能为企业和社会带来实实在在的经济效益和社会效益。

参考文献

[1] TSG-D 2001—2006《压力管道元件制造许可规则》.
[2] GB 15558.1—2015 燃气用埋地聚乙烯（PE）管道系统.
[3] CJJ 63—2008 聚乙烯燃气管道工程技术规程.
[4] 燃气技术 2005（5）：19-21 聚乙烯压力管道的质量控制.
[5] 2005 现场管理实务.

承插式管道在供水管道中橡胶圈的选择与应用

宋方琛　陈　建　曹志涛

青岛豪德博尔实业有限公司

摘　要：水资源是社会基础性的自然资源和战略性的经济资源，是国民生态环境的控制性要素，在国民经济和国家安全中具有重要性的战略地位。我国是一个水资源缺失的大国，人均水资源占有量只有世界平均水平的三分之一，水资源供需矛盾十分突出。全国有 70％以上的城市供水不足，其中严重缺水的城市占 25％，每年因缺水影响工业产值高达 RMB 2000 多亿元。

目前我国面临着水资源短缺、水资源恶化、水土流失和洪涝灾害四大问题，预计到 2030 年，全国用水量达 7000～8000 亿立方米/年，如果不采取措施预防，未来可预见性水灾将发生严重的危机。然而，我国水资源浪费的现象非常严重，因城市供水管网运行老化，管材使用落后，平均漏损率达 17.66％，部分城市高达 30％以上。

因此，我们必须科学合理的选择输水管材，大力改造供水管网系统，使用高性能的密封材料，提高供水管网运行质量和安全，降低管网漏损率。

关键词：管道　柔性接口　三元乙丙　橡胶密封圈　检测方法

0　引言

城市管网运行质量和安全，首先要解决好供水管材。我国每年要铺设各种供水管材 2 万多公里。选择输水管材的原则要求：强度高、耐压好、卫生性能优、连接方式快捷、寿命长、柔性接口、安全可靠。现有的输水管材有离心球墨铸铁管、预应力钢筒混凝土（PCCP）管、涂塑复合钢管、塑料管、金属复合管等。

输水管网用管道的连接形式要求采用橡胶圈密封柔性接口。所谓柔性接口是指：管和管及管件之间的连接处，采用密封圈密封，可以实现一定角度的偏转、轴向和轴向垂直运动的接口。此柔性接口形式改变了原有刚性连接的弊端，更适应因管道受压地基沉降，以及地震导致管道接口开裂受损，造成密封失效导致漏水，同时具有较强的抗温度变化能力。

根据实验，当管道的绕曲值为±1.2mm 时，刚性接口开始漏水，而柔性接口管道的绕曲值为±31.5～±43.5mm。我国属于地震多发区，88.9％的城市有地震设防的要求，地震对管道接口的破坏率是直管段的 3～4 倍。由此不难看出，柔性接口连接对保障输水管网的运行安全具有重要作用，在城市输水管网的建设中，采用柔性接口连接形式可以大大提高管网的抗震性和安全性。

1　柔性接口和橡胶密封圈的选择

柔性接口承插式管道采用 T 形自成型承插式柔性接口，橡胶密封圈是由 50±51RHD、

88±5IRHD 两种不同硬度的胶料复合组成。承插式管道柔性接口连接形式是通过管道的承、插口对接插入时，对橡胶密封圈进行压缩后得到的密封，接口的连接允许有一定的伸缩性和角度偏转，这种连接形式安装简便、密封性能好，具有极强的抗震和抗沉降的能力。柔性橡胶密封圈的价格不超过管线价格的 1.5%，不超过工程造价的 0.3%。城市供水管网的安全性和稳定性不但取决于管网管材的优劣，接口密封材料也是管网安全运行的重要因素之一。

输水管网中的橡胶密封圈长期直接与管网中的水接触，必须保证其符合卫生要求，不能对水质造成二次污染。这就要求橡胶密封圈中的各种原材料不得含有对人体健康有害的物质成分，严禁使用含有苯或苯衍生物和含有砷、汞等金属元素在内的化工助剂，并严格控制易溶出物和其"迁移量"，防止渗出物或孳生微生物对水质造成的二次污染。

2 橡胶密封圈的选择与应用

制造材料有橡胶、促进剂、防老化剂、硫化剂等。材料的选择应符合国家卫生指标的要求。橡胶有天然和合成两种，天然橡胶的强度和伸长率比合成橡胶要好，但易滋生细菌、受霉菌腐蚀。承插式供水管道用橡胶密封圈对强度和伸长率要求不高，对受霉菌和细菌要求较高，合成橡胶完全满足输水管网用橡胶密封圈的要求。合成橡胶品种有丁苯（SBR）、丁腈、氯丁和三元乙丙橡胶（EPDM）。三元乙丙橡胶具有极佳的抗老化性能使用寿命长，可与管材同寿命，所以，在承插式钢管中首选三元乙丙橡胶密封圈。

3 三元乙丙橡胶密封圈特点及优点

高品质橡胶密封圈的使用寿命必须与相配套的管材的使用寿命相当，橡胶密封圈的使用寿命取决于它的抗老化性能。天然橡胶和丁苯胶混合的橡胶材质，是一种不饱和的高分子弹性体，分子结构中含有大量的 C=C 不饱和双键，极易与空气中的臭氧及其他活性物质发生化学反应，加速橡胶分子链断链、过度交联，从而使橡胶产品的物理化学性质和机械性能遭到破坏，导致密封失效。依据管材各组件寿命的平衡，以及降低管网的漏水率和长远的经济效益来看，三元乙丙橡胶密封圈是输水管网柔性接口连接的首选。

4 耐臭氧性能

在含臭氧 100pphm 的介质中，三元乙丙橡胶经 2430h 不龟裂；丁腈橡胶仅为 534h 及产生裂口；氯丁橡胶只有 46h 就龟裂。在含臭氧 50pphm 的介质中，三元乙丙橡胶的龟裂时间大于 150h，而丁腈橡胶仅为几个小时就会发生龟裂。

5 耐候性能

适合长期在阳光、潮湿等恶劣自然环境下使用，物理机械性能变化很小。

6 耐热性能

使用环境在 120℃，峰值温度不超过 150℃。

7 耐热压缩性能

在 168 小时 70℃ 的环境中普通 SBR 橡胶的压缩永久变形为 22％，而三元乙丙（EP-DM）橡胶的压缩拥挤变形性能只有 10％。

8 耐化学药品性能

由于其缺乏极性，不饱和度低，因此对各种极性化学药品如醇、酸、碱等均有较大的抗耐性，长时间接触性能变化不大。

9 耐低温性能

低温下仍有较好的弹性和较小的压缩变形，最低极限温度可达－50℃。

10 检测方法

曲挠：将橡胶圈对折弯曲成 180 度置于阳光下照射，看其表面有无龟裂（龟裂同时间成正比）现象。

水煮：将橡胶圈切片放在水中煮 1～2 小时，看其水的色度、浑浊度，色度越低、浑浊度越小，卫生指标越好。

抗压缩变形：用两块板夹住橡胶圈使其压缩 30％～35％，在 23℃ 压缩状态下停放 7 天后松开，看其变形量，越小越好。

应力松弛：在橡胶圈截取柱形试块，并切成标准试样，在 23℃ 下使用外来压力将其压缩 25％±2％，记录各时段应力。

11 结束语

目前我国承插式管道接口橡胶密封圈产值约 4 亿元，三元乙丙橡胶密封圈的物理性能及安全性能远远高于其他橡胶密封圈。国家《城市供水行业 2010 年技术进步发展规划及 2020 年远景目标》中要求城市供水管网的基本漏损率≤12％，作为管道接口主要配件的橡胶密封圈，应具有与管道相匹配同寿命的使用年限。

参考文献

[1] 城市供水行业 2010 年技术进步发展规划及 2020 年远景目标. 中国建筑出版社，2005，10：600-603.
[2] 管道的优化选择与应用，供排水设备，2007，1：18.
[3] 供水行业橡胶密封圈的有关技术要求，设备信息，2005，1：44-48.
[4] 橡胶工艺学. 陕西科学技术出版社，1986，5，484-497.
[5] 中国水行业发展现状及远景政策趋向，中国给水排水，2006.9：168.

内溶结环氧树脂粉末外 3PE 防腐层失效的分析

曹志涛　陈　建　宋方琛

青岛豪德博尔实业有限公司

摘　要： 钢管内外防腐层加阴极保护是目前世界公认的管道防腐方法，在国内很多输水管道都运用了内外防腐保护措施。在实际运行中，发现存在管道防腐层剥离失效、经修复后达不到要求的问题，如何解决防腐层失效、提高修复技术，对延长管道的使用寿命有着重大实际意义。

管道的防腐不仅仅是管道本身的防腐层要做好，还要与管道的阴极保护同时使用，为整个管线提供全方位的保护。近几年市场上的管道防腐层的结构形式有很多种，针对埋地的管道防腐，首推内熔结环氧树脂粉末外 3PE 防腐层；阴极保护从经济适用方面考虑，多选择牺牲阳极保护方法。

主要问题表现在涂装工序中除锈、涂装温度等生产工艺控制过程中达不到要求；阴极保护电位过高、杂质电流的影响等因素容易造成 3PE 防腐层脱壳；修补材料与 PE 层不相容、操作不规范是造成修补失效的主要原因。

关键词： 防腐层　失效　阴极保护　腐蚀　补伤

0　引言

3PE 防腐管道是三层结构的防腐层，底层是熔结环氧树脂粉末，主要作用是与钢管表面的粘接；中间层是聚合物的胶黏剂，主要作用的将外层的聚乙烯和底层的环氧树脂涂层粘接在一起；外层是聚乙烯层，主要作用是防腐蚀和机械保护。当聚乙烯与任何一层分离，其防腐保护作用将失效，又因管道具备腐蚀条件时，在自身屏蔽作用下，内部形成独立的腐蚀空间，这样就更加剧了管道的腐蚀。

1　防腐层失效原因分析

工厂预制过程中质量控制问题，3PE 在工厂生产中的主要工艺有钢管抛丸喷砂处理、预热、环氧树脂粉末涂装、胶黏剂、聚乙烯缠绕、冷却、打磨端部等。经除锈后的钢管表面呈白亮、光滑状态，除锈等级达到 Sa2.5 级、锚纹深度达到 $60\sim80\mu n$。在涂装加热过程中的温度控制尤其重要，以上环节处理不达标，会直接影响管道的腐蚀。

管道施工中可能出现的问题，3PE 钢管在生产完后，有存放、转运、二次吊装等环节，在这些环节中停留时间超过 6 个月以上，应在产品表面加以遮盖保护，特别是在室外存放时更应该注意。存放过程中的堆放过高，产品相互挤压，也容易造成产品受损。在产

213

品发到工地后，受沿线施工用地的影响，不能按期施工的因素过大，导致产品在工地露天存放时间过长，再加上施工单位没有按要求进行遮盖，造成产品直接暴露在室外空气中，严重影响了产品的寿命。

2 施工中损伤修补问题

管道在吊装、施工过程中不可避免地出现划伤、磕碰问题。在《埋地钢质管道聚乙烯防腐层》GB/T 23257 标准中规定，对小于等于 30mm 的损伤，宜采用辐射交联聚乙烯补伤片修补，大于等于 30mm 的损伤，采用补伤片修补后外包覆热收缩带。但在实际施工中，基于费用和施工人员技术水平的限制，很少按照次标准执行的情况。

3 补伤材料的问题

补伤材料有热熔胶、补伤片、收缩带等。补伤、补口材料与管体及防腐层要粘接紧密，否则就会出现不相容、"二层皮"现象。在运行的管道不宜采用热熔胶收缩带补口、补伤时，因为管道在烘烤的过程中，管内介质会将热量带走，热熔胶不容易熔融，粘接效果会大大降低。而新建或停运管道不受此限制，在施工中要区别对待。使用热收缩带补伤时，因为加热温度不够、不均匀，会出现翘边、失粘等现象。这将导致阴极保护时的屏障，造成管道防腐整体失效。并且在外检时不宜被发现。

4 管道回填的问题

在实际施工过程中，施工队很多因为财力或当地施工条件所限，不能按照施工技术要求进行细土回填，回填随意性很大，势必造成管道下沉、防腐层被石块砸伤，造成人为损伤。增加了管道修补量，甚至一些损伤未发现，没有按要求进行修补。

5 阴极保护问题

管道保护电位长期过高造成管道防腐层脱壳。在正常情况下，管道断电电位在 $-850 \sim 1200$ mV 之间，管道能够得到很好的保护。但仪器在处于恒流或异常状态下，管线就会出现"过保护"状态，严重时还会造成管道"氢脆"现象。埋地管道长期处于杂散电流干扰区域，而未能进行有效的排除，也会造成上述现象。

6 第三方施工问题

管道在交付或施工中，因管线较长或其他原因，第三方与管线交叉施工时，有可能在没有征求施工方的前提下，造成管道防腐层破坏，此类施工除了对防腐层损伤外，还会造成整体管道损伤，往往造成的危害是巨大的。

7 避免防腐层失效的方法

产品在出厂前，应对检验项目进行出厂检验，但有些工艺上的缺陷如锚纹深度、粘接力等，带有一定的隐蔽性，不宜被发现，这就要求工厂的工序检验进行抽检，并对产品工序进行质量追溯。保证产品出厂质量合格。

8 对防腐层补伤操作人员进行培训

目前3PE防腐管道采用人工修补的方式，特别是补口烘烤工序，操作人员责任心不强，操作人员技术不到位、责任心不强，造成烘烤时间不够，热熔胶不能完全融化，达不到"各部位均有热熔胶均匀的溢出"的要求，温度过高就容易烤焦，造成收缩带密封不好和失效。

管道补口需要进行打磨、预热、涂装、烘烤等多个环节，一个环节出现问题，就会导致最终的结果不好。再加上质检人员督查不到位，很容易造成缺陷未被发现，影响补口质量。

9 阴极保护技术参数做好监护

将管道保护电位调整在要求范围内，对杂散电流的干扰及时排除，避免电流过大造成剥离。阴极保护的电缆应选择在补口的位置焊接。

10 文明施工

管道露天存放按要求进行遮盖避光处理，存放的高度符合要求，管沟按要求进行回填。管道吊装、转运、安装时要求不得拽托，避免管道受伤。

11 结束语

把好产品出厂质量关。对预制的管道进行追溯性控制。对特殊工艺加强抽检率，选择与管道防腐层相匹配的补口材料。对补口操作人员进行专业性培训。监理部门加大对补口、补伤的抽检率。做好阴极保护的监管和巡查记录。定期进行防腐层漏点的检测，控制阴极保护参数。研发新型补口补伤材料。一些新型补口材料已经在项目上得到了很好的运用，只是价格的关系没有推广。希望有新的材料产品的问世。

参考文献

[1] 带法兰的聚乙烯粉末涂层钢管 [J]. 日本水道钢管协会 WSP039-87.
[2] 给水涂塑复合钢管 [J]. 住房和城乡建设部 2008-11-01.
[3] 建筑给水钢塑复合管管道工程技术工程 [J]. 上海建筑科技发展公司 CECS 125：2001.
[4] 钢制管道溶结环氧粉末内涂层技术标准 [J]. 石油气燃气公司 1998-06-01.
[5] 管道防腐补口、补伤 [J]. 石油西气东输粤桂管理处 201507.
[6] 建筑给水复合管道工程技术规程 [J]. 住房和城乡建设部 2011-12-01.

给水热水篇

二次供水改造技术分析和探讨

焦秋娥

中船重工建筑工程设计研究院有限责任公司

摘 要： 本文主要介绍了二次供水存在的主要问题，并对其设施的改造技术进行了一定的分析，举例说明分析保证二次供水设施的正常运行的思路。

关键词： 二次供水 设施改造 解决措施

0 引言

随着城市建设快速发展，小高层、高层住宅建设越来越多。为保障高层居民正常用水，需要设立二次供水设施，提高供水管线压力。

由于历史原因，住宅小区二次供水设施使用年限较长，出现问题没有得到及时维修，使供水企业合格的自来水，在"最后一公里"可能存在二次污染、用水水压不稳等问题。所以，为了保障居民的正常饮水生活和用水的安全卫生，要及时对二次供水设施进行改造，保证居民饮水安全，防止水源的污染问题，注重二次供水设施的改造技术问题和改造措施，认真设计改造方案是当务之急。

1 二次供水设施存在的问题

1.1 供水设施管理方面存在的问题。由于部分物业服务单位管理不专业、不到位，二次供水设施年久老化、水箱（池）未及时清洗消毒等原因，容易产生管网漏损高、到户水质偶尔出现二次污染的现象。

1.2 二次供水设备方面存在的问题。部分老旧高层住宅二次供水设施由于建设标准较低，再加上二次供水设备因选型各异、产品性能差异较大，目前已逐步进入老化更新期，造成故障较多，停水频发，运行可靠性得不到保证。

1.3 供水设施设计不合理

目前，二次供水建设的过程中出现问题较多的主要有三个方面。首先是储水设施容积偏大，导致水力停留时间较长，严重时还会形成没有流动的死水，导致余氯消除，细菌在自来水中滋生，影响居民的身体健康。其次是二次供水设施没有符合相关的标准。在我国，供水管道的材料主要是冷镀锌的钢制材料，这种材料的锌层很薄，不能充分起到防腐作用。并且，其附着力较差，很容易从管道上脱落，造成自来水中锌含量的增加。最后就是二次供水的附属管道设计不合理，容易造成水源的二次污染。

2 二次供水设施改造技术分析

2.1 分开建造生活用水与消防用的储水池

二次供水设施改造的首要问题是消防用水与生活用水的蓄水池混用问题。在实际条件允许的情况下，应该单独储存消防用水和生活用水。在改造过程中，如果原来使用的蓄水池过于陈旧，则应将旧蓄水池用于消防，重新建设生活用水的储水池。如果原来的蓄水池使用时间较短且容积较大，则可以建造一堵分隔墙，将蓄水池一分为二，一半用于生活用水，一半用于消防用水。如果实际条件不具备将生活用水和消防用水分开储存，则要用较为先进的技术对水质进行净化，保证其质量。

2.2 隔分容积较大的储水池

如果原来储水池的容积较大，为了避免储水空间的浪费，则应将储水池进行科学、合理的分割，根据二次供水设施改造的实际情况确定分割的格数。如果储水池较高，要对其水位进行控制，依据季节的变换，对水位进行恰当的调节，尽量缩短水力的停留时间，保证居民用水不被污染。

2.3 注重改造二次供水管道

管道的更换也是二次供水设施改造工程中较为重要的部分。首先，自来水的进水管端应安有水位调节阀，对进水流量进行合理的控制。其次，溢流管道应该安装存水弯，有效地防止外界污染物对水质产生影响。最后，储水池上应安装通气管道，管口处要加盖网罩，既保证空气的流通，又能防止老鼠、虫子等进入储水池。

2.4 规范检测水质

供水公司设有专职人员对二次供水设施和自来水的水质进行定期检查，并将检查结果进行详细记录和保存。此外，还需要委托第三方定期对自来水水质进行检查，每个季度至少检查一次，保证居民用水安全。二次供水设施改造完成后，要将自来水水样送至专业的水质检测部门进行测试，并将详细的水质测试报告公示给居民。

3 改造实例

某城市某小区二次供水的改造，包括设置加密、独立的泵房，更换集控设备以及供水的加压泵、除湿机、稳压器、水箱和水管等，配置监控、紫外线消毒仪以及水质实时监控设备等。

该二次供水泵房独立设置，一改往日与消防泵房合一且脏乱差的模样，纤尘不染。各项供水设备以及除湿机、紫外线消毒仪均在运行，还有两个探头分别监控门和供水设施。供水设备品质优良，水管、水箱等材料选用食品级不锈钢。在保障功能良好的基础上，每套设备都增设备用，保障供水可靠。

二次供水用户用水安全可靠，除了需要质量可靠的设备，更需要对供水设施规范的长效维护。本泵房由市自来水公司统管，制定了二次供水泵房管理办法、巡视检查制度、控制操作制度、维修保养制度等，安排专人定期巡查泵房，检修设备，清洗管道、水箱并检测水质。泵房一旦出现设备故障，专业维修人员会及时到场处置。为了提高用户用水的安全性，自来水公司还建设了二次供水管理平台，远程监控相关小区泵房设备运行和供水的实时状态。

4 结语

二次供水设施改造问题是一项庞大且复杂的系统性工程，在具体实施过程中，会受到诸多因素的制约与影响，所以，对改造资金要进行合理的安排，建立相应的优化模型并确定出优化后的改造方案，使二次供水设施改造真正造福居民百姓。

二次供水智能管理分析与研究

邰　娜[1]　刘　辉[2]

1. 深圳水务集团；2. 深圳市信息安全测评中心

摘　要： 在智慧城市建设和智慧水务建设的大背景下，二次供水的智能管理是解决供水"最后一公里"的重要举措。结合深圳市二次供水管理实际，分析了存在的问题和需求，提出了合理的设计建设方案，为今后全市二次供水调度的智能管理建设完善提供借鉴。

关键词： 智慧水务　二次供水　信息管理　实时监测　远程监控

2015 年中共深圳市第六次党代会报告，围绕落实"四个全面"提出全新的发展思路和定位，重新定义深圳的城市定位。报告首次提出"建成现代化国际化创新型城市"新概念，提出努力打造国际创客中心和创业之都、打造"创投之都"等新的发展目标。深圳市委市政府高度重视水务工作，但是面对建设现代化国际化创新型城市和国际科技、产业创新中心的城市发展目标，深圳市供排水设施的配套支撑与服务能力还有待进一步提升。市政府于 2016 年 8 月出台《深圳市供给侧结构性改革去产能促转型行动计划（2016-2018年)》，提出到 2018 年底，基本建成布局科学、覆盖全面、功能完善、安全可靠的软硬基础设施支撑体系，其中对城市供排水基础设施的新建与改造提出一系列新要求，兼顾"量的保障"与"质的提升"。根据国家和市委市政府加强和改进城镇居民二次供水设施建设与管理的政策性指导意见，理顺二次供水管理体制，如何解决好供水"最后一公里"已成为深圳市智慧水务发展的关键问题。在智慧城市建设和智慧水务建设的大背景下，如何适应城市供水改革与发展的新形势，做好二次供水的智能管理成为亟需解决的问题。本文主要探讨二次供水管理系统建设需求和设计建设方案，为今后搭建技术先进、功能庞大的全市范围的供水运营管理平台提供借鉴和参考。

1　深圳市二次供水智能管理现状

长期以来，城镇市政管网供水压力都是以满足普通低层建筑供水来设定其水厂供水压力，因此，城镇多数建筑都必须采用二次加压供水方式满足建筑物的供水需求。深圳作为我国首批经济特区，经过近 40 年的发展，城市建筑大多为高层建筑，250m 以上建筑有近百座，普通居民住宅也多为 10 层以上。相较内陆城市而言，深圳对二次加压的需求和管理更为普遍，要求也更高。近几年的智慧城市建设和智慧水务建设的大力发展，对深圳市水务集团提出了更高要求，二次供水在现有的管理和服务平台不仅业务上需要进一步的拓展，而且在技术上也需要深层次的提升，尤其在二次供水的智能管理上，应重点解决以下几个问题。

1.1　基础用户用水数据采集问题

智慧水务的基本目标就是实现精细化、差异化的供水用水服务和管理。对不同目标和不同场景进行针对性的收费、管理和服务[1]。然而实现这个基本目标最为基础的就是用户用水数据采集，目前，深圳市大多用户的水表还处于人工抄表阶段，用水数据模糊，采用智能水表是实现智慧水务的基础之一。

我国智能水表的功能主要局限于水表收费，用户数据没能得到有效应用。用户水表流量数据中蕴含着社会生产生活各方面的丰富信息，是行业天然的数据价值源泉。智能水表是二次供水的末端设备，通过水表数据采集来优化二次供水调度是智慧水务的重要基础。作为智慧水务的基础数据来源，智能水表需要提供高密度、高精度和高价值的水务数据，也唯有此，才能通过数据分析，通过量化管理实现智慧水务管理[2,3]。

1.2　"集中管理"带来的管理和服务效率问题

目前，深圳市的二次供水加压泵房基本为无人值守泵房，深圳原特区内多层建筑的二次供水多采用常规变频供水模式，由水务集团集中管理；而高层建筑的二次供水多采用无负压叠压供水，一般由小区物业进行"属地管理"，一旦泵房或加压设备发生异常，可以在第一时间进行处理。

随着智慧水务的发展，二次供水的管理有全面集中的趋势，是一种必然。全面集中后，供水企业一方面需满足用户对专业管理的期望值，另一方面需解决"集中管理"带来的故障位置、类别及影响不确定的问题，以期最大限度地提升故障预判和响应速度，降低因故障引起的停水及公共设施损坏影响[2]。

1.3　二次供水调度和指挥的优化建设问题

二次供水智能管理中的二次供水调度和指挥是一个涉及多个系统的复杂的决策过程，其建设的总体目标是确保安全优质供水，提供高效快速服务。二次供水管理要真正适应"智慧水务"建设要求，就需建立并优化集信息采集、分析决策、故障预警和远程监测控制为一体的二次供水调度指挥系统，加快二次供水加压泵站监测系统和管网监测系统等的开发应用，通过先进的计算机网络技术，实现泵站及加压设备全过程的自动化控制，真正达到无人值守的目的，最大限度地降低非属地管理带来的影响，提升安全供水和优质服务保障能力[2]。

1.4　基于水务数据的大数据分析问题

顺应智慧城市的发展，利用大数据开展智慧水务建设成为一种趋势[4]。目前深圳水务建设当务之急是加快基础数据采集，建立数据分析模型，力争开展大数据分析，实现真正的智慧水务。

理顺二次供水管理体制，如何解决好供水"最后一公里"是深圳市智慧水务发展的关键问题。二次供水大数据分析实际上是二次供水智能管理的最终目标，也是二次供水调度和指挥管理的决策来源。二次供水基础数据涉及加压泵站、管网、水表等，如何采集这些基础数据，采集哪些基础数据，采集到这些数据之后如何分析处理都是值得研究的问题。

2 二次供水智能管理系统设计

为了解决以上二次供水智能管理存在的问题，需要设计一个较为庞大复杂的智能管理系统，以下从设计原则、功能和网络结构方面做了较为详细的阐述。

2.1 设计原则

二次供水智能管理是一个复杂的系统工程，要构建功能强大、务实有效的二次供水智能管理系统，需要在广泛分析用水用户需求的基础上，结合供水企业的实际运营情况统筹规划、循序渐进的开展[2]。

系统建设首先要充分借鉴其他行业经验，在智慧城市和智慧水务的大框架下，科学规划二次供水智能管理系统的模块设计，不断优化泵站、管网监测点安装布局，逐步加大基础水数据采集，为系统构架积累丰富的基础数据。

其次要在大数据分析的基础上注重业务需求，兼顾管理需求。细化每一个基础功能的研发，充分结合具体业务操作流程，在迭代开发过程中不断检验和修正基础功能。同时也要充分考虑系统的开放性和数据资源的共享，在通用、标准化和开放的基础上，提前预留软硬件接口。

最后要选择成熟的城市公用数据通信网和符合泵站条件属性的网络传输方式，充分考虑设备和网络的安全防护，确保数据传输和设备控制的安全可靠，避免出现类似乌克兰电网遭黑客攻击事件。

2.2 功能分解和网络结构

二次供水智能管理是智慧水务不可分割的部分，是一个涉及多个领域的复杂的决策过程（见图1）。从功能上可以分为：泵站监测系统、管网监测系统、智能水表管理系统等。二次供水智能管理是智慧水务的一个子系统，其核心业务数据、业务流程和智慧水务中的地理 GIS 系统、巡检系统、客服系统、数据中心、大数据分析平台相辅相成：泵站监测系统、管网监测系统、智能水表管理系统的地理位置信息需要使用到地理 GIS 系统，同时在维护管理上也需要使用到巡检系统和客服系统，而且大量的基础数据汇集到数据中心，使用大数据分析平台来帮助管理人员或领导进行决策分析[2,5]。

如图1，二次供水智能管理系统直接业务主要有泵站监测管理系统、管网监测管理系统和智能水表管理系统三大子系统，实际应用中水务公司也可将智能水表管理系统纳入到客户系统或其他系统中。

泵站监测管理系统涉及的主要功能业务有：

① 泵站基础属性，例如地理位置，责任归属人等。泵站基础属性数据一般变动较少，主要用于区分和定位等。

② 设备管理，泵房设备相对较少，以设备健康状态优化管理为设计出发点的设备管理子系统，可以减少设备的维护维修项目，缩短维护维修工期，减少设备停机时间，节约设备管理成本，提高经济效益。根据设备生命周期，设备管理子系统对设备管理工作中的方案计划、选型、购置、安装、库存、使用、维修、保养、改造、更新及报废等全过程信息进行记录、跟踪、监控；并为用户提供详尽准确的汇总统计信息和便捷的管理手段。

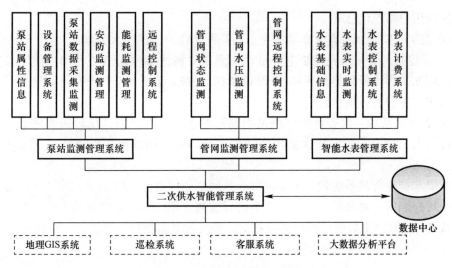

图 1　二次供水智能管理系统功能分解图

③ 泵站数据采集监测本质上就是一个 SCADA 模块，通过采集各个泵房的实时供水数据，生成实时数据库，建立所有泵房的 SCADA 数据服务器。对系统采集的实时数据进行分析计算，提供分析计算结果。对采集的实时数据进行分析，根据要求产生 SCADA 报警信息。综合处理实时数据和历史数据，根据需要生成生产数据日报表和月报表、故障统计报表、操作统计报表等。

④ 安防监测管理，是日常二次供水工作中的重中之重，居民用水安全已成为供水工作当中最重要的工作，为防患于未然，二次供水管理平台中建立安防管理子系统。主要包括在线视频管理、入侵报警管理和门禁管理等。可以实时调用各泵房现场任何一个监控实时视频，查看泵房情况；在泵房出发入侵报警时，管理平台发送报警（报警管理子系统、移动终端、语音提示），同时自动弹出被入侵现场各摄像头监控画面等；管理平台自动记录进出人员信息、进出时间。

⑤ 能耗管理监测管理，主要是对泵房能耗进行实时监控，能耗达到设定的边界值时候，产生报警信息以供管理人员实施调控。

⑥ 远程控制系统，主要是指泵站远程控制和安防自动控制，用以达到无人值守的目的。例如产生报警信息后，用户可以通过设定的既有控制指令或是通过移动设备等方式发送控制指令，远程操作泵站或是安防设备。

管网监测管理系统涉及的主要功能业务有：

① 管网状态监测，对管网本身和阀门状态的监控，包括弱电控制系统状态的监测。可定时通过远程控制系统检测管网状态。

② 管网水压监测，通过在管网设置水压监测点，来监测管网水压变化，用以动态控制水量等。

③ 管网远程控制系统，主要是配合管网状态和水压，来远程调节管网状态和水流水量等。

智能水表管理系统涉及的主要功能业务有：

① 水表基础信息，主要用以记录水表本身的属性信息和水表用户的基础信息，包括

水表地址和用户账户信息等。

② 水表实时监测，旨在采集高密度、高精度和高价值的用水数据。

③ 水表控制系统，水表控制主要是对监测采集属性参数的调节和用户使用参数的调节控制，例如采集流量采集精度从1L级调整到2L级，或者由于用户用水量超标，利用水表控制系统对用户进行提示告警。

④ 水表计费系统，水表智能计费是当前智能水表中相对而言比较成熟的部分，主要是用于替代人工抄表。较深层次的水表计费系统，可以用以大数据分析，动态调节区域用水。

二次供水智能管理系统较为关键的部分是网络架构设计（图2）。二次供水智能管理系统设置中央控制室，对泵站、管网和水表进行监测管理。二次加泵站的数据和智能水表数数据直接通过城域网把数据传回中央控制室，管网压力监测和管网状态数据通过 GPRS/4G 网络经中心交换机传到中央控制室。

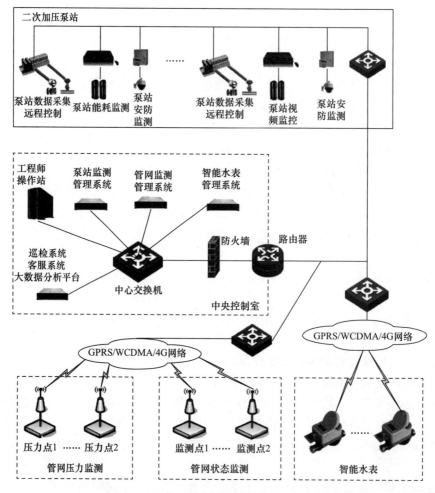

图2 二次供水智能管理系统网络架构设计

如图2泵站监控点与中央控制室可采用 IP 城域网进行传输，而中央控制室和各职能部门之间则可通过内部局域网进行通信。考虑到二次供水泵站大多数位于地下室，传输信号相对较弱，为确保视频图像传输的连续性及各类技术参数传输的安全可靠性，建议安防要求较高、供水系统复杂或地理位置偏远的泵站采用光纤宽带的传输方式。

3 结束语

二次供水管理向专业化、智能化发展是水行业发展的大势所趋，是"智慧水务"建设的大背景下，提升二次供水的管理水平的必由之路。本文在深圳市大力发展智慧城市建设和智慧水务建设的前提下，结合深圳市二次供水管理实际，分析了存在的问题和需求，对二次供水智能管理系统的关键业务功能和组网进行了设计分析。在实际建设过程中要循序渐进的建立、整合和优化泵站监测管理系统、管网监测管理系统和智能水表管理系统，在此基础上，完成二次供水调度指挥管理的规范化、科学化和智能化。

参考文献

[1] 李贵生，谢远勇，陈家琳. 智慧城市趋势下的水务数据采集新要求 [J]. 中国计量. 2016，10：37-38.

[2] 庄仲辉. 二次供水管理系统建设需求探析 [J]. 给水排水. 2016，42（8）：131-134.

[3] 姚灵. 我国智能水表技术发展趋势与路径 [J]. 仪表技术. 2016，12：35-37.

[4] 李贵生. 互联网＋推动大数据智慧水务建设 [J]. 建设科技. 2016，23：79-80.

[5] 梅丹，艾伟. 水务数字化管理模式在水务集团的应用 [J]. 给水排水. 2014，40：395-397.

水力模型在城镇供水系统中的应用

姜 峰

南方中金环境股份有限公司

摘 要: 水务管理是城市管理的重要组成部分,智慧水务是智慧城市建设的必然延伸。而随着智慧城市的发展,智慧水务的发展也进入了爆发式增长期。全国各地的大小水司都相继建立各个与水务管理相关的软件子系统,从经济、社会、环境等角度来看,都取得了不错的效益。但从建设的内容来看,目前大多数水司已建立的系统都很难说成是"智慧"的,主要原因是缺少或者很难构建精准的动态水力模型。本文就水力模型的简介、应用及动态水力模型系统的介绍等方面做了详细的阐述。

关键词: 水力模型 实时自动校验

1 水力模型的简介

管网水力模型系统综合 GIS 系统的静态信息与 SCADA 系统的动态信息,并结合用水量的预报、估算与分配,按水力学理论对水司供水系统进行水力建模与模拟计算,在线跟踪供水系统水力运行状态,实时计算出所有管道的流量、压降、流速和水厂、用户节点的压力等水力信息,为供水系统科学调度与管理提供依据。管网水力模型系统是管网水质模型、供水调度模型及管网漏损控制模型的基础。

2 水力模型的应用

2.1 整合数据资源

将 CAD 数据或 GIS 数据转化为管网水力模型,包括数据的导入、数据的检查、模型结构的简化,水泵曲线的编制等多个工作。通过管线数据、节点数据的空间位置及关联属性,模拟水力模型(如:水头、流量、流速、坡度等)、水龄模型、余氯模型、供水分区等。见图 1。

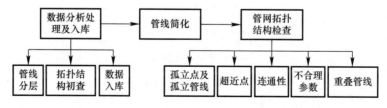

图 1 管线数据导入工作框图

模型接口（SOA 方式）具有 SCADA、生产管理系统、GIS 系统、营收系统等的整合功能，对数据实时过滤验证，剔除不合格的数据，保证导入软件数据的准确性，实现在线模型构建；能够模拟泵、阀等设施的各种调度方式。

模型的建立汇集了管网的静态数据和实时监测的动态数据，并能对大量的数据进行有效处理和整合，是智慧水务中数据高效应用最典型的软件子系统之一。

2.2　全网实时监测

SCADA 系统能够监测到管网各个关键点的压力、流量、水质等实时数据，但是实时数据的监测并不是越多越好，因为实时监测是需要仪表进行数据采集的，过多的仪表投入本身就是一种浪费（实际上选择最合适的位置放置一个监测点就能反映出一大片区域的信息），同时又会带来测量误差不利于数据的准确性评估。而通过水力模型的建立，对管网的材质、管径、管长、弯管、节点、粗糙系数、流量、流速、扬程、摩阻、压降等的分析建模，并关联各个关键点的实时数据进行计算推演，模拟计算出各个管段所有点的水力数据。

模型的建立真正实现从"点"的监测变成"网"的监测，同时通过一些软件手段，比如醒目的颜色特征、水力数据分层展示等，在 GIS 底图上呈现出可视化的全网实时监测效果。见图 2。

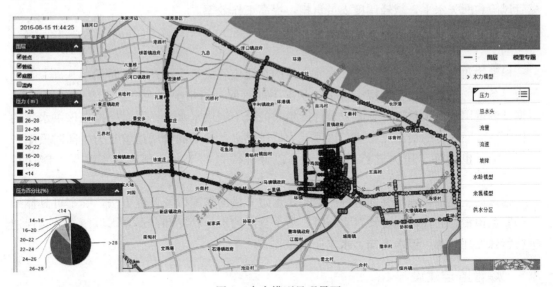

图 2　水力模型呈现界面

2.3　优化调度决策

模型的建立可以进行供水生产日常调度，运用水力模型对不同工况下的调度方案进行模拟，从中找出最经济的调度方案，指导供水日常生产调度。见图 3。

实时在线动态水力运行状态模拟仿真，依据采集的管网运行数据（压力、流量），对管网的运行工况在线模拟仿真，实现对管网运行工况发展趋势的预测，给出管网运行未来的调度辅助决策方案。

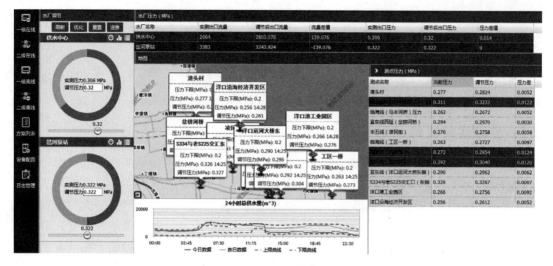

图 3　运行调度界面

在水厂、泵站、管网运行数据积累分析、深度挖掘基础上，最终实现计算机优化调度辅助决策系统。

通过以水力模型为核心的科学调度，能够避免经验决策的不确定性，节约能耗，降低爆管风险和漏失水平，减轻调度人员负担，提高工作效率。

2.4　在线应急决策

模型的建立可提供突发爆管、水质事件的在线应急决策支持。在延时模型基础上，进行边界条件的重新调整，模拟突发事件状况下的管网运行情况。在正常日模型的基础上，根据预测可用水源水量，计算突发事件产生时的最不利供水水量。同时模拟在该供水量的前提下，管网运行的最高压力值，该值就为低压供水条件下的管网运营压力。同时模型中的节点流量也会基于压力进行重新分配，以保证模拟的工况和预测的工况尽可能保持一致。

通过低压模拟，确定突发事件产生时，水泵开机的搭配以及调度方法，确定可具体操作的紧急预案，并评估调度预案实施时，整个管网的水力状况和薄弱点，以便有针对性地进行特殊处理（如：停水通知、水车送水等）。

2.5　爆管监控建设

模型的建立可指导爆管监控系统的建设，基于 SCADA 实时监测数据，通过分析和挖掘各测点的流量和压力短期和长期信号序列，获取流量和压力的正常变化模式，对突发隐性爆管事件引起的流量和压力异常进行捕捉，并结合逆向分析技术判定爆管区域，并通过短信、声光告警等多种形式进行告警。展示各分区当前的风险监测等级，按照等级由高到低进行排序。对应每个分区中的传感器，可以查看历史曲线，以便更直观地在前端对比确认近期数据的变化状态；实时诊断仪表异常并提供列表，支持对爆管告警记录进行统一管理，并提供查询功能。爆管实时监控系统能够最大限度地降低水司的经济损失，提高供水安全。

2.6 规划改造设计

供水管网的规划设计，可利用水力模型对供水管网的发展规划进行校验，达到总体科学的规划、管线口径选择及管网布局合理、安全供水、节能降耗、投资性价比高的目的。

工程规划及设计辅助功能可实现供水工程现状评估，辅助工程规划与设计，设计方案评估，工程实施方案评估四类。

其次根据用水需求、供水能力分析等，为管网规划、管网设计提供辅助分析，利用模型仿真，优化自动监测仪表的布设位置。压力布设点数量可以控制在管网节点数的 $1/40\sim 1/50$ 的水平，极大节省硬件投资。

同时为管网 DMA 分区提供辅助和检验，能够在管网自动分区基础上进行人工调整。通过模拟分析关阀、增减联通管路等操作对水力参数的影响以及全管网的压力分布状况，有效指导分区流量计的安装和相关阀门启闭。

3 动态水力模型系统

3.1 系统介绍

我们与国内知名院校深度合作开发的动态水力模型，能实时动态模拟流量、流速、压力、坡降状态，在线反映管网余氯、水龄等状态与水流方向，精确度高；进行各种工况下的模拟分析，水力模型有：日常、爆管、冲洗、关阀、消防等 5 类工况模拟；水质模型有：水龄、余氯、污染等 3 类工况模拟，为日常和应急调度提供科学依据，是供水系统管理的核心。

全球唯一能够根据 SCADA 系统实现每 15 分钟一次自动校验的模型系统，具有很高的时效性与准确性。100 万吨以上管网模型校验时间小于 3 分钟，20 万吨以下 10 秒以内，产品核心技术领先国内外同类产品 3 年以上。

3.2 系统特点

独有节点流量在线校验技术，独有水泵曲线提取技术和糙率优化技术；

国内唯一直接根据 SCADA 数据不停泵提取水泵的曲线；

模型实时校验，实现无人值守；

容错性强，系统稳定性高；

SOA 架构，WEB 化应用；

所需测压点少，精度高；

建模效率高，模型维护成本低，使用方便。

4 结语

水力模型扮演着智慧水务软件系统中"大脑"的角色，而随着智慧水务的深入发展，水务公司对管网运营调度的需求越发强烈，也必然会推动动态水力模型系统不断优化和落地。而如何不让动态水力模型成为鸡肋，就需要通过优化算法，在静态建模的基础上，通过大量的历史数据回测构建精准的动态水力模型。

而随着精准的动态水力模型的构建，就可以实时全面掌握供水实际情况，为科学和经济的调度、及时准确的发现漏损区域并检测维修提供有效支持，并进一步的降低供水企业运营中的经营管理风险，提升供水系统管理维护水平，提高整体供水效益，优化管网运行，降低产销差率，给供水公司带来直接的经济效益、环境效益和社会效益。

参考文献

[1]　https：//wenku.baidu.com/view/eab5c4dba0116c175f0e48c0.html

水箱液位计量的合理配置与变频主泵出水压力的变化关系

刘　鹏　吴国钧　导师：程宗峰

上海熊猫机械（集团）有限公司

摘　要： 本文通过对老旧供水设备的高区给水变频设备的进水水箱的液位进水计量装置的改造实例，论述了科学合理地配置水箱水位信号，充分发挥液位变送器的实时数据变送与PLC高速逻辑计算结合，在保障节能降耗的前提下充分稳定了供水压力的平稳。

关键词： 液位变送器　PLC高速逻辑计算　供水压力平稳

0　前言

随着当今城市发展，高层建筑物日益增多，自来水供水管网老旧滞后，供水管网供水能力逐年与城市供水需求脱节等问题的凸显。

且随着房地产市场经济的日益兴盛，楼宇供水环节中重点的供水机房的占地面积被逐步挤压。造成了诸多供水生产过程中的难题。

例如，供水机房内无必要的位置布置符合设计规范要求的中间存储水箱。造成的楼宇供水设备前端储存容器储水容积小于用户用水实际需求，带来的主泵频繁停泵保护，用户用水不连续等实际问题。

故本人结合自身长期楼宇综合维修的实际工作经验，通过处理各类水电问题的实践总结，积累出了一定的给水控制系统的解决办法及实际经验措施。

笔者认为，在结构情况保持不变的前提下，要有效解决供水设备存水容器储水容积偏小的问题需要从液位控制及计量角度出发。改进控制系统及控制回路，并增加PLC控制器实现模拟量计算计量。力图提高存水容器的实际使用效率及容积。

1　改造前供水系统介绍

1. 设备组成

原有设备采用补偿水箱结合水泵组进行压差供水。

原有设备情况如下：

主泵为　GDL20-5　$Q=24m^3/h$　$H=60m$　$N=11kW$　两台泵一用一备

碳钢气压罐　SQL800-1.0　一台

补偿水箱　$2×1×2$　一台　长期使用

备用水箱　$2×2×2$　一台　长期空置备用

本设备由于进水端采用进水采用机械进水浮球结合低液位报警停泵控制方式。造成水箱有效容积低于实际水箱整体存水容积，且水箱体积远远小于主泵平峰期用水量，造成水泵频繁启停，对二次供水管网的造成多次高频率的冲击，且造成了水泵高频次启动设备能耗巨大。同时由于水箱频繁进水，也间接影响了市政供水管网的压力条件。

2. 控制原理说明

由于设备老旧，原有控制系统图丢失，故，笔者采用图1进行控制原理说明。

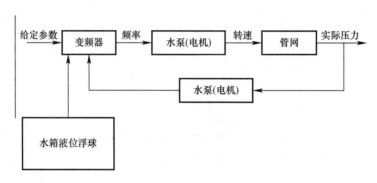

图1　逻辑框图

设备采用变频调速运行原理，利用设备前段压力传感器的压力信号传感用户水压，并通过变频器内置的给定参数进行对比 PID 分析。当用户水压低于设定压力时变频输出一定的增加频率让水泵增频高转速运行。当用户水压高于设定压力时变频器控制水泵降低控制频率减速运行。

且由于设备引用水源为储水水箱，故，设备须配置水箱高低液位保护功能。

同时进水采用机械进水浮球结合低液位报警停泵控制方式，导致水箱需要补充至用户管网时其有效可调节量少，导致设备有效缓冲自来水短时流量不足的能力降低。

常用水箱整体容积实际应为 $2 \times 1 \times 2 \times 0.8$ 约等于 $3.2 m^3$。

备用水箱整体容积实际应为 $2 \times 2 \times 2 \times 0.8$ 约等于 $6.4 m^3$。

而实际工作过程中，水箱进水浮球的位置为高于底板 1.9～1.8 位置处，低水位报警浮球为高于水箱底板 0.15 位置处，且备用水箱污染无法工作等问题。

故实际水箱有效的补水容积是 $2.64 m^3$。远远小于实际供水需求！

2　现供水系统控制介绍

1. 主控制回路

本回路采用 380V 50Hz 的工业三相供电电源作为设备主电源，设备前段加装有有功电能表以此来计量设备实际的用电电量，并且此电能表拥有 RS485 通信接口，可以实现设备电量的实时数据远传功能。见图2。

水泵主电气回路配置一台 ABB ACS510-01-025A-4 对主泵一对多进行变频调速。且变频器接有远传压力表和 RS485PLC 通信接口。

在自动模式下，变频器逐台变频启动主泵，在对应的压力条件下水泵转速均由变频器控制。

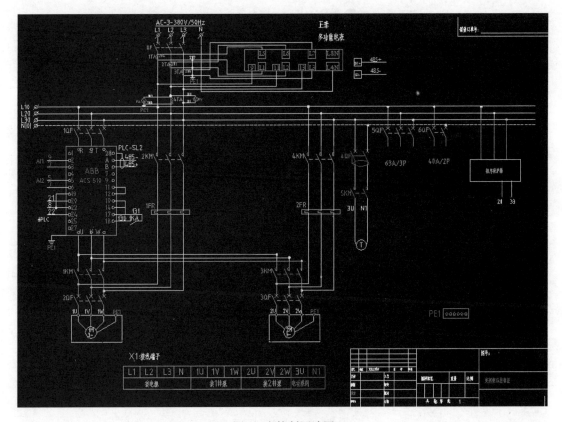

图 2　主控制回路图

在手动模式下，主泵由二次控制回路中的启动回路工频直接启动。水泵恒压工频运行。

2. 二次控制回路

本回路采用 220V 50Hz 的工业两相供电电源作为设备二次控制回路电源。见图 3。

设备采用二次控制原理中重要的自锁互锁控制回路。

当主泵 1♯ 采用变频器变频运行时间端，主泵 2♯ 即被 1♯ 主泵的常闭触点互锁。同时 1♯ 主泵的手动回路被 1♯ 主泵的变频运行的中继触点互锁。

当主泵 2♯ 采用变频器变频运行时间端，主泵 1♯ 即被 2♯ 主泵的常闭触点互锁。同时 2♯ 主泵的手动回路被 2♯ 主泵的变频运行的中继触点互锁。

同时，主泵运行受水箱高低液位信号控制。当水箱出现低液位信号时，低液位信号继电器动作，断开主泵控制线圈，设备实现低液位停机保护功能。

当水箱出现高液位信号时，高液位继电器动作，接通高液位报警信号，设备报警指示灯及蜂鸣器点亮或发声。设备实现高液位报警功能。

当故障消除后，所有二次回路的线圈及触点开关复原，设备在自动状态下自动重启。

3. PLC 型号说明及功能介绍

本系统采用的变频器为西门子 S7-224PLC，该 PLC 为 14 路数字量输入输出，同时扩展能力为 114 路输入 110 路输出，在使用扩展模块的前提下，设备可实现 224 路通道。见图 4。

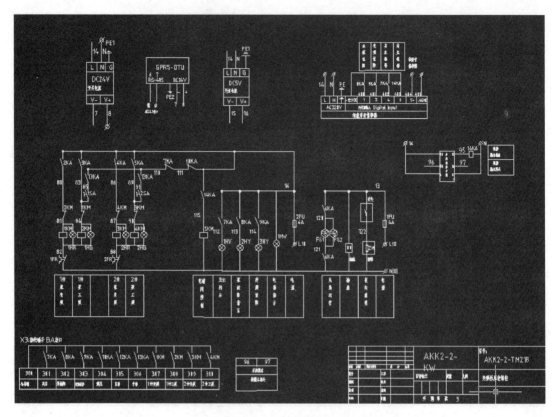

图 3　二次控制回路

特性	CPU224
集成的数字量输入/输出	14DI/10DO
数字量输入/输出/使用扩展模块的最多通道数量	114/110/224
模拟量输入/输出/使用扩展模块的最多通道数量	32/28/44
程序存储器	8/12KB
数据存储器	8KB

图 4　型号说明

　　同时，PLC 可采用加载扩展模块的前提下增加模拟量输入输出，32 路输入 28 路输出 S7-200 的技术指标明细见图 5。

　　S7-200 的操作软件见图 6。

特性	CPU 221	CPU 222	CPU 224	CPU 224XP CPU 224XPsi	CPU 226
外形尺寸(mm)	90×80×62	90×80×62	120.5×80×62	140×80×62	190×80×62
程序存储器: 　带运行模式下编辑 　不带运行模式下编辑	4096字节 4096字节	4096字节 4096字节	8192字节 12288字节	12288字节 16384字节	16384字节 24576字节
数据存储器	2048字节	2048字节	8192字节	10240字节	10240字节
掉电保护时间	50小时	50小时	100小时	100小时	100小时
本机I/O 　数字量 　模拟量	6输入/4输出 —	8输入/6输出 —	14输入/10输出 —	14输入/10输出 2输入/1输出	24输入/16输出 —
扩展模块数量	0个模块	2个模块[1]	7个模块	7个模块	7个模块
高速计数器 单相 两相	4路30kHz 2路20kHz	4路30kHz 2路20kHz	6路30kHz 4路20kHz	4路30kHz 2路200kHz 3路20kHz 1路100kHz	6路30kHz 4路20kHz
脉冲输出(DC)	2路20kHz	2路20kHz	2路20kHz	2路100kHz	2路20kHz
模拟电位器	1	1	2	2	2
实时时钟	卡	卡	内置	内置	内置
通讯口	1　　S-485	1　　S-485	1　　S-485	2　　RS-485	2　　RS-485
浮点数运算	是				
数字I/O映像大小	256(128输入/128输出)				
布尔型执行速度	0.22毫秒/指令				

图 5　技术指标

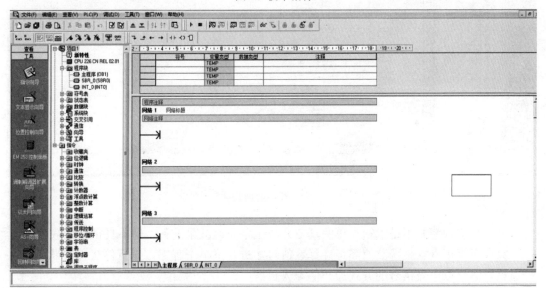

图 6　操作软件

4. PLC 增加程序介绍见图 7。

真空预警程序段:

预制存储地址 VW140 为水箱预警液位值,当进水压力 VW70 小于等于 VW140 预制额定数值时,设备启动水箱真空预警程序。

控制柜进行真空报警,V801.7 开始计数,Q1.2 接通点亮。

同时设备启动保压程序,T122 开始计时,具体时间可以以 100ms 为单位结合水箱实际容积调节计时周期。

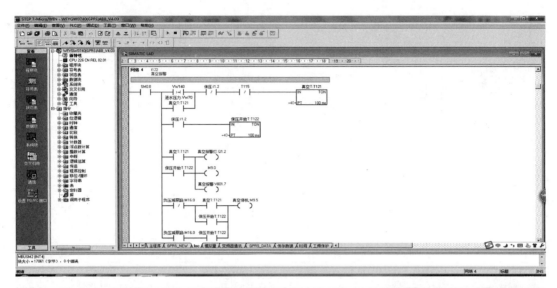

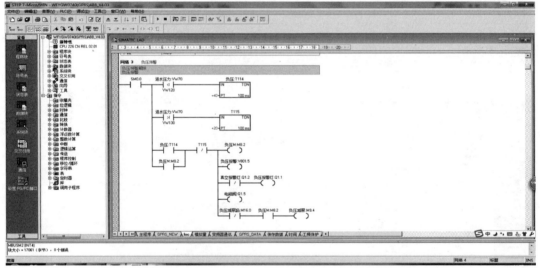

图 7   PLC 增加程序

由于真空预警并不是水箱真正的真空，故主泵只做减泵准备。但不真正减泵减速。

只有当真正真空报警数值满足计算数值时才进入下一个程序。进行停机保护状态，并接通报警信号以声光信号的方式通知值守人员。

3   液位变送器

本设备重点改造点为水箱液位信号取消低液位浮球，改为液位变送器实时计量。进水端在机械浮球保留的前提下，加装机械遥控浮球阀和电动蝶阀。

主要逻辑如下，液位变送器实时感知并传送给 PLC 液位信号。结合变送器液位数据量程实时可调的特点有效解决了水箱工作水位浅的问题。同时在低水位阶段可以将最低水位由原来的 0.15 提高到 0.05 及以下，必要时进水端采用遥控浮球阀和电动蝶阀双路联动双自锁锁住水箱进水。并停止水泵运行避免水泵无水干转烧毁机封的问题。

同时水箱的人孔、透气、等开口位置均加装活性炭吸附过滤装置。

在排污、溢流等排水位置也加装翻板排水阀。

有效避免小动物、蝇虫、潮湿空气中微生物与水箱中饮用水的接触机会。

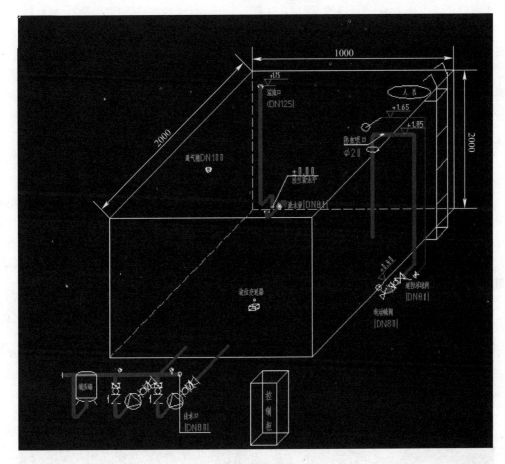

图 8　逻辑图示

本设备水箱计量系统改为液位变送器（图 9），其具体功能如下：

当被测介质的两种压力通入高、低两压力室，作用在 δ 元件（即敏感元件）的两侧隔离膜片上，通过隔离片和元件内的填充液传送到测量膜片两侧。

（浮球）液位变送器是由测量膜片与两侧绝缘片上的电极各组成一个电容器。当两侧压力不一致时，致使测量膜片产生位移，其位移量和压力差成正比，故两侧电容量就不等，通过振荡和解调环节，转换成与压力成正比的信号。压力变送器和绝对压力变送器的工作原理和差压变送器相

图 9　液位变送器

同，所不同的是低压室压力是大气压或真空。

A/D 转换器将解调器的电流转换成数字信号，其值被微处理器用来判定输入压力值。微处理器控制变送器的工作。另外，它进行传感器线性化，重置测量范围，工程单位换算、阻尼、开方，传感器微调等运算，以及诊断和数字通信。

本微处理器中有 16 字节程序的 RAM，并有三个 16 位计数器，其中之一执行 A/D 转换。

D/A 转换器把微处理器来的并经校正过的数字信号微调数据，这些数据可用变送器软件修改。数据贮存在 EEPROM 内，即使断电也保存完整。

数字通信线路为变送器提供一个与外部设备（如 205 型智能通信器或采用 HART 协议的控制系统）的连接接口。此线路检测叠加在 4-20mA 信号的数字信号，并通过回路传送所需信息。通信的类型为移频键控 FSK 技术并依据 BeII202 标准。

4   PLC 控制器执行逻辑与原理

S7-200 系列在集散自动化系统中充分发挥其强大功能。使用范围可覆盖从替代继电器的简单控制到更复杂的自动化控制。应用领域极为广泛，覆盖所有与自动检测，自动化控制有关的工业及民用领域，包括各种机床、机械、电力设施、民用设施、环境保护设备等等。如：冲压机床，磨床，印刷机械，橡胶化工机械，中央空调，电梯控制，运动系统。见图 10。

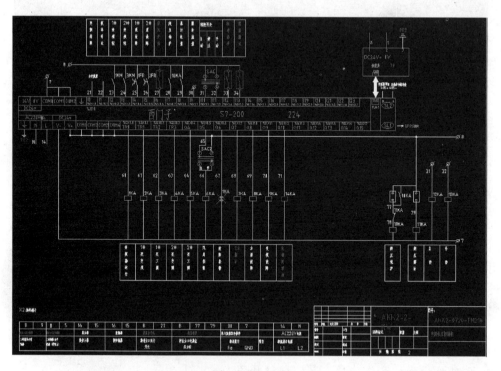

图 10   原理图

本项目通过该型号 S7-224PLC 实现控制系统的数据收集、存储、计算、输出等关键动作。

该 PLC 与控制柜内的变频器、人机界面、远程 DTU 实现数据人机交互功能。

故，本设备的水箱液位控制、水泵变频调速、主备泵控制、压力对比分析、流量计量、电能计量等主要动作均是通过 PLC 的内部 CPU 处理完成的。

5 总结

本设备从进水计量、水箱液位数据调整、出水端开口位置调整到控制系统 PLC 增加真空预警程序、负压减泵程序、保压开启程序等等技术手段。有效地对改善水泵频繁启停、保持水箱水质清洁、控制系统节能等方面均有所改进。

本论文是笔者在程宗峰导师的悉心指导下完成的。导师渊博的专业知识、严谨的治学态度，精益求精的工作作风，诲人不倦的高尚师德，严于律己、宽以待人的崇高风范，朴实无华、平易近人的人格魅力对本人影响深远。不仅使本人树立了远大的学习目标、掌握了基本的研究方法，还使本人明白了许多为人处事的道理。本次论文从选题到完成，每一步都是在导师的悉心指导下完成的，倾注了导师大量的心血。在此，谨向导师表示崇高的敬意和衷心的感谢！在写论文的过程中，遇到了很多的问题，在老师的耐心指导下，问题都得以解决。所以在此，再次对老师道一声：老师，谢谢您！

喷泉水景篇

DMX512 水下灯在喷泉光影水秀项目应用分析

晏钢强　黄世平　郑杨昆　邹　鹏

重庆新源辉光电科技有限公司

摘　要：结合 DMX512 水下灯产品在国内众多项目中的实际应用情况，本文重点分析其前期设计、安装调试、使用效果、后期维护等。

关键词：喷泉　光影　水秀　DMX512 水下灯　灯光艺术效果

1　光在水景水秀空间的艺术表现

在过去的水景喷泉设计和使用中，灯光的功能主要是实现对水型的衬托和色彩的体现，强调光的强度。现在转向另外一个高度，光的艺术性。通过色彩和光影的对比，加强水型、水体的空间立体感。拓展表现空间，将有形的形态通过不同的照明及控制手法，把灯光色彩营造的空间氛围突现出来，感染身处其中的人们的思想和情绪。

2　水景灯具在大型水景水秀演出、实景演出、光影秀中应用的新要求

水景灯具由过去重视灯光产品在应用中的稳定性、可靠性、安全性、功能性等最基本的功能要求，向灯光艺术性能、控制性能、光色性能等发展，更多地运用舞台灯光技术和大型户外亮化灯光控制技术等向喷泉水景项目整合应用。

目前大型喷泉光影水秀项目在设计上，除应用先进的喷泉设施设备，还跟大型舞台表演、实景演出相结合，统一整合、设计、编排、通过项目体现人文、历史、民俗文化等多种艺术内涵。

综上所述，要能够实现水景水秀演出、实景演出、光影秀的灯光效果要求，对当前大多数水下灯产品和企业提出了新的挑战和要求。

3　DMX512 水下灯在项目应用进程中的情况

3.1　前期项目灯光设计布局尤为重要，大致包含以下几个方面：

3.1.1　喷泉水型对灯光亮度的要求（包括水的形态、喷水的高度、喷头的间距、照度的要求等），根据这些参数要求，确定灯的数量、灯具的尺寸及功率。

3.1.2　灯光色彩的要求，（包括对光的波长、色温、混光配比、光均匀性的要求等）根据这些参数要求，确定光源的灯类型，如单色光源、RGB 三通道光源、RGBW 四通道光源、

RGBYW 五通道光源等。

3.1.3 灯光出光角度的要求（包括出光角度，偏光角度。椭圆型光斑、条形光斑等），根据水型的不同，都需要匹配与之相适应的光学系统。

3.2 产品质量管控、品质稳定性，故障率

随着近几年喷泉行业的高速发展，整个行业的规模也明显放大，各细分产品配套企业、生产企业明显增加，产品类型、品质、价格也呈现多元化，行业竞争加剧。下游项目企业对质量、供货周期要求更高。使用单位对产品的稳定性、故障率等使用过程中的维护问题更重视，也要求产品有更优的质量保证。

3.3 产品控制协议的标准化及兼容性及发展

3.3.1 适应 DMX512 控制结构要求的 LED 灯布局和驱动控制电路；DMX512 LED 水下灯内置 DMX512 解码芯片与外接 DMX512 控制台及电脑的控制方式，可通过 DMX512 控制台或者电脑来实现对音乐喷泉 DMX512LED 水下灯的动态效果，并且通过 DMX512 LED 水下灯地址设置的不同，可以实现其中任意 DMX512 LED 水下灯点对点的独立控制。

图 1 列举我公司灯具的两种信号传输方式系统图：串行信号、并行信号

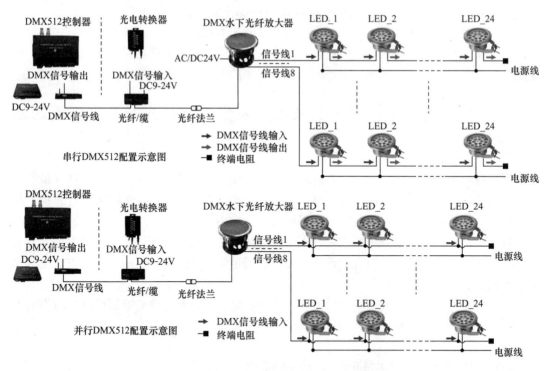

图 1　DMX512　LED 水下灯控制系统

串行信号灯具电缆线说明见图 2。

串联信号灯具是将首灯的信号输入线接入信号总线，信号输出线接入下一盏灯具的信号输入线，依次连接。解码器内部信号输入与信号输出隔离。串联信号灯具只需设置首灯地址码，依次串接下去的灯具地址会自动加 1。

并行信号灯具电缆线说明见图 3。

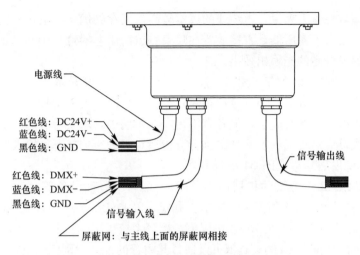

电源线

红色线：DC24V+
蓝色线：DC24V-
黑色线：GND

信号输出线

红色线：DMX+
蓝色线：DMX-
黑色线：GND

信号输入线

屏蔽网：与主线上面的屏蔽网相接

图2　串行信号灯具电缆线连接示意

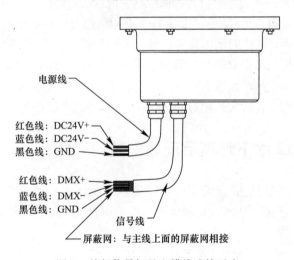

电源线

红色线：DC24V+
蓝色线：DC24V-
黑色线：GND

红色线：DMX+
蓝色线：DMX-
黑色线：GND

信号线

屏蔽网：与主线上面的屏蔽网相接

图3　并行信号灯具电缆线连接示意

　　并联信号的灯具是将每个灯的信号线并接在信号总线上，灯具上的分支信号线越短越好。每个并联信号的灯具必须单独设置地址码。

3.3.2　满足 DMX512LED 水下灯要求的特殊密封结构和绝缘强度；由于 LED 水下灯应用场合的特殊性，是在水下工作的电器产品，所以也有它技术指标的特殊要求，首先 LED 水下灯的防护等级必须达到 IP68，也包括水下电缆接头。这样才能保证 LED 水下灯具长期浸泡在水里而不漏水。其次，LED 水下灯浸在水中后，必须要求电缆线外接电端头与灯具外壳间的绝缘电阻应：≥2MΩ。目的是保证灯具的绝缘强度达到基本的技术要求，杜绝漏电流的产生。这样才能保证人员的人身安全及 LED 灯具的正常运行。

3.3.3　选择适合项目要求的 DMX512LED 水下灯的供电电压；

　　DMX512LED 水下灯输入电压常用的 DC/AC24V 和 AC220V。

　　a）选择电压为 DC/AC24V 供电的，优点是安全可靠。缺点是电压低电流大，导致整体线路上的电压降增大，容易造成线路后端的电压降低，表现的结果是线路后端灯的亮度降低甚至造成灯光熄灭。在实际运用中，应准确计算线路电流，选择横截面积足够、正规的国标防水电缆，总体上来说，电缆线的成本较高。现在的优化方案，采用防水等级 IP68 的水下开关电源或水下变压器，直接放置在喷泉每组需供电的灯具中间，也样也有效降低电缆成本，并保障灯光的光输出效果。

b）选择电压为 AC220V 直接供电的，虽然省去了降压设备部分成本，线路电流较小，使用的电缆成本也相对降低，但安全性相对较差，且灯的驱动成本较高。

二种方式供电，其各有优点，但各有不足。在运用中，从安全和施工成本两方面来综合考虑，设计人员应对现场的实际情况进行分析后，再确定选择哪种输入电压方式。

3.4 灯光控制的发展趋势：RDM

RDM 是 DMX512-A 协议的扩展版本，RDM 意为"远程设备管理"是 Remote Device Management 的缩写，它由美国国家标准学会制定，以 DMX512-A 为基础。DMX512-A 可以看成是数据双向传输的 DMX 在 RDM 协议下，控制系统可以向灯具发出请求，灯具也能应答这些请求。每台兼容 RDM 的灯具都可以通过其内置的惟一识别码来进行识别；具有远程设置 DMX512 初始地址的能力，灯具可以向控制系统反馈自己的工作电压、电流、工作温度等信息供给用户排除故障。也可以从控制系统上获取到灯具的原始信息，比如：生产厂家信息，出厂时间信息，累计工作时间信息等。但 RDM 系统属于双向传输，由于需要反馈信号反向回传给主机，这样无形中 RS485 总线网络主从结构已经破坏，也就是说，每一个灯具在每一个时刻都可以作为主机，如果 RS485 总线比较短，双向传输影响不会太大，如果 RS485 总线比较长，信号反射干扰就大。相对 DMX512 而言，RDM 设备在布线的要求更高。

4 关于 DMX512 水下灯项目现场安装的介绍：

4.1 我们的理念是，工厂能完成的工作，尽量不要放到项目现场去完成，项目现场往往有工期紧、人员配置紧张、技术人员缺乏等一些不可控的情况。可提前组装，见图 4。

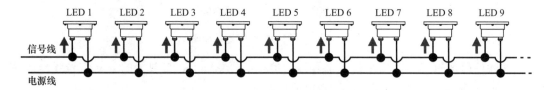

图 4　工厂按施工图纸接成灯串

4.2 现场安装、接线过程中的重要事项：

 1）强弱电分离；

 2）信号线不能短路；

 3）电源线横截面积计算合理；

 4）接头等级必须达到 IP68。

5 DMX512 控制 LED 水下灯在运行过程中常见的问题，及解决方案

5.1 变频器干扰问题：变频器是现在音乐喷泉控制部分当中不可缺少的器件之一，人们在往往在使用变频器带来的好处的同时却忽略了它带来的"坏处"——干扰。

5.2 采用屏蔽双绞线：导线外部有导体包裹的导线叫屏蔽线，包裹的导体叫屏蔽层，一般为编织铜网或铜泊（铝），屏蔽层需要接地，这样外来的干扰信号可被该层导入大地。屏蔽布线系统源于欧洲，利用金属屏蔽层的反射、吸收及趋肤效应实现防止电磁干扰及电磁辐射的功能，屏蔽系统综合利用了双绞线的平衡原理及屏蔽层的屏蔽作用，因而具有非常好的电磁兼容（EMC）特性。屏蔽层主要避免干扰信号进入内层，同时降低传输信号的损耗。使用屏蔽线传输信号时，各节点的接头应该稳定、可靠、正确且注意防水。同时，在一定的位置添加信号放大器防止信号衰减，在屏蔽线的末端添加与其匹配的终端电阻能更好地起到防干扰作用。DMX512 灯具在生产和安装时可以图 5 作为参考。

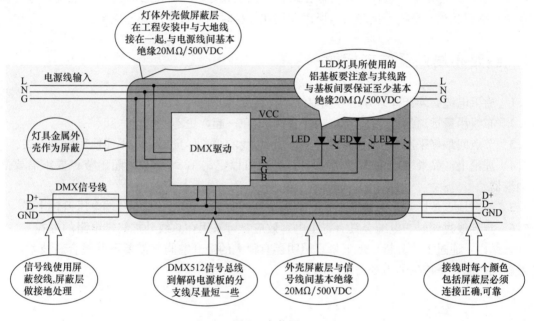

图 5　安装图

5.3 采用光纤传输，在水下采用防水等级 IP68 的 DMX512 水下信号放大器，在电磁干扰严重及传输距离远时可使用光纤传输 DMX 信号。光纤传输以光导纤维为介质进行的数据、信号传输。光导纤维，不仅可用来传输模拟信号和数字信号，而且可以满足视频传输的需求。光纤传输一般使用光缆进行，单根光导纤维的数据传输速率能达几 Gbps，在不使用中继器的情况下，传输距离能达几十公里。光纤传输 DMX 信号具有以下几点优势：

1）灵敏度高，不受电磁噪声干扰。

2）体积小、重量轻、寿命长。

3）绝缘、耐高压、耐高温、耐腐蚀，适于特殊环境工作。

4）几何形状可依环境要求调整，讯号传输容易。

5）高带宽，通讯量大衰减小，传输距离远。

6）讯号串音小，传输质量高。

7）便于敷设。

在使用光纤作为 DMX 信号传输介质时应根据自己的需求来选择多模光纤还是单模光纤，以及一系列的配套设施。

5.4 机房的防干扰措施　由于所有控制设备都安装在机房，所以机房是干扰源最为严重的地方。在最大程度减小信号在传输过程中的干扰以及衰减的同时也应在机房做防干扰措施。比如所有电柜正确接且接地电阻符合规定值；在变频器上添加电抗器，滤波器；灯具电源使用隔离变压器等一系列措施等，做好每个细节，从源头上杜绝。

6　驱动自身抗干扰能力设计

DMX512 控制系统越来越成熟，投入生产驱动的厂家也越来越多，但某些厂家追求利益最大化，往往在生产过程中选材偷工减料，以次充好，在方案设计上布局混乱，这些都直接影响到驱动自身抗干扰能力。所以我们在选材时不能盲目地降低成本。

7　线路布局以及施工问题

7.1 通讯电缆必须选择差分信号或双绞线，长度不要超过 1200m。

7.2 布线尽量远离强电，尽量不要和电源线走在一起，更不能绑在一起。

7.3 节点间最好采用手拉手的方式，节点到总线的距离尽量要短，不能使用星形连接。

7.4 理论上产品最多连接 32 个点（有些厂家可以定制 128 个点），超出节点要求需要配中继器。

7.5 注意地点位影响，一般情况下终端需要良好的接地系统，保证两端电压差较小。

7.6 当导线过长时，电缆会具有寄生电容效应，可采用在总线外加终端电阻的方式。

结语：通过上述分析，水下景观照明还有很大的提升空间，需要不断整合新技术，开发新的产品，适应新的市场需求。

24V 直流无刷潜水泵的技术性能介绍

廖志强　刘弋斌　肖云田

易达科技（深圳）有限公司

摘　要：本文分析了喷泉、泳池、水景行业潜水泵应用的性能特点，介绍了 24V 直流无刷潜水泵原理、实验数据、技术性能及在工程项目中的使用特点。

关键词：24V 直流潜水泵　24V 低压水泵　喷泉潜水泵　泳池水景潜水泵　安全潜水泵

0　引言

2015 年，易达科技（深圳）有限公司（以下简称易达科技）对喷泉水景行业现有水泵做了调研，发现行业内使用的都是常规电压（380V/220V）水泵，控制系统多采用传统变频器控制，与国际通用的 DMX512 控制系统友好兼容性较差；基于我司对喷泉水景行业多年的积累与了解，我们易达科技决定开发一款具有技术先进性的水泵产品。2016 年，易达科技与东南大学签订合作协议共同研发"24V 低压直流潜水泵"。采用 24V 直流低电压供电安全可靠，它符合 GB 16895.19—2002 建筑物电气装置第 7 部分第 702 节特殊装置或场所的要求和 JGJ-T 16—2008 民用建筑电气设计规范。经过两年多的大量实验与项目实践应用，24V 低压直流潜水泵也取得了阶段性的成果，它的成功研发与应用填补了喷泉水景行业该产品的空白，为水景、泳池行业提供更多、更优的选择。

1　直流潜水泵的系统组成及原理

直流潜水泵是一款采用特低电压供电的安全潜水泵，电气系统由开关电源、驱动器、直流潜水泵三部分组成。

工作原理：驱动器、直流潜水泵安装于接水池内，开关电源将 AC220V 及以上常规电压转换成 DC24V 电源，并输送到水下驱动器，驱动器接收电脑发送的 DMX512 协议调速信号后，按相应指令数据控制水泵电机转速，从而实现直流潜水泵流量扬程的变化。见图 1。

1.1　开关电源

开关电源的作用是为直流潜水泵提供安全电源，产品市场比较成熟，可选品牌、型号多。从安全角度考虑开关电源必须选用带隔离功能、内置主动式功率因素校正电路（PFC）的中高端产品，有利于提高能源利用率和减少电网中谐波干扰，电源效率可达 90% 以上，同时具备短路保护、过载保护、过电压保护、过热保护等功能。在其容量选择时应该考虑 20% 以上的设计富余，这样可以有效提高产品使用寿命，降低故障率。

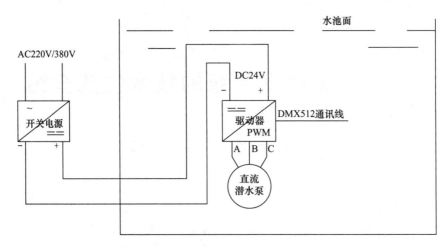

图 1　直流潜水泵的系统原理图

1.2　驱动器

驱动器是直流潜水泵必不可少的配套设备，直流潜水泵必须依靠驱动器来驱动旋转，它可以是独立单件也可与潜水泵合成一体式。驱动器采用"六步换相法"，将直流电流按一定时间顺序输出与水泵电机相匹配的脉冲电流，通过不断地改变电流方向和磁极，从而带动转子旋转。当 PWM（脉冲宽度调制）脉冲频率越高电泵输出功率越大，反之则越小，从而实现对直流潜水泵的调速功能。

"六步换相法"原理如图 2 所示。通过开关管 Q0～Q5 来控制电机三相绕组的通电状态，图 2 中位于上方的开关管与电源正端连接的称为"上桥"，下方的开关管与电源负端连接称为"下桥"。

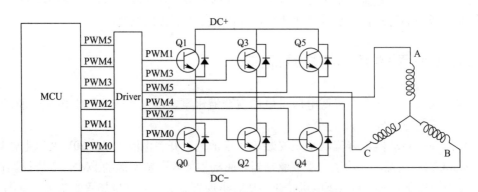

图 2　"六步换相法"原理图

例如，若 Q1、Q4 打开，其他开关管都关闭，则电流从电源正端经 Q1、A 相绕组、C 相绕组、Q4 流回电源负端。流过 A、C 相定子绕组的电流会产生一个磁场，由右手定则可知其方向与 B 相绕组平行。由于转子是永磁体，在磁场力的作用下会向着与定子磁场平行的方向旋转，即转到与 B 相绕组平行的位置，使转子的北磁极与定子磁场的南磁极对齐。

同理，打开不同的上、下桥臂开关管组合，就可控制电流的流向，产生不同方向的磁场，使永磁体转子转到指定的位置，直流无刷电机按指定的方向连续转动，按一定顺序切换供电方向，共 6 种组合，经过六步换相就能使电机旋转一个电气周期。这就是驱动器的"六步换相法"工作原理。

1.3 直流潜水泵

直流无刷电动机是同步电机的一种，电动机的定子绕组为三相对称星形接法，在电动机的转子上装有稀土永磁体。它有响应快速、较大的起动转矩、从零转速至额定转速具备可提供较大额定转矩的性能。

直流无刷电动机采用永磁转子，以永磁体提供励磁，无需励磁电流，无励磁损耗，电动机效率和功率密度更高，相比交流异步电机效率要高 15％～20％，且配合驱动器可实现无级调速功能。

潜水泵采用深井泵外形结构，外壳、叶轮等部件采用不锈钢 304 或 316 材质，可以有效防止腐蚀。无需机械电刷换向装置，IP68 的防护等级，质量更可靠。整体外形尺寸小，非常适合喷泉、水景池的施工安装。

2 直流潜水泵的性能参数实测数据

2.1 电功效率测试

前文所述，直流电机采用永磁转子，效率会比交流电机效率高 15％～20％，常规交流电机效率约 75％左右，而直流电机效率可达 95％。但直流电机必须配备驱动器使用，驱动器工作原理与变频器相似，若驱动器效率按 80％计算，经过简单推算直流电机与驱动器运行效率为 95％×80％＝76％左右。

为了验证推算的效率是否正确，我们根据 GB/T 1311—2008 直流电机试验方法，将其中一款直流潜水泵的电机取出，安装固定在直流磁粉测功机上，对直流电机和驱动器进行电功测试。见图 3、图 4。

图 3　磁粉测功机

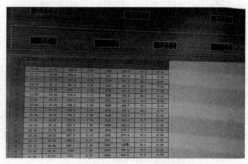

图 4　实验数据

从表 1 我们可以看到，在 2873rpm 标准转速范围内，驱动器与直流电机总效率是 76.1％。在喷泉等场所使用潜水泵时，交流电机也必须配备变频器使用，此时交流电机与变频的运行效率为 75％×80％＝60％左右。所以一般认为直流潜水泵会比交流潜水泵的效率更高。

序号	电压 V	电流 A	输入功率 W	转矩 N·m	转速 rpm	输出功率 W	效率
				实验参数			表 1
1	23.39	35.18	822.6	1.82	3096	590	71.7%
2	23.3	37.75	879.8	1.98	3066	636.2	72.3%
3	23.26	39.03	907.9	2.13	3032	674.9	74.3%
4	23.19	41.43	960.9	2.27	3001	713.2	74.2%
5	23.16	42.84	992.1	2.4	2970	747.5	75.3%
6	23.09	45.45	1049	2.56	2937	787.2	75%
7	23.02	47.83	1101	2.74	2905	834.6	75.8%
8	22.94	50.88	1167	2.95	2873	888.1	76.1%

2.2 流量扬程测试

为了验证直流潜水泵与变频交流潜水泵的流量、扬程、效率参数差异，笔者将一台流量 5m³/h，扬程 8m 的潜水泵分别安装到直流泵和装有变频器的交流潜水泵进行测试，并对

流量扬程性能参数进行对比（水泵测试台符合国家二级鉴定，测试方法参照标准 GB/T 3216—2016 回转动力泵水力性能验收试验、GBT 12785—2014 潜水电泵试验方法）。见图 5。

从图 6 中我们可以得出结论，直流潜水泵和变频交流潜水泵采用相同功率的电机，都调到最大功率时，直流潜水泵有更高的流量扬程和效率。

图 5　水泵测试台

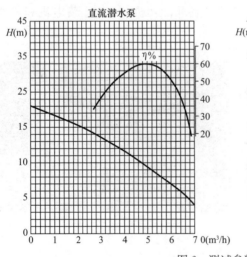
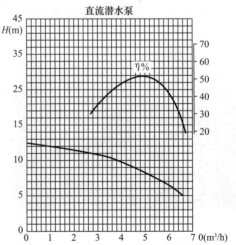

图 6　测试参数曲线图

2.3 其他实验测试

直流潜水泵在喷泉、泳池、水景中使用时，都有不同的使用工况，比如在喷泉使用

时，需要它反应速度快，能适应频繁启停，频繁加减速；在泳池、水景中使用时需要能连续长时间运行。另外中国地域辽阔，南北温差大，特别是在北方的冬季，气温极低，直流潜水泵在经过寒冷的冬天后是否还能正常工作呢？这些都是在产品设计时需要考虑的问题，为了验证直流电机驱动潜水泵使用性能的可靠和稳定，根据 GB 775—2008 旋转电机定额和性能及 JB/T 5276—2007 小功率直流电动机通用技术条件的相关规定进行试验，试验参数如表 2。

直流潜水泵可靠及稳定性实验数据　　　　　　　　表 2

试验项目	标准试验规定	试验参数	试验结果
耐电压试验	300V，历时 1min	300V，历时 1min	没有击穿或闪络现象，符合相关规定
超速试验	1.2 倍，历时 2min	1.2 倍，历时 2min	无有害变形异响，符合相关规定
过电流试验	1.5 倍，历时 2min	1.5 倍，历时 2min	无停转和有害变形，符合相关规定
绝缘电阻试验	250V，常态 20MΩ，热态 1MΩ	250V，常态 30MΩ，热态 5MΩ	符合相关规定
低温试验	−25℃，放置 3h	−25℃，放置 8h	启动正常，符合相关规定

考虑到直流潜水泵在喷泉项目中使用时，在频繁启停的工况下运行，笔者查阅了大部分相关国家标准和规范，也查阅了 UL778、UL1081 等国外的相关标准，遗憾没有查到关于水泵频繁启停的试验方法和标准，因此在模拟喷泉实际工况的原则上，设定了相应的实验方法进行测试。见表 3。

表 3

实验名称	实验目的	实验方法	试验结果
频繁启停	模拟在喷泉等场景中使用时的频繁启停工况，假设喷泉连续运行 10 天的严苛的工作条件	将直流潜水泵置于水池中，用电脑设定一段程序，最大负载启动 1 秒，停止 1 秒，按此方式连续运行 10 天	试验过后，无有害变形，设备完好，性能参数符合设计要求

3　直流潜水泵的技术特点

3.1　符合规范

直流潜水泵是专为泳池、水景行业研发的，它采用 24V 直流安全特低电压电源，安全可靠，且符合 GB 16895.19—2002 建筑物电气装置第 7 部分第 702 节特殊装置或场所的要求和 JGJ-T 16—2008 民用建筑电气设计规范。

3.2　符合泳池水景潜水泵特性要求

潜水泵采用深井泵外形结构，外壳、叶轮等部件采用不锈钢 304 或 316 材质可以有效防止腐蚀；无需机械电刷换向装置，质量更可靠；IP68 的防护等级完全可以潜入水中；整体外形尺寸小，适合喷泉、水景池的安装。

3.3　节能高效

直流潜水泵电机采用永磁转子，以永磁体提供励磁，无需励磁电流，无励磁损耗，相比交流异步电机效率要提高 $15\%\sim20\%$。

3.4 适合定速与变速运行

直流潜水泵驱动器的特性决定其可适应频繁启停、频繁加减载、固定转速等多种工况运行，因此适用于音乐喷泉中潜水泵的频繁水量变化的要求。

在普通泳池、水景中使用的多为定速水泵，直流潜水泵在定速运行时也需配备驱动器，但与常规潜水泵不一样的是，它可以通过输入其固定转速参数到驱动器，从而精准调整到所需要的固定流量、扬程。

3.5 与灯光通信协议兼容

在旱喷泉项目中使用多为调速水泵，使用直流潜水泵时，可采用 DMX512 通信协议，能与灯光等设备完全兼容在同一个通讯控制系统内，使得整个系统运行更稳定可靠，施工更简单方便。

4 结语

水泵作为水的动力来源，是与水相关行业必不可少的设备，比如消防泵、污水泵、石油化工泵等水泵的类型已经定义了其用途和行业。笔者深入调研和分析了喷泉、水景、泳池行业这些场所对潜水泵用电安全、频繁启停等各种使用特性和要求，专门为喷泉、水景、泳池行业开发出 24V 直流无刷潜水泵，在开发过程中模拟的各项场景工况的实验数据显示其运行稳定、可靠，认为 24V 直流无刷潜水泵的各项性能参数非常适合喷泉、水景、泳池行业使用。

笔者在开发过程中查阅大量相关技术资料，从前辈文献中了解和学习了大量技术经验，为此也整理出了一部分直流潜水泵的开发原理和实验数据与行业内的技术爱好者们交流分享，相互学习，促进行业的技术革新和发展。

关于水景喷泉网络集中和云控制的研究

邓洪善

戴思乐科技集团有限公司

摘　要： 本文主要针对目前水景喷泉和相关电气控制的现状，存在的控制问题，研究另一种通用协议的网络集中水景喷泉控制方式，同时结合未来发展方向的云控制和物联网来控制水景喷泉，促进水景喷泉控制的创新，使水景喷泉更方便、更节能。

关键词： 水景喷泉的网络集中　云控制和物联网控制

1　水景喷泉的历史和现状

早在公元前 6 世纪的巴比伦空中花园中就已建设喷泉。古希腊时代开始由饮用水式泉逐渐发展成为装饰性泉。公元 7 到 8 世纪喷泉在欧洲城市盛极一时，如著名的法国凡尔赛宫的太阳神喷泉，俄国彼得宫的带雕像群的大瀑布喷泉，罗马更有 3000 多个喷泉。文艺复兴时期喷泉技术发展很快，大多数是与雕像、柱饰、水池等结合造景，如意大利伊斯特别墅的著名"百泉步道"和莱恩脱的喷泉水渠。

中国古典园林崇尚自然，力求清雅素静、富于野趣，重视对天然水态的艺术再现。18 世纪西方式喷泉传入中国，1747 年清乾隆皇帝在圆明园建"谐奇趣"、"海晏堂"、"大水法"三大喷泉。

20 世纪喷泉发展成为一种大型水景，用水柱构成各种形态。我国现代意义的喷泉始于 20 世纪 80 年代，虽然起步较晚，发展却十分神速，有些技术在世界上具有领先地位。现在全国的各种公园、景点、小区等地方都会见到音乐喷泉、唯美水景，喷泉随着音乐舞动、旋转。长期以来市政喷泉和市政水景都是喷泉水景行业的最大工程。随着中国经济的高速发展和城市景观改造的升级，市政景观的建设投入在前十几年的时间内疯狂扩大，政府形象工程大型音乐喷泉片面追求"高、大、上"，投资规模 3000 万～1 亿元资金。现在喷泉水景市场主要有音乐喷泉、市政水景、商业水景、商业水秀等组成。

2　水景喷泉控制方式的现状和创新

现代的喷泉已经是一种集声、光、电、水、力为一体的高科技产物，相应的电气控制也非常复杂。目前的控制方式是订制喷泉水景专用控制电路和芯片，编写水景喷泉专用控制程序。这种控制方式要求所有喷泉水泵、电磁阀和水下灯等电缆接至控制室和控制电脑。

近年来改善休闲环境的市政公园水景、湿地公园、商业配套水景、商业水秀剧场等逐年上升。这些配套水景等的特点是水域面积大、多个水景分散、管理难度大。因为多个水景喷泉分布在距离较远的地方，每台水景喷泉用电设备的电缆距离非常长、电缆用量大、电压降和电功率损耗大；同时电缆很多且距离远，相应的故障率高、漏电安全隐患大，因此对于分布距离较远的多个水景喷泉不适合采用这种控制方式。需要一种管理更方便的控制方式，针对分布距离较远的多个水景喷泉，我公司长期研究采用网络集中和云控制。

网络集中控制实现了用一台电脑集中控制，管理更简单；水景的网联网手机 APP 控制，可以任何地方任何时间实现异地控制，管理更方便，同时能合理地运行水景用电设备，水景更节能。

3 水景喷泉网络集中控制和云控制

水景喷泉网络集中控制采用 PROFIBUS 协议控制（单纯的水景还可以用 MODBUS 协议控制）。

PROFIBUS 是过程现场总线（Process Field Bus）的缩写，1989 年正式成为现场总线的国际标准。在多种自动化控制领域中占据主导地位。它由三个兼容部分组成，即 PRO-FIBUS-DP（Decentralized Periphery）、PROFIBUS-PA（Process Automation）、PROFI-BUS-FMS（Fieldbus Message Specification）。其中 PROFIBUS-DP 应用于现场级，它是一种高速低成本通信，用于设备级控制系统与分散式 I/O 之间的通讯；PROFIBUS-PA 适用于过程自动化，可使传感器和执行器接在一根共用的总线上；PROFIBUS-FMS 用于车间级监控网络。水景喷泉采用 PROFIBUS-DP 高速低成本通信的控制方式。

PROFIBUS 特点：符合国际标准 EN50170，通讯稳定；同时实现集中控制、分散控制和混合控制三种方式。该系统分为主站和从站，主站和从站只需要 1 条 Profibus 屏蔽/非屏蔽双绞线或光纤电缆即可控制各分站的设备，主站最多可以控制 32 个从站。主站决定总线的数据通信，当主站得到总线控制权（令牌）时，没有外界请求也可以主动发送/接收从站信息；从站控制分布的各种外围设备。

当用双绞线时传输距离最长 9.6km；用光纤时最大传输长度为 90km。传输技术为 DP 和 FMS 的 RS-485 传输、PA 的 IEC1158-2 传输和光纤传输。

当主站通讯触摸屏后，可由触摸屏通过因特网实现手机 APP 异地控制。

4 水景喷泉网络集中控制和云控制的特点

1. 控制兼容性强：既全面兼容 WIFI 等无线技术，又兼容 PLC 等高集成的复杂控制系统。可以将区域内不同通信技术的设备连接在智能控制系统中。

2. 远程实时监控：

① 无论人在何处，都能通过电脑或手机监测水景喷泉所有设备的实时运行状况，并同时能看到池水液位等实时数据。

② 还可以同步在我公司进行集中监测和控制。

3. 远程报警记录：当设备出现故障时，电脑或手机的 APP 会自动报警、自动保存故障数据，方便检修和以后随时查询。

4. 售后故障处理：

① 当设备故障时，远程自动控制排除故障或关闭相关设备。

② 当重大故障时，根据后台数据，远程指导客户解除故障。

③ 如远程无法解决或者用电设备本身故障时，可上门服务。

5　网络集中控制和云控制在分散水景喷泉的应用

1. 深圳会展中心有 10 个音乐喷泉池、2 个程控涌泉池、6 个台阶跌水池，每个喷泉水景池采用独立机房，每个池的喷泉设备采用独立的控制分站，用一条光纤 1 条光纤连接各个喷泉从站，实现网络通信至总站集中控制。

总站设置在一个监控室，在监控室内监控音乐喷泉的运行。

图 1 为深圳会展中心音乐喷泉的网络集中控制平面布置图。

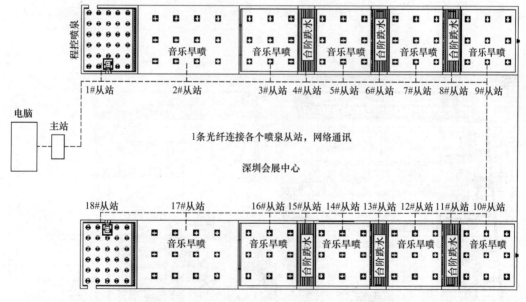

图 1

图 2 为深圳会展中心音乐喷泉中控系统拓扑图。

2. 戴思乐产业园有整个园区的绿化喷灌、雕塑喷泉、鱼池水处理、海洋馆水处理、3个泳池水处理、2 个 SPA 池等，这些设备分散，管理难度较大，公司开发网络集中控制软件，集中在企业馆控制，并通过手机 APP 异地实时监控。

图 3 为戴思乐产业园水系平面布置图。

图 4 为戴思乐科技园网络集中控制系统拓扑图。

图 5、图 6 为手机 APP 分布及实际控制画面。

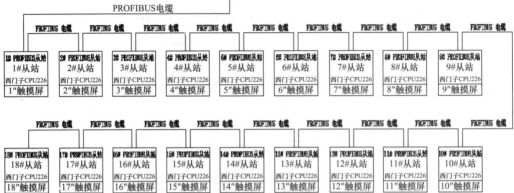

图 2

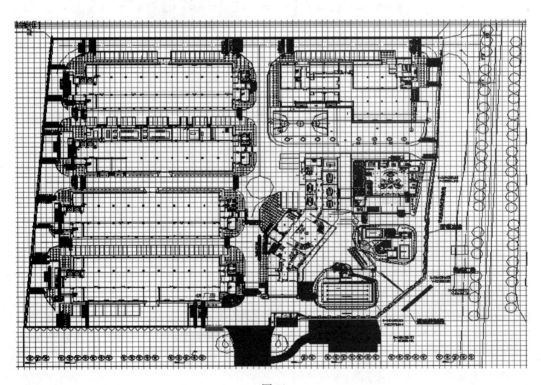

图 3

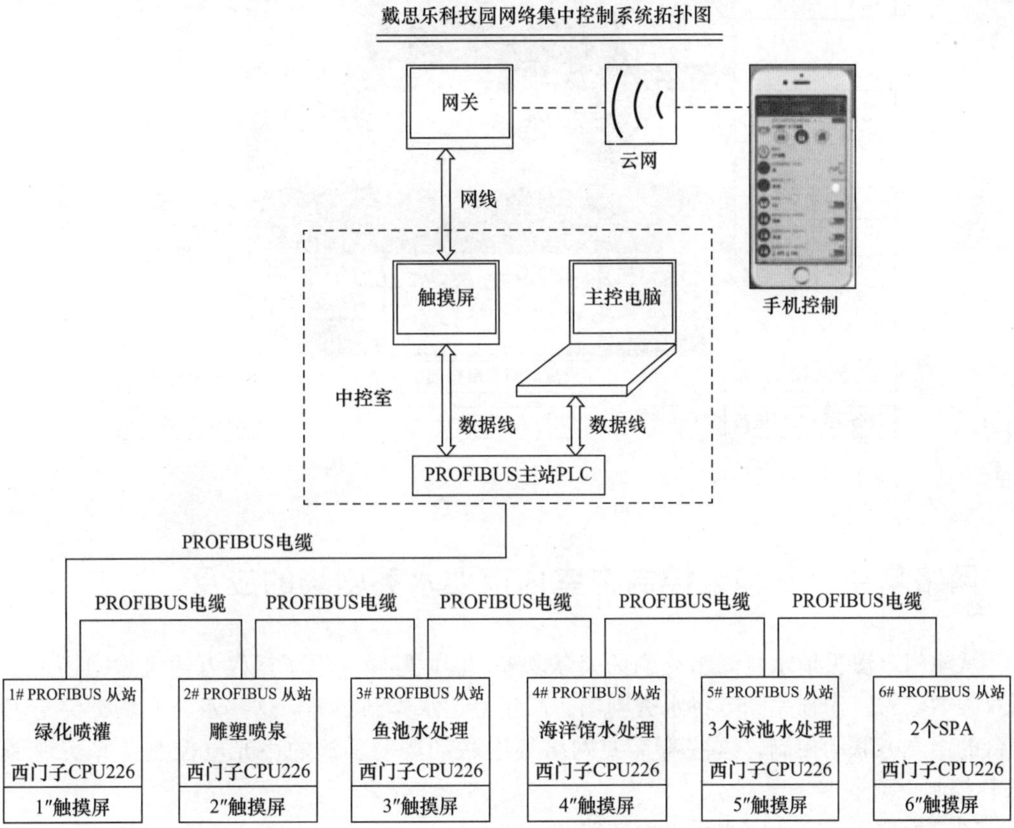

戴思乐科技园网络集中控制系统拓扑图

网关

云网

手机控制

网线

触摸屏   主控电脑

中控室

数据线   数据线

PROFIBUS主站PLC

PROFIBUS电缆

PROFIBUS电缆   PROFIBUS电缆   PROFIBUS电缆   PROFIBUS电缆   PROFIBUS电缆

1# PROFIBUS 从站	2# PROFIBUS 从站	3# PROFIBUS 从站	4# PROFIBUS 从站	5# PROFIBUS 从站	6# PROFIBUS 从站
绿化喷灌	雕塑喷泉	鱼池水处理	海洋馆水处理	3个泳池水处理	2个SPA
西门子CPU226	西门子CPU226	西门子CPU226	西门子CPU226	西门子CPU226	西门子CPU226
1″触摸屏	2″触摸屏	3″触摸屏	4″触摸屏	5″触摸屏	6″触摸屏

图 4

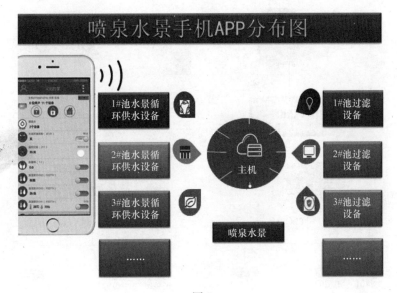

喷泉水景手机APP分布图

1#池水景循环供水设备

2#池水景循环供水设备

3#池水景循环供水设备

······

主机

喷泉水景

1#池过滤设备

2#池过滤设备

3#池过滤设备

图 5

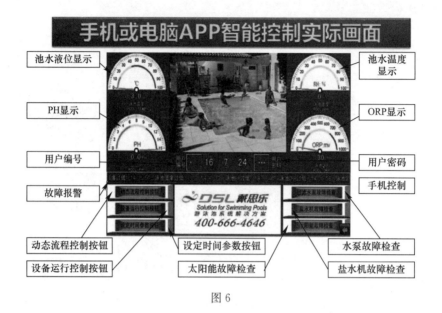

图 6

6 网络集中控制和云控制在室内商业水秀剧场的应用

从澳门新濠天地水舞间水秀剧场火爆以来，国内陆续建设了武汉万达汉秀剧场、万达西双版纳傣秀、华强芜湖方特水秀剧场、广州万达水秀剧场等，这些水秀剧场都要与表演舞台的声光电联动控制，这些都需要网络集中联动舞动表演的声光电控制，并实现手机APP控制。

图 7 为戴思乐产业园水系平面布置图。

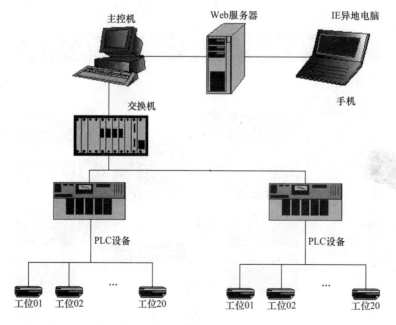

图 7

7　结论

网络集中控制和云控制从理论上是可行的，在我公司多年实际应用效果良好。网络集中控制实现了用一台电脑集中控制，管理更简单；水景的网联网手机 APP 控制，可以任何地方任何时间实现异地控制，管理更方便，同时能合理的运行水景用电设备，水景更节能。

参考文献

[1]　CJJ/T 222—2015《喷泉水景工程技术规程》

喷泉水力、控制与仿真技术发展

张　伟　张忠霞　武齐永

北京特种工程设计研究总院

摘　要： 喷泉形式的不断复杂化对喷泉水力系统、喷头、阀门、水泵的要求越来越高。同时对喷泉的控制系统要求也越来越高，为了提高喷泉表现力以及对音乐表达的实时性，变频技术、计算机控制技术以及无线通讯技术应用于喷泉控制中；粒子系统理论应用于复杂喷泉仿真模拟中，粒子系统技术与其他技术相结合提高了模拟的真实性和实时性。

关键词： 喷泉　水力　控制　仿真

随着我国经济社会的发展和人民生活水平的提高，人们对环境的要求也不断提高，很多地方建设了人工音乐喷泉，而且喷泉形式越来越多，造型也越来越复杂。喷泉与声、光相结合，不仅美化了城市，也给人们带来了视觉和听觉上的艺术享受。人们还在不断追求喷泉水与创意、故事、艺术的结合，让本来简单的水演绎出复杂的感情色彩，赋予更多的灵性。这就需要对水有更好的把握，对设备控制更加精准，并在设备加工之前针对系统的艺术表现力等方面进行仿真模拟，以指导工程设计与设备加工。本文就喷泉水系统、控制系统及仿真系统等三个方面进行论述。

1　喷泉水力系统

喷泉可以分为固定式喷泉、半移动式喷泉和移动式喷泉，其中固定喷泉可以分为水池式喷泉、浅碟式喷泉、旱式喷泉和河湖式喷泉。不同形式的喷泉的主要区别在于水池形式、水源以及景观与观众的关系等方面，无论喷泉形式如何变化，其系统组成大同小异。喷泉主要由水泵、管道、阀门、喷头以及外部控制系统组成。水泵可以根据需要及现场情况确定采用干式水泵还是潜水泵，管道一般采用镀锌钢管或不锈钢管，阀门根据需要确定，可以使用截止阀、球阀等，需要自动控制的阀门采用电磁阀。下面重点讲述喷头部分。

根据喷头内部结构不同，可以分为直流喷头、缝隙喷头、折射喷头、离心喷头及水雾喷头；根据喷头材质可分为不锈钢喷头和铜质喷头；根据喷头是否能活动分为固定喷头、旋转喷头、摇摆喷头等。喷头形式是系统水力计算的主导要素，不同的喷头形式，水力计算公式不同，详见表1。

喷头形式		公式
直流喷头		$v=4.43\sqrt{H}$
		$q=K\sqrt{H}$
		$L=B_0H,\ h=B_3H$
缝隙喷头	环形缝隙	$q=3.48(D_1^2-D_2^2)\sqrt{H}\times10^{-3}$
	管壁横向缝隙	$q=2.7D\theta\sqrt{H}\times10^{-5}$
	管壁纵向缝隙	$q=5.4R\theta b\sqrt{H}\times10^{-5}$
折射喷头	环向折射	$q=(2.78\sim3.13)(D_1^2-D_2^2)\sqrt{H}\times10^{-3}$
	单向折射	$q=1.74d^2\sqrt{H}\times10^{-3}$
离心喷头		$q=Kr_c^2\sqrt{H}\times10^{-3}$
水雾喷头		$q=2.28mKd\sqrt{H}\times10^{-3}$

喷头水力计算的基本公式[1]为：

$$v=\varphi\sqrt{2gH}$$

$$H=H_0+\frac{V_0^2}{2g}$$

$$q=\mu f\varphi\sqrt{2gH}\times10^{-3}$$

$$\mu=\varphi\varepsilon$$

式中：v——喷头出口流速（m/s）；

φ——流速系数；

g——重力加速度（m/s²）；

H_0——喷头入口处水压（mH₂O）；

V_0——喷头入口处水流速（m/s）；

q——喷头出流量（L/s）；

μ——喷头流量系数；

f——喷嘴断面积（mm²）；

ε——水流断面收缩系数，与喷嘴形式有关（m/s）。

2 喷泉控制系统

早期喷泉的控制系统从最简单的手动控制发展到继电器控制电磁阀的单一自动控制，这种喷泉虽然有变化，但单一、固定、乏味。后来由于单片机、PLC 的应用，以及水泵变频调速的应用增加了对水泵流量扬程的控制，使得喷泉形式越来越复杂，可以与声、光相结合，演绎复杂的乐章。

喷泉的控制系统主要原理是控制设备通过控制电磁阀启闭或开启度、摇摆电动机以及水泵的变频器来调整喷泉的水流量、喷水方向以及喷头运动轨迹来实现喷泉外观的变化。控制设备接收的信号可以是音乐（音乐喷泉），也可以是观众的喊声（喊泉），其中核心的是控制设备。目前控制设备主要有两种，一种是单片机，一种是可编程控制器（PLC）。音频信号首先会经过运算放大器进行信号放大，经过滤波后进行 AD 采样，转换成单片机

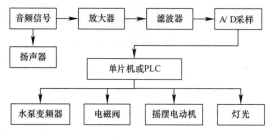

图 1　喷泉控制系统总体功能框图

或 PLC 可以处理的数字信号，然后送入单片机或 PLC 进行处理，根据这些音频信号的强弱、频率等控制灯光启闭、水泵电动机转速、电磁阀启闭以及喷头摇摆电动机转动方向和速度，同时音频信号通过扬声器播放，这样就可以达到声、光、水的和谐统一[2][3]。控制系统的总体功能框图如图 1 所示。

目前国内多数音乐喷泉实时声控的方式，控制设备自动识别和响应音频信号，没有预先编程，这种方式系统简单，成本低，但这种控制方式存在水型动作要比音乐滞后，喷泉动作与音乐不协调，水型的出现组合与出现时间长短固定，听觉感受与视觉感受不协调，水型变化小等问题。对于大型的复杂喷泉，应该根据某一首乐曲的情感与意境，人工编制程序预设各种水型动作、灯光、水泵及摇摆机的运转，使喷泉的表演与音乐的情感和意境相吻合，此功能在控制技术、计算机技术、通讯技术方面有一定的综合难度。随着无线通信技术的发展，WIFI 控制模块也应用于喷泉控制系统中，这样可以通过手机将指令发送给 WIFI 控制模块，WIFI 接收模块可以通过串口与单片机联络，从而达到控制喷泉的目的[4]。

3　喷泉仿真系统

目前喷泉的形式已经不再满足于简单的各种水型的组合，有时会要求通过水柱和水花来模拟某种复杂物体或动物，以表达更复杂的故事或主题，通过水来表现会增加灵动，但是复杂的外形很难通过简单喷头组合或者水力试验来完成，现在人们将计算机仿真技术应用于喷泉设计。目前喷泉仿真模拟方法主要是基于粒子系统理论，与各种预设的随机过程形成的。国内对粒子系统的研究方向主要集中在如何更好地利用粒子系统理论，通过融合粒子系统和其他技术，进而提高模拟系统的实时性和真实感。

粒子系统的基本思想是采用微小的粒子图元模拟模糊物体，这里的粒子图元都具有一定的外观属性和生存周期，所有粒子随着时间的推移，位置、形态都会不断发生变化，因此在任意时刻粒子的形状、尺寸、颜色、透明度、运动方向以及运动速度这些属性都是随机的。系统预先会定义一个随机过程来控制每个粒子的基本属性和动力学性质，粒子系统中的所有粒子都在发射器中产生，在控制器的控制下运动，最后生命期结束时删除死亡。在一个粒子系统中，只有那些活着的粒子才对当前系统模拟的外观特性有贡献，因此这些活着的粒子的总和被定义为粒子系统[5]。有人将流体动力学与粒子系统相结合，利用流体力学的 Navier-Stokes 方程来描述粒子的流体运动。由于在方程中存在具有非线性属性的对流加速项，这种方法计算量较大，运算复杂，运算中往往要忽略这些对流加速项以满足实时仿真的需要[6]。

基于粒子系统理论实现喷泉水流的动态模拟，已经形成了许多不同的模拟方法，归根结底需要不断提高模拟的实时性和真实感，只是不同方法的侧重点不同而已。为了增加模拟的实时性，将粒子的绘图单元简单化，可以采用简单的点图元作为喷泉粒子的绘制单元。为了增加模拟的真实性，可以通过考虑更多的外部影响（如风力影响、重力、运动粘滞性等）实现，也可可以通过调整绘制单元的形状实现，如元球、12个三角形单元组成的正方体、立体四棱锥等[7]。模拟的真实性和实时性往往是矛盾的，需要综合考虑。

4　结语

随时社会发展和人们对环境和美的追求，人们对喷泉的要求会越来越高，希望喷泉更能表达一个主题或人们的感情色彩，这不仅需要人们的创意，也需要技术支撑，需要在水力设计、控制技术以及仿真技术的不断提高，才能满足喷泉创意的需求。

参考文献

[1]　中国建筑设计研究院. 建筑给水排水设计手册（第二版）. 北京. 中国建筑工业出版社，2008.

[2]　张长君，王连涛. 单片机在音乐喷泉中的应用. 计算机工程与设计，2006，27（10）：1905-1907.

[3]　赵永强，刘帅，范淑静，等. 基于PLC控制的音乐喷泉系统. 电子测试，2011（6）：73-77.

[4]　牟亚南，赵蓉，陈金鹰，等. 基于WiFi控制的小型音乐喷泉的设计. 信息通信，2014（12）：49.

[5]　张磊，黄亚玲. 基于OGRE粒子系统的喷泉模拟. 应用科技，2013，40（3）：24-27.

[6]　张从辉，基于物理模型的音乐喷泉仿真［硕士学位论文］. 浙江：浙江大学，2005.

[7]　冯亮，基于OpenGL与粒子系统的喷泉模拟［硕士学位论文］. 湖南：湖南大学，2008.

浅论喷泉水秀设计的民俗文化与水效艺术

李良君　陈　涛　王新东

江苏双龙水设备有限公司

摘　要： 喷泉水景水秀，使静水变为动水，使水也有了灵魂，又辅之以各种灯光效果，配合当地民族风情，使水体具有丰富多彩的形态，以增加城市文化环境的氛围，在满足视觉艺术需要的同时提升城市的文化品位。

关键词： 喷泉水秀、民俗文化、水效艺术

1　喷泉现状与发展

城市广场中的喷泉或水景，大多创意于自然的各种水态，如瀑布、叠水、水帘、溢流、溪流、壁泉等，随着科学技术的发展进步，各种喷泉真是花样翻新、层出不穷，几乎达到了人们随心所欲创造各种晶莹剔透、绚丽多姿动态水景的程度。喷泉水景在当今时代，已经形成了一道人文景观。由人工喷泉景观逐步演变成现代水秀艺术，水秀艺术设计的精髓在城市公共环境的艺术设计中都得到充分的继承和发展，水秀艺术设计的公共特征带给了都市人生理和心理双重的影响和陶冶，正在形成一个新的公共艺术类别而滋养着城市成长品质与文化的发展。精准的设计越来越能体现城市的血缘、地缘、文化、民俗、社会、商业与政治等城市性格。这部分的城市空间成为公共群聚的区域，具有内在的、精神上与视觉上的性格指向。体现和展示这种指向的视觉焦点，情感认同和归属感的约定因素的精神产品就成为与之相适应的公共艺术产品。

现代技术的应用，这些喷泉水景利用电脑控制水、光、声、火、雾及实景伴舞使喷泉水景进入了崭新的水秀艺术表演的时代。

生态景观，城市艺术。在我们现代城市和现代生活里，一个精彩的水景演绎是一道最亮丽的景观，不仅有文化、有艺术、有技术、甚至有感情、有生命，因此，水景艺术水秀工程的每一个作品，都有着不同文化底蕴、不同艺术风格和不同环境整体艺术，唯有雄厚的综合专业技术力量，丰富的实践经验，和全面精心的设计制作，才能尽善尽美充分体现独具匠心的特色。

2　水秀艺术与文化

文化是水景喷泉作品中重要的元素，在水景工程作品里，文化是一种精神，艺术是一种品质，技术是一项基础，敬业是一种责任。但凡水景喷泉项目立项初衷都有着初步的思想要求和效果目标：有的突出城市发展魅力，有的增加商业氛围，有的展现企业的风采，有的增进景观亮点，等等，这是人类发展进步的文化需求、生活需求和精神需求，也是水

景行业发展的利好现象，有些坚守永续发展观念的企业在水景文化艺术方面做得不错，值得学习尊敬，但是有些项目受立项者"爱攀比，规模最大，爱第一"的影响，有的为了喷泉表演而设计了大型钢结构或大型构筑件，虽然在水秀表演时增添了很多从平面到空间的立体水景景观，但是在白天或不使用表演时这些冷冰冰的钢结构或构筑物破坏了整个景观，忽略了投资的经济效益、增值效果，忽略了文化艺术，我们认为作为专业水景公司，不能一味追求以数量来增加企业效率，要有社会责任感，要维护行业的健康发展，要用科技的专业的技术力量来实现效果目标和效益目标，对任何一个项目都应该有责任有义务来引导、挖掘、注重该项目的水景艺术内涵文化，努力实现每个水景作品有创意有品质，有灵魂有魅力。水景喷泉公司团队应坚持"科技为本，文化为根"的水景艺术创作理念，在学习应用新产品、新技术的同时，不断探索水景艺术的生命力，努力发挥和展现每一个水景喷泉或水秀作品的特色，最大发扬和延伸其中独特的文化，心无旁骛为美化生活提升城市品质出一份力，下面，跟大家交流一下水秀设计中的文化艺术与水效艺术相结合的心得。

3 创作实例

喷泉水秀的创作大部分是"以静态为基础，以动态为特色"的精彩表现，无论整体考虑还是局部安排甚至细节处理，都需要尊重环境和谐，贯穿独特的文化内涵，提升和延伸文化亮点，着重体现生命力和吸引力。

例：湖南省湘西土家族苗族自治州武陵山文化产业园音乐水秀设计中，充分利用环境氛围和展现土苗族特有的文化符号，歌曲音乐全部由湘西籍艺术家作曲或演唱。全力打造只有湘西才有的，只有湘西才能看到的水秀节目。

架空形水池 80m×60m 平面布局见图 1。主要按苗族崇拜的牛角形；和土家族的头帕形布局。水池沿景观河驳岸凌空而建，桩柱结构似土家族的吊脚楼。70m 宽落差达 10m 的人工瀑布飞流直下落入景观河，池内高大钢结构银项圈中心水帘作为投影激光表演的载体，从河面、水池到空中形成多层次立体水秀表演。

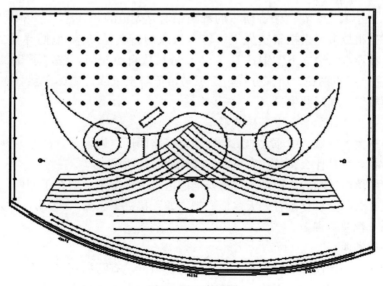

图 1　平面布置图

（1）土家族溪州铜柱：铜柱上与 8 个部落的首领（大王）结合，双层镂空透光；（2）苗族姑娘吉祥图案的银项圈及吊坠一座；结合灯光、投影、激光水秀表演，平时也是一个当地文化特色的永久景观艺术品，做到白天全是景晚上全是秀。（图腾柱二尊 $H=14.9m$，$D=2m$；紫铜面双层镂空浮雕土家族八部大王和火焰纹；银项环一尊 $H=16.9m$，$D=12m$；不锈钢双曲面浮雕苗族吉祥图案，按真实银项圈比例放大），银项圈中心设一水帘幕，供投影激光表演。见图 2。

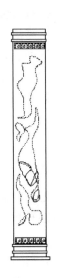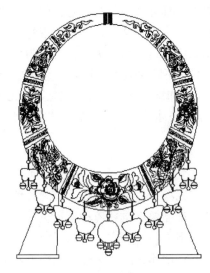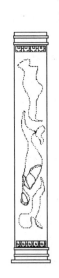

图 2　池内钢结构雕塑立面图

根据当地土苗风情创作的大型水秀表演节目【梦幻湘西】共四个篇章：

分别是：《寻梦》、《织梦》、《追梦》、《圆梦》。

第一篇章：寻梦

一个"寻"，分量极重。

"毕兹卡"（土家人）在"茅谷斯"的舞蹈中追寻先祖的梦（注"茅谷斯"，土家族人装扮毛人表演先祖故事，崇祀祭奠先人，传承祖风的盛典活动。）他们寻找"八部大王"曾经的足迹，在酉水河边立下"铜柱"，开创少数民族自治先河，奠定了 800 余年土司王朝的基础。（注：溪州铜柱、唐末五代，楚王马希范与土家族首领彭士愁歃血为盟、立铜柱为界，互不相侵，和睦共生。）

湘西苗族一个"寻"字，更是异常艰辛。

苗族部落从黄河流域、中原大地、洞庭湖畔一路西迁，进入云贵高原，他们在没有路的路上苦苦寻找，梦是什么？梦在哪里？继续往西、往西……

负责苗族部落西迁断后，保障大部落安全的苗族一个支系，留在了湘西，在武陵山区的崇山峻岭里久久寻梦，终于有一天，他们把"龙"接进了家园。（投影："接龙舞"是苗族最著名舞蹈·祝福纳吉。）

配曲《神秘湘西》

湘西各族儿女一代代寻梦历程有血与火，有雷与电，有莺歌燕舞，更有山花灿烂。梦的接力让希望的薪火相传。他们的寻梦精神，已深深浸入沅江酉水，染红朝霞满天，染绿巍巍武陵山。

［主要水特效设计］：浓浓的云雾在山间飘荡，土家人追寻先祖的梦，他们在寻找"八部大王"曾经的足迹：雾状喷泉、数码一维慢慢地翻转。

第二篇章：织梦

太阳是经线，月亮是纬线，编织年轮时光。那时光隧道明亮，时光隧道中，湘西土家族苗族的女人们一辈辈编织着自己的梦，家庭的梦，民族的梦。

配曲：《土家织锦歌》

土家族织锦，即著名的"西兰卡普"，是国家级非物质文化遗产传承名录。它是土家族姑娘在特制的木质织机上以棉纱为经，棉线、五彩丝线为纬，手工提花织成。土家织锦色彩鲜艳，格调古朴，流畅生动。图案花纹众多，以直线、几何图案为主，讲究对称平衡。

图案大约分8类：（1）花草图案；（2）鸟兽图案；（3）生活图案；（4）几何图案；（5）天文图案；（6）地象图案；（7）吉祥图案；（8）字花图案。

"西兰卡普"是土家族姑娘必备的嫁妆。土家族姑娘编织"西兰卡普"就是编织自己幸福的未来。

歌曲《织女谣》

苗族服饰多姿多彩，是世界上最漂亮的服饰之一。苗族服饰被称为"穿在身上的史书"，苗族没有文字，只有把苗族先祖历经磨难的历史变迁、对美好生活的憧憬、古往今来的生活环境按苗族人民的审美意识将这一切都刺绣在服饰上。

苗族编织技艺繁多，技法精巧，苗家姑娘是世上最心灵手巧的姑娘。

苗族有刺绣、苗族绣花、苗族挑花、苗族挑纱、苗族织花带等等。

苗族花带最具有特色，富有代表性、简约叙述，湘西苗族花带是刺绣工艺，分丝打和线打两种。用途作为小孩背带、围裙花带、挎包带、斗笠带、腰带等、苗家姑娘多以花带作定情物，苗家姑娘以花带定终身，以花带系住心上人，以花带维系家庭。

花带图案文样丰富多彩，有双凤朝阳、喜鹊闹梅、蝴蝶采花及梅、荷、菊等植物文样50余种。色彩对比强烈，鲜明而古朴。以红、绿、黑、白最为常见（投影配图）。

湘西土家族苗族人民用勤劳智慧编织自己的生活，编织和谐团结，"西兰卡普"给湘西各族人民温暖，"苗族花带"维系各民族团结牢不可破！

配曲《兄弟河上拉拉渡》

［主要水特效设计］：数码喷泉按照织机的节奏交替喷射，似织锦的布机经纬穿梭，编织着他们的梦想。

第三篇章：追梦

少数民族边远地区由于历史和自然的原因，相对发达地区看似落后。福兮祸兮？

当条件成熟，湘西各族人民加快步伐，奋起追梦，原来我们的山川地貌、一草一木竟如此美丽。

放飞心中的梦，展开青春的翅膀，我们去追——

一轮旭日冉冉升起，霞光万丈，大山醒了，溪水笑了，森林沐浴阳光，百鸟在林间嬉飞，苗歌在山间回荡：

（配曲）苗族水腔：《苗家的山高又高》

一轮皎洁的月亮升上山谷，山谷底流水潺潺，两岸青山微风摇曳着树丛竹林，萤火虫飞舞与天空中星星点点辉映，月亮倒影在清浅水底，宁静祥和。劳累一天的姑娘，婀娜多姿来到小河边，沐浴来了——月光、山风、萤火，一群从月宫飞来的仙女与之融和一体（投影）。

歌曲：《女儿情》歌曲：《踏着歌声来见你》

［主要水特效设计］：数码二维、一维摆手舞、跑泉不断追逐、追求他们的幸福生活。

第四篇章：圆梦

湘西是龙的故乡，凤的家园。湘西迎来了巨变，一辈辈不懈追求，一代代撸起袖子加油干，湘西各民族兄弟团结拼搏，梦想成真，梦圆湘西。

配曲《美丽湘西》

这是浓浓乡愁，是湘西永远守望的精神家园。"摆手舞"跳起来——

（投影）：摆手舞，土家族节日欢庆，祭神祭祖舞蹈。摆手堂前有参天大树，称之为"神树"摆手时树上挂有五彩纸花或绢花，又称为"花树"。两边有高大旗杆，一根悬龙旗，一根悬凤旗。土家族男女"披五花被锦，帕首，击鼓鸣钲，跳舞唱歌……"山欢水笑，热血沸腾。团圆鼓舞打起来——配歌曲《太阳鼓》

天圆地圆，鼓圆心圆，各族人民大团圆。（结束、播放谢幕词）

［主要水特效设计］：一维龙行天下、凤凰展翅、水膜鼓阵、气爆泉、内抛外翻数码喷泉、配合投影激光画面、在党的民族政策领导下、在精准扶贫精神指引下湘西人民大团结，共圆湘西幸福梦。

整个30分钟的水秀表演，以湘西民族特色、民族歌曲贯穿其中，把水效特技融合在情节中，运用音效、投影视频等高科技手段，通过四个篇章完美演绎土苗族世代繁衍奋斗发展的历程，在党的精准扶贫政策指引下，湘西自治州创造了前所未有的辉煌成果。水秀节目深受州领导、民族专家、海外侨胞和游客的一致好评。

现代水秀艺术是一门很专业的很独特的科学，是多学科与计算机现代科技完美结合的系统科学，我们要通过不断地学习深造和研究实践，深入对象环境多角度了解，用心设计制作，以科学的精神和负责的态度，将不同时期、不同环境需求用不同的艺术风格展现出来，注重水景艺术与周围环境的协调，与当地文化相结合，创作表现新时代精神、优美而充满活力的人文环境艺术景观，让人们伴随着社会发展社会进步和社会文明的同时，享受科技文化带来的水景艺术享受。

【结论】对艺术的追求和亲近，反映了人们对文化的敬畏，它也是一个民族对艺术的记忆和求索。湘西这个特殊的地域提供了丰富的背景知识。好的水秀是一场精彩的艺术之旅。水秀作品的目的就是拉近艺术与人们的距离。我们观察作品细节，把握作品特征。作品来源于生活并高于生活。无论它的主题是什么，每件作品都具体表现出了一系列生活的感受和记忆。我们面对主要在于它表现现实的方法，水秀内容与自然之间的相似度，像与非像之间，熟悉与模糊之间。这些信息都容易让我们深深触动。有些水秀经过岁月、场景的变迁，同样的游客观看同样的作品，也会有不同的感受。设计理念是设计师在空间作品构思过程中所确立的主导思想，它赋予作品文化内涵和风格特点，让设计改变人们的生活品质，并创造价值。

【致谢】湘西土家族苗族自治州宣传部
湘西土家族苗族自治州经济开发区管委会
湘西土家族苗族自治州文化广电新闻出版局提供视频、图片
湘西土家族苗族自治州非物质文化遗产传承人提供相关素材
中国美院（城市公共艺术创作室雕塑创作设计）

新技术的发展对喷泉行业未来的影响

赵宣东

欧亚瑟水艺（太仓）有限公司

随着社会的发展与进步，喷泉与水景越来越多地进入普通民众的生活。而且伴随着对最新科技的每一点运用，喷泉水景的各项技术也在不断推陈出新。如何贴近时代科技的发展前沿，形成喷泉水景全面而系统的整体发展思维，是对喷泉水景行业发展规划的重要挑战。

下文将就最新科技与喷泉水景进行结合方面进行一些探讨，希望对同行有所启发。

1 最新的科技发展

如果在 20 世纪 80 年代，讲述医生如何利用高科技手段对病人进行远程可视化诊断，相信对于那时的人来说绝对是神奇的科幻想象，因为当时，人们刚刚开始从短缺经济走出来，逐步走向经济繁荣。在当时，也无法想象人人拥有汽车、人人拥有手机是什么样的情景，然而正是这些幻想，或梦想的实现进一步改变了我们的生活，改变了整个世界。

当前的科技发展有以下这样一些趋势：

首先是计算机技术的发展，这是一切应用的基础。计算机发展有这样几个趋势：运算速度更快、计算能力更强、操作控制更为便捷。计算机已经远远不再是显示屏加主机加键盘鼠标的概念，它的形式异常多样，可以是存放在大型实验室的"银河"中心，也可以是人们手中的智能手机，甚至一只蚂蚁大小的微型设备也可以是一台载有计算功能的运行终端。人们可以通过智能手机在弹指一挥间，在不知不觉中就波动了全球的经济发展。

在高性能计算中心的带动下，云计算及大数据分析开始进入到我们的生活，信息被大量而且迅速的集成到云端，通过对大量的数据集中处理，人们不断挖掘出更多隐藏在数据背后的新的规律、新的模型。以往通过个人的能力而完成的判断及经验传承不断被云计算所替代。随着大数据的信息采集，人们的个性化需求不断地被新的供给所匹配，不断产生新的产品种类及服务类型，这带动了新的经济增长，然而，需要引起重视的是如何保持大数据的采集与个人隐私的保护，这是未来需要研究的课题。

机器人技术与智能化终端的发展。机器人的发展经历了 3 个阶段[1]：第一代是可编程机器人。这种机器人一般可以根据操作人员所编的程序，完成一些简单的重复性操作。这一代机器人是从 20 世纪 60 年代后半叶开始投入实际使用的，目前在工业界已得到广泛应用。第二代是"感知机器人"，又叫做自适应机器人。它在第一代机器人的基础上发展起来的，能够具有不同程度的"感知"周围环境的能力。这类利用感知信息以改善机器人性能的研究开始于 20 世纪 70 年代初期，到 1982 年，美国通用汽车公司为其装配线上的机器人装配了视觉系统，宣告了感知机器人的诞生，在80年代得到了广泛应用。第三代机器人将具有识别、推理、规划和学习等智能机制，它可以把感知和行动智能化结合起来，因此能在非特定的环境下作业，称之为智能机器人。1956年在达特茅斯会议上，马文·明斯基提出了他对智能机器的看法：智能机器能够创建周围环境的抽象模型，如果遇到问题，能够从抽象模型中寻找解决方法。这个定义一直影响着智能机器人的研究方向。

智能机器人涉及许多关键技术，这些技术关系到智能机器人的智能性的高低。这些关键技术主要有以下几个方面：

多传感信息耦合技术，多传感器信息融合就是指综合来自多个传感器的感知数据，以产生更可靠、更准确或更全面的信息，经过融合的多传感器系统能够更加完善、精确地反映检测对象的特性，消除信息的不确定性，提高信息的可靠性；

导航和定位技术，在自主移动机器人导航中，无论是局部实时避障还是全局规划，都需要精确知道机器人或障碍物的当前状态及位置，以完成导航、避障及路径规划等任务；

路径规划技术，最优路径规划就是依据某个或某些优化准则，在机器人工作空间中找到一条从起始状态到目标状态、可以避开障碍物的最优路径；机器人视觉技术，机器人视觉系统的工作包括图像的获取、图像的处理和分析、输出和显示，核心任务是特征提取、图像分割和图像辨识；

智能控制技术，智能控制方法提高了机器人的速度及精度；人机接口技术，人机接口技术是研究如何使人方便自然地与计算机交流。

物联网与移动互联技术。物联网这个概念，中国早在1999年就提出来了。当时叫传感网。其定义是：通过射频识别（RFID）、红外感应器、全球定位系统、激光扫描器等信息传感设备，按约定的协议，把任何物品与互联网相连接，进行信息交换和通信，以实现智能化识别、定位、跟踪、监控和管理的一种网络概念。"物联网概念"是在"互联网概念"的基础上，将其用户端延伸和扩展到任何物品与物品之间，进行信息交换和通信的一种网络概念。移动互联网主要基于移动设备即手机或PDA掌上电脑或其他手持终端接入互联网，可以使用话音通信，数据上网，多媒体即视频之类的业务等，体现网络无处不在的理念。

物联网简单点就是物体—传感器—互联网—传感器—物体将物体通过互联网连接起来，互联网上会有关于物体定位，属性，识别等方面的信息，不同的传感器显示在网络上的物体的信息不一样（什么定位传感器，温度传感器，风力传感器等）。

人工智能技术与阿法狗。Venture Scanner经过对人工智能产业进行调研，将人工智能企业分为以下十三个类别：[2]

1）深度学习/机器学习（通用）Machine Learning（General）
2）深度学习/机器学习（应用）Machine Learning（Applications）
3）自然语言处理（通用）Natural Language Processing
4）自然语言处理（语音识别）Speech Recognition
5）计算机视觉/图像识别（通用）Computer Vision（Genaral）
6）计算机视觉/图像识别（应用）Computer Vision（Applications）
7）手势识别 Gesture Control
8）虚拟私人助理 Virtual Personal Assistants

9）智能机器人 Smart Robots

10）推荐引擎和协助过滤算法 Recommendation Engines

11）情景感知计算 Context Aware Computing

12）语音翻译 Speech to Speech Translation

13）视频内容自动识别 Video Content Recognition

Google 的 Alpha Go 机器人通过对围棋的学习，打败了全世界的围棋高手，让深度学习这个技术名词妇孺皆知。

2 云计算在喷泉水景行业的运用

目前，在商业价值开发领域，云计算得到了蓬勃发展，也取得了一定的成果，然而在喷泉水景行业，云计算尚处于萌芽状态。

什么是云计算？云计算（cloud computing）是一种基于因特网的超级计算模式，在远程的数据中心里，成千上万台电脑和服务器连接成一片电脑云。因此，云计算甚至可以让你体验每秒 10 万亿次的运算能力，拥有这么强大的计算能力可以模拟核爆炸、预测气候变化和市场发展趋势。用户通过电脑、笔记本、手机等方式接入数据中心，按自己的需求进行运算。狭义的云计算是指 IT 基础设施的交付和使用模式，指通过网络以按需、易扩展的方式获得所需的资源（硬件、平台、软件）。提供资源的网络被称为"云"。"云"中的资源在使用者看来是可以无限扩展的，并且可以随时获取，按需使用，随时扩展，按使用付费。这种特性经常被称为像水电一样使用 IT 基础设施。广义的云计算是指服务的交付和使用模式，指通过网络以按需、易扩展的方式获得所需的服务。[3]

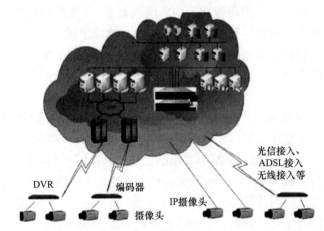

目前，国外一些主流喷泉公司纷纷采用 DMX-RDM 技术，构建自己的服务云。这种云服务的功能目前还是比较简单，主要是为了提供更好的设备维护监控及技术文件下载更新等功能。通常这样的数据构架大致为：

（1）设备的实时运行状态数据库，便于监控设备的运行状态。

（2）设备的硬件及软件更新

（3）设备的使用说明书

（4）喷泉系统的运行实时效果录像

（5）喷泉系统及设备维护保养的历史记录

（6）SHOW 程序备份

通过对上述数据的分析与处理，可以提供远程故障诊断、提供维护保养计划的建议、提供设备生产厂家进一步改善设备的基本数据信息、提前通知厂家进行零备件准备、提供远程喷泉系统操控或各种特殊的终端控制，如手机操控等。

当然云计算也并非仅仅是作为一种数据库或知识共享形式存在。如果能结合对喷泉效果的偏好调查，以及与商业运营系统的大数据结合起来，就能够给水景设计、布局、定位等提供更多的帮助，能够给最终的客户群体带来更大的商业价值。

3　智能化与个性化喷泉与物联网技术

喷泉的发展已经从早期的氛围工具、发展到中期的艺术展示媒介、进一步发展成为个性化综合效果展示的平台，人们已经不再满足于作为旁观者游离于喷泉之外、以与喷泉合影或展现喷泉的动感形态为美，而是更多地参与在喷泉之中，以人、水、环境相互融合为一个整体为乐。个性化喷泉与智能化喷泉系统已经喷薄欲出。

智能化喷泉系统离不开可以单组独立控制的喷泉模块，通常由水泵、LED 灯及喷头组成，在每个单元中均加入独立控制控制系统，与控制中心实现有线或无线形式的信息与数据交换，从而实现复杂的控制功能。喷泉系统犹如每个均具备一定基本技能的舞者，通过编剧的统一整合，可以合成一部精美绝伦的歌舞剧。

智能化的喷泉单元通常拥有独立的电子标签，以相互区分，并被控制中心所唯一识别。在这样的智能化喷泉单元中，应该具有通讯模块、动作控制模块、姿态反馈模块等，如果将漂浮系统、定位控制系统、供电系统等与之集合，这样，一个个独立喷泉系统如同一艘艘带有喷水功能的小船可以实现在水域中的自由穿梭、实现各种队形变换与喷水动作。此时营建喷泉系统不再是一种复杂的基础建设，而仅仅是提供一片水域；喷泉不再只是一种固定不变的布局结构，而是根据需要的"舞者"自由组合，布局可以千变万化；喷泉的中心控制系统也不再只是有专家编写的复杂程序，而是可以实现有数个或十数个人独立控制某一单元或单元组的互动系统；这样的喷泉系统可以小到脸盆中的儿童玩具，也可以大到成为湖泊中自由驰骋的大型音乐喷泉；如果结合无人机上的投影、激光及其他特殊的照明效果，喷泉也不再只是水中的游戏，而是海陆空的整体集成。于是，喷泉系统不再是专家手中的玩物，而成为大众手中的工具，普通人都可以用这样的系统绘制出专属的特别的水景效果。

智能化、个性化喷泉与物联网技术相结合可在喷泉开发的各个领域实现创新与突破。在通讯领域，无线控制技术可以适应复杂多变的喷泉布局变化；分布式控制系统及手机 APP 控制系统的开发，可以实现手机远程控制，甚至可以利用智能手机的一些重力传感器功能实现喷泉动作的实时控制。在供电系统领域，将锂电池的快速充电技术结合进来，可以实现无绳控制，使得喷泉系统真正从固定的布局中彻底解脱出来。

个性化喷泉同时也可催生出标准化、模块化的产品，只有当这些模块化、标准化的产品得以推广，整个喷泉营造的投资才能下降到能为一般消费者所接受的水平。但模块化、标准化必须有一个统一的通讯协议及统一的接口标准才能够实现。目前主流的通讯协议为

DMX-RDM，系统可以通过 DMX 数据发送控制指令，通过 RDM 进行数据回传，RDM 协议的数据实时性稍差，对于需要根据反馈的数据进行实时控制的系统来说，能力稍显不足，但目前没有新的更理想的通讯协议之前，使用 DMX-RDM 协议仍然会是最近的将来的主要选择。

智能化喷泉不仅仅是在操控方式的智能，还包括对环境及对周边的人群产生一些互动性反应，简单一点的诸如自动感应水量的多少进行水系统的自动补水、感受水的温度变化自动调整过滤循环的频次、感受环境的风速变化自动调节喷泉的出水高度，复杂一点的诸如对周围的人员与喷泉之间的距离自动调整喷泉的出水高度、感知周围的人群的构成自动播放适合的 show 程序、自动感知人群的语言、肢体动、手势等进行喷泉的互动回应等等。

4 机器人技术与新的水型效果的结合

机器人的技术在喷泉的运用，目前运用有两种方向：其一是对复杂动作的实现方面；其二是在人工智能方面。

在复杂动作的实现方向，目前出现的各种各样的复杂机构来实现各种水型的变化，在这个方向上德国欧亚瑟公司（OASE）多方向摇摆喷泉系列不仅实现了三轴自由旋转及高精度控制而且从小型化逐步向大型化发展，甚至实现了喷高 30m 及以上的大型摇摆直喷及喷高 9m 以上的大型摇摆扇形喷泉的多向摇摆装置（XL 型），这样的大型摇摆扇形喷泉，不仅具备一般水的表演效果，而且在转动到某一特定的角度，可以作为投影的水幕展现新奇变化的投影效果。

其实实现复杂动作往往还需要有相当技术含量的编程技术工作，如何实现快速编程、便捷修改并且能够根据后期的不同音乐节奏的变化自行适应，这些都需要通过人工智能的手段或示范教学的方式来完成。因此光具备硬件的条件是远远不够的，软件开发在某种程度上甚至比硬件开发更为重要。

在音乐喷泉 show 程序开发的早期，人们总想着将音乐喷泉描述为由机器根据音乐的节奏进行自动适应自行解释，这样的结果最终实现的是一种机械式的缺乏美感的喷泉，因为机械无法代替人，俗话说"仁者见仁、智者见智"，同样的音乐不同的人有着不同的理解，美妙的画面不同的人也有不同的阐述方式，因此千篇一律缺乏变化，往往只能提供一些呆板的画面与效果，往往只能有短期的喧闹而缺乏长久的生命力。目前主流的音乐喷泉 show 程序开发，基本上都是具有音乐美术技术基础的人进行复杂的 SHOW 编程与调试工作，做好 SHOW 编程工作需要的不仅仅是艺术细胞、往往还需要非常繁复的技术能力，编程的过程往往复杂而充满挑战，编完的程序往往风格统一，这完全取决于编程的人对音乐及图案色彩的构思、有着非常明显的个人烙印。事实上相同的喷泉布局，如果由个性完全不同的人来编写，可以展现出格调迥异的新的效果，这在目前的情况下真是难度太大了，因为同时掌握艺术和技术，并且有充分的能力展示出来的人实在不是太多。

因此下一代的音乐喷泉 show 编程应该是一种大众能够参与的一种活动，喷泉展示的不仅仅是技术，而更展示的是一种艺术，只要拥有艺术的天赋，哪怕他一点技术也没有，也应该能够进行 SHOW 的编程与细节微调。让艺术家做艺术的事情，这将是下一代音乐喷泉 SHOW 的主流，所以喷泉设备的厂家必须要在技术上实现一种后期编程不依赖于技术的艺术方法，这是喷泉智能化的发展趋势。

目前摇动手机就可以控制某个或某组喷泉的动作，这已经在一些喷泉行业领先的企业得以实现，将这种技术扩展从而实现整套音乐喷泉 SHOW 编程应该是最近的未来会发生的事情，而将来更加智能化的编程方式是否能够产生编程颠覆性的变化，这非常值得期待。

同样硬件方面，目前大量的机构控制是通过电机转动加上机械机构的协同动作来实现的，而气动控制及液压控制则相对较少出现，通过气动或液压方式进行控制能否产生喷泉行业向更新的领域发展很值得研究，因为毕竟喷泉离不开水而且很多喷泉都使用压缩空气，这为液压及气动控制提供了一些先天优势。

5　安全节能环保在喷泉方面的发展动态

经济、安全、节能、环保技术的大规模运用是目前世界发展的趋势，越来越多的企业与客户开始重视这些方面的投入。而喷泉水景通常运用于休闲表演或雕塑造型，其核心作用是让人的身心得以放松与愉悦，这与其他产业带来直接的经济价值不同，往往带来的价值是间接的，因为每个人都有一种对水的热爱、对美好生活的追求，当周围环境中拥有美丽的喷泉水景，人们往往乐意驻足停留，往往愿意心驰神往。这对于商业来说，可以隐含着巨大的商机；对于城市来说，则意味着人气的聚集与地产的升值。因此如何评价喷泉水景的节能与环保是一个颇为困难的话题。

所有喷泉的利益相关方，通常应该考虑这样几个方面：

（1）在投资阶段，需要进行喷泉水景的潜在价值分析，这通常需要借助于热力图与大数据等工具，分析对潜在的客户群的影响，需要考虑投资与潜在收益之间的平衡。我们已经看到很多因为盲目扩大投资规模，而最终却因为潜在收益不佳而无钱进行运行维护；也看到那些因为预算限制，投资规模过小，而没有带来实际的人气。所以既不是越大越美越好，也不是越小越经济越好，而是适合最好。所以水景喷泉的规划设计必须既重视其效果、又重视潜在价值分析。这是节能环保的起点

（2）在设计方案评估阶段，需要考虑的不仅仅是喷泉设备的投资，而且应该考虑到基建的投资，更要考虑到将来系统达到生命周期终点之时的改造与废弃所产生的费用。国外发达国家通常在这些方面非常重视，产品往往设计得非常小巧精致、整合高效，如德国欧亚瑟公司的水泵及灯具的设计就非常具有特色，往往通过少量的高电压电缆引到水池旁边的变压器，然后就近连接到相关的低电压设备之上，而且灯具及水泵都具备直接或就近的 DMX 控制功能。这样的设计既减少了大量的很粗的低压电缆从机房引入水池，而且减少了大量的变频器、隔离变压器等大型设备，既减少了电缆投资、使得安装预埋变得更加简单，而且减少了电控机房的面积需求，使得这些原来只能使用于机房的空间变得具备更大的商业价值，这些其实都是综合投资成本分析时必须要考虑到的问题。而且由于设备的功能整合设计，设备变得小巧异常，使得水池的深度及用水量均大幅度减少，这些减少从长远来说还减少了将来改造与废弃的投资这些都是一种隐形的投资节约。当然如果采用充电式智能漂浮控制单元的喷泉设计理念，也许可以将土建投资精简到最低，甚至可以使得喷泉营造彻底摆脱土建的困扰。

（3）在选型决策阶段，我们不能光看到眼前的一次性投资，还应该看到喷泉在整个生命周期内的总和成本，包括诸如生命周期内运行时的电力与水力消耗、维护保养所需要的零部件投入及综合人工成本投入、停机产生的社会影响及对客户流量产生的负面影响等。另外对于水泵来说，不能仅仅看到单个产品的最高效率，而且要看到在整个运行区间流量变化情况下的综合平均效率，只有在流量变化的条件下水泵都处于高效率区间运行，才能实现真正意义上的节能与环保。

（4）在运行期间，需要根据访客流量的变化来制定最佳运营计划，既要考虑到对设备的损耗及对维护保养的影响又要考虑到运营成本与客户流量变化带来的收益变化之间的平衡。

（5）当然运行安全问题是高于一切的最为重要的问题，在当今以人为本的社会背景之下，任何对产品质量的忽视或采取偷工减料的做法以获取低价的竞争优势是所有负责任的企业所不屑做的事情，应该遭到摒弃。近些年出现过多起喷泉漏电死人的事件，这些负面事件的发生迫使所有有良知的企业不断改善产品的质量与安全。现在采用低电压的水泵与灯具、水下高防护等级的设备使用、专用的防水接头并浇注以环氧树脂的做法已经不断成为行业内的共识所在。尽管在产品及材料本身所做的安全改善以及在安装维修过程中始终将系统的安全放在第一位之外，不可忽视的一点就是水型效果设计也应该让位于安全，必须重视高压力水及压缩空气对人的伤害，应该将避免各类伤害的措施列入强制性标准

参考文献

［1］《智能机器人的技术、产业及未来（上）》，《信息与电子前沿（ID：caeit-e）》，作者饶玉柱

［2］《人工智能与机器人技术发展方向辨析》，《机器人博览·2018-03-2311：00》

［3］《到底什么是云计算？云计算能干什么?》，百家号（baijiahao. baidu. com），区块链逍遥子：2017-11-16

音乐喷泉升降浮台力矩法水平调整计算

孙滨成

北京中科鸿正技术开发有限公司

目前，有相当数量的大型音乐喷泉建造于江河湖库的开阔水面之上，为了适应水面的升降，和在喷泉不表演时将其隐蔽起来，还原水域的自然风光，都需要将喷泉设备装设于浮动平台上，并通过卷扬机钢缆系统牵拉升降。

大型音乐喷泉的升降浮台平面尺度动辄上百米，如何尽量使浮台整个平面上分布的重力与浮力相平衡，以减小平台的应力变形，减轻升降牵引系统工作负荷，成为一个具有工程意义的现实问题。

本文就水平调整计算原理，进行一个概略说明。

A. 力矩计算法的计算原理；

计算设备重量及浮筒的浮力对系统的中心轴的作用力矩，通过向浮筒内注水，调整浮筒的浮力，达到系统的力矩平衡，此时浮台就会呈水平状态。

B. 力矩计算法的特点：

分格尺寸越小，计算结果越精确；结构、设备重量及其对中心轴的距离越准确，计算结果越精确。但计算量急剧增大。

下面就以较为简单地按照主浮体构成的方格来分区的计算过程，来说明计算的原理。

以图1所示的浮动平台为典型结构，对平台的水平调整计算方法进行说明。

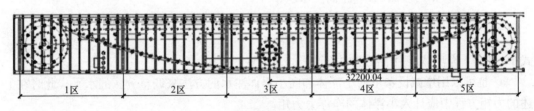

图1　浮动平台结构示意

1　各单元纵横向配平

按竖向主浮体对浮台的分割，可以将整个浮台分为5个单元。以图1中最左面的单元为例，在图上标出 X、Y 中心轴线，及水平和垂直尺寸，并标出各点的字母。见图2。

1）X 方向调平：

计算步骤

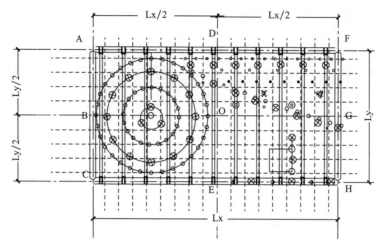

图 2　结构示意细节

1.1　将浮台沿水平方向分成长度相等，均为 Lx/2 的两个矩形部分口 ADOECBA 和口 DFGHEOD；

1.2　分别计算两矩形上所有设备的重量之和 W_{ad}、W_{df}；（位于分界中心轴线上的设备重量不计）；

1.3　计算两分区重量对垂直中心轴线 DOE 的力矩 M。

假定中心轴左侧矩形内的设备重量对垂直中心轴线 DOE 的力矩为正，右侧为负；即绕 y 轴逆时针旋转为正。

$$M = W_{ad} \times Lx/4 - W_{df} \times Lx/4 \quad (t \times m)$$

式中：Lx/4 为计算区域中线至中心轴线的重力臂由杠杆原理；

若 M 大于 0，说明右侧设备重量比左侧重，应向右侧的 FGH 浮筒注水；

M 小于 0，则向左侧 ABC 浮筒注水。

1.4　调平注水量计算 Qx

$$Qx = M/(Lx/2) \quad (m^3)$$

式中：Lx/4 为浮体浮力中线至中心轴线的浮力臂

a. 也可以用增减设备下的小浮体和向小浮体注水的方法来调整分区的水平。此时在上述的力矩方程中应计入小浮体的净浮力力矩。

b. 两分区共用一根浮体时，取该浮体浮力的 1/2。

2）Y 方向调平：

计算步骤

2.1　将浮台沿竖直方向分成长度相等，均为 Ly/2 的两个矩形部分口 ADFGOBA 和口 BOGHECB

2.2　分别计算两矩形上所有设备的重量之和 W_{AD}、W_{BO}；（位于轴线上的设备重量不计）

2.3　计算两分区重量对水平中心轴线 BOG 的力矩 M

假定中心轴上侧矩形内的设备重量对水平中心轴线 BOG 的力矩为正，下面为负；

$$M = W_{AD} \times Ly/4 - W_{BO} \times Ly/4 \quad (t \times m)$$

由杠杆原理：

若 M 大于 0，应向下侧的 CEH 浮筒注水；

M 小于 0，则向上侧 ADF 浮筒注水。

2.4　调平注水量计算 Qy

$$Qy = M/(Ly/2) \quad (m^3)$$

a. 若有条件，也可以用增减设备下的小浮体，或向小浮体注水的方法来调整分区的水平。此时在上述的力矩方程中应计入小浮体的净浮力力矩。

b. 两分区共用一根浮体时，取该浮体浮力的 1/2

讨论；

i. 分格尺寸越小，计算结果越精确。但计算量急剧增大。对应的解决方法，是将长度较大，或设备重量分布十分不均匀的方向的分区增加，并以每一分区的中线到中心轴线的距离为重力臂，带入公式进行计算。

ii. 如能够将所有各设备重量与它所对应的重力臂乘积的和都带入力矩 M 的计算式中，结果是最准确的。

iii. 可以将同一喷头的水泵和灯及设备作为一个质点来计算，能有效地减少计算量。

3）两个分区共用的主浮体的调平充水量

按照"传递力矩"概念来计算。

即共用浮体的注水量等于经两个分区计算所得的注水量的和。（假定为 A、B 两个区共用一根编号为 j 的浮体）

第 j 共用浮体的注水量 Q_j 的计算式为

$$Q_j = Q_{Aj} + Q_{Bj} \quad (m^3)$$

Q_{Aj}——A 区 j 浮体的计算注水量（m^3）

Q_{Bj}——B 区 j 浮体的计算注水量（m^3）

完成各分区调平之后，再进行全平台的整体调平。

1）两分区共用一根浮体时，取该浮体浮力的 1/2

2）设备位于浮体轴线上或分区轴线上时，重量由各区平均分担

表 1 的计算结果应在浮体平面图中详细标明，以便于直观校核。

第一分区调平计算表

表 1

	X 方向水平左分区设备重量（t）	水平右分区设备重量（t）	重力臂长度 Lx/4(m)	重力矩 M(t*m)	注水浮体位置（左或右）	浮力臂长度 Lx/2(m)	注水量（m^3）
1区							
2区							

Y方向垂直上分区设备重量（t）	垂直下分区设备重量（t）	重力臂长度 Ly/4(m)	重力矩 M(t＊m)	注水位置（上或下）	浮力臂长度 Ly/2(m)	注水量（m³）
1区						
2区						

2 总体纵向配平

在前面的过程中，各分区已经初步配平，但是各分区设备重量不同，分布状况不同，只能将分区自身初步调整到水平状态。还必须将各个分区的重量与浮力调整到一致，才能消除平台结构的内应力，保证结构不会发生形变扭曲。

为了便于使计算结果有直观的定性检验，可将平台设备平面图简单地绘于计算表2的上方，与计算表格相对应，见图3。

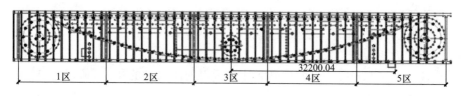

图3 平台设备平面图

1）两分区共用一根浮体时，总体积、重量取该浮体的1/2

2）设备位于浮体轴线上或分区轴线上时，重量由各区平均分担。

3）分区浮体剩余浮力必须大于分区保留浮力，否则必须加大浮体浮力。

4）当分区面积不相等时，分区每平方米剩余浮力是一个重要控制参数，应尽量相等。

表2 各项的计算式

整体调平计算表 表2

	区号	第1区	第2区	第3区	第4区	第5区
一次配平	分区浮体总体积 m³					
	分区浮体总重量（t）					
	分区设备总重量（t）					
	分区浮台净浮力（t）					
	分区配平注水量（t）					
总体配平	分区浮体剩余浮力（t）					
	分区每平方米剩余浮力（t/m²）					
	分区保留浮力（t）					
	分区每平方米保留浮力（t）					
	分区二次注水量（t）					

1. 分区浮台净浮力 F_1(t)

$$F_1 = 分区浮体总体积\ m^3 - 浮体重量\ t - 分区配平注水量\ m^3$$

注意：两分区共用一根浮体时，取该浮体浮力的 1/2

2. 分区设备总重量 W(t)

$$W = 该分区所有设备及电缆重量之和(t)$$

3. 分区保留浮力 F_3(t)

$$F_3 = 检修时浮体上表面高于水面需要的浮力(t)$$

4. 分区注水量 V(t)

$$V = 浮台总浮力(t) - 设备总重量(t) - 保留浮力(t)$$

5. 操作要点：

1）分区内各主浮体应按长度均匀分配注水量。

例如总注水量为 100t，主浮体总长度 50m，则每米注水量为 2t，其中长度为 15m 的主浮体注水量等于 $15 \times 2 = 30$t。

2）两分区共用的主浮体按长度的一半计算注水量。

6. 卷扬机牵引力 Fjy(t)

$$牵引力 \geqslant 保留浮力(t)$$

即

$$Fjy \geqslant F3 \qquad (t)$$

这里没有考虑风浪、水流对平台的作用力。

3 结语

1. 本计算过程其实并不复杂，在理解计算原理的前提下，只要将所需各项统计计算清楚，填入两个表格里即可。计算量最大的是各子项统计计算。

2. 在 CAD 绘图基础上，可以将各项计算数值精细化，分别求出各个设备及浮体对轴线的力臂，利用简单的通用计算表格 Excel 自动计算，将极大地提高计算速度和计算精度。